全国工程硕士研究生教育核心教材

摄影测量原理与应用

THE PRINCIPLES AND APPLICATION OF PHOTOGRAMMETRY

王树根 编著

武汉大学出版社

图书在版编目(CIP)数据

摄影测量原理与应用/王树根编著.—武汉:武汉大学出版社,2009.5
全国工程硕士研究生教育核心教材
ISBN 978-7-307-06942-8

Ⅰ.摄… Ⅱ.王… Ⅲ.摄影测量法 Ⅳ.P23

中国版本图书馆 CIP 数据核字(2009)第 038346 号

责任编辑:任仕元 史新奎 责任校对:黄添生 版式设计:马 佳

出版发行:武汉大学出版社 (430072 武昌 珞珈山)
(电子邮件:cbs22@whu.edu.cn 网址:www.wdp.com.cn)
印刷:湖北民政印刷厂
开本:720×1000 1/16 印张:22.5 字数:404 千字 插页:1
版次:2009 年 5 月第 1 版 2009 年 5 月第 1 次印刷
ISBN 978-7-307-06942-8/P·144 定价:36.00 元

版权所有,不得翻印;凡购我社的图书,如有缺页、倒页、脱页等质量问题,请与当地图书销售部门联系调换。

前　言

　　当代摄影测量的理论与实践和20世纪摄影测量学科的形成与发展时期相比已大不一样了。虽然摄影测量最基本的数学原理和光学基础很少改变，但在摄影测量的数据获取、数据处理和生产手段以及应用目的等方面均发生了戏剧性的变化。如摄影测量学赖以生存的共线方程，在模拟摄影测量时代是用精密的光学和机械方法来体现，如今已完全用计算机程序来代替，并且其应用的灵活性和广泛性还在不断地深入和发展之中。

　　进入21世纪以来，摄影测量与遥感学科的理论与方法又有了突飞猛进的发展。在摄影测量方面，航空数码相机的使用越来越广泛，为全自动化测图奠定了良好的基础；机载对地定位与定向系统（POS）的使用使无地面控制空中三角测量和测图成为可能；机载激光测距（LIDAR）的使用使快速获取地表三维信息的梦想成为现实，并且其应用的领域越来越广泛。在遥感方面，基于多平台、多传感器和多角度的对地观测具有高空间分辨率、高光谱分辨率和高时间分辨率等特点，基于高分辨率遥感影像的制图所具有的优越性和时效性对传统航空摄影测量测图方法提出了挑战。集GPS、GIS和RS（简称"3S"）技术于一体的移动测图系统也逐步从实验研究走向实用，并已成为空间信息快速获取和地图更新的重要手段。与此同时，基于摄影测量与遥感的数字化测绘的产品形式越来越丰富，应用领域也越来越广泛，为社会提供信息化服务的信息化测绘理念已经越来越多地为人们所接受。

　　摄影测量学的发展不仅体现在上述各方面，还体现在其与遥感、全球定位系统、地理信息系统、计算机图形学、数字图像处理以及计算机视觉等相关学科的交叉与融合方面。摄影测量与遥感数据的计算机处理更趋自动化和智能化的发展特点使得非摄影测量工作者也能较容易地掌握摄影测量的实践环节和体验摄影测量的魅力。

　　本书是测绘工程领域的硕士研究生教材。测绘工程领域的硕士研究生虽然绝大多数来自测绘相关单位和部门，但其所从事的本职工作性质可能差别很大，并且其本科阶段的专业背景也可能五花八门。为了使对摄影测量学不甚熟悉的学生能够较全面系统地了解和掌握摄影测量学的最基本原理和生产作业方法，同时也为了使有一定摄影测量理论基础和实践经验的学生能及时掌握当代摄影测量的新技术，进一步拓宽摄影测量的实践领域，本教材的编写在立足全面系统地介绍摄影测量学最基本原理的基础上，与时俱进地反映当代摄影测量理论的新近发展和新技术应用，力争使教材的内容具有时代性和实用性。本书不但可作为测绘工程领域硕士研究生的教材使用，也可供测绘相关专业的师生、工程技术人员和研究人员学习参考。

本书共分 10 章。第 1 章简单介绍了摄影测量学的定义、任务、分类和发展以及当代摄影测量发展的多学科交叉特点；第 2 章介绍航空摄影测量的成像系统及其像片解析；第 3 章介绍立体测图的原理与方法；第 4 章介绍解析空中三角测量及其拓展；第 5 章介绍数字摄影测量的基础理论及其发展；第 6 章至第 7 章分别介绍数字高程模型（DEM）和数字正射影像（DOM）的生产与应用；第 8 章简单介绍数字摄影测量的仪器设备及产品；第 9 章介绍高分辨率遥感卫星影像及其应用；第 10 章介绍空间信息系统集成与城市三维建模可视化。

本书是在综合国内外许多教材和相关文献的基础上，经过反复酝酿写成的。书中有不少插图和宝贵素材，因有些已很难把握其原始出处，故未能在书中一一注明，在此表示感谢。由于作者水平有限，编写时间仓促，书中难免存在许多缺陷和不妥之处，敬请读者批评指正。

在本书的编写过程中，得到了武汉大学遥感信息工程学院的张景雄教授和李欣副教授的大力帮助。全国工程硕士专业学位教育指导委员会和武汉大学出版社对本书的出版给予了大力支持，在此一并表示衷心的感谢。

作者

2008 年 9 月

目 录

第1章 绪论 ……………………………………………………………… 1
1.1 摄影测量学的定义与任务 …………………………………………… 1
1.2 摄影测量学的分类 …………………………………………………… 3
1.3 摄影测量学的发展历史 ……………………………………………… 4
1.4 当代摄影测量发展的多学科交叉特点 ……………………………… 8
   1.4.1 摄影测量与遥感的结合 ……………………………………… 8
   1.4.2 摄影测量与遥感和 GIS、GPS 的结合 ……………………… 9
   1.4.3 地球空间信息科学的崛起和发展 …………………………… 12
   1.4.4 当代数字摄影测量的发展 …………………………………… 14

第2章 航空摄影测量成像系统及像片解析 …………………………… 16
2.1 航空摄影的基础知识 ………………………………………………… 16
   2.1.1 胶片航空摄影机 ……………………………………………… 17
   2.1.2 垂直航空摄影的基本要求 …………………………………… 20
2.2 航摄像片的分辨率 …………………………………………………… 25
   2.2.1 胶片影像的分辨率 …………………………………………… 25
   2.2.2 数字影像的分辨率 …………………………………………… 26
2.3 单张航摄像片解析 …………………………………………………… 27
   2.3.1 垂直航摄像片的几何关系 …………………………………… 27
   2.3.2 航摄像片上特殊的点、线 …………………………………… 28
   2.3.3 航摄像片上的投影差 ………………………………………… 30
2.4 航摄像片的坐标系统 ………………………………………………… 33
   2.4.1 像方空间坐标系 ……………………………………………… 33
   2.4.2 物方空间坐标系 ……………………………………………… 35
2.5 航摄像片的内、外方位元素 ………………………………………… 36

  2.5.1 内方位元素 ·········· 36
  2.5.2 外方位元素 ·········· 37
 2.6 像空间直角坐标系的转换 ·········· 38
  2.6.1 像点的空间直角坐标变换 ·········· 39
  2.6.2 方向余弦的确定 ·········· 40
 2.7 中心投影像片的构像方程与投影变换 ·········· 42
  2.7.1 中心投影像片的构像方程 ·········· 42
  2.7.2 中心投影像片的正射变换 ·········· 44
 2.8 摄影成像系统的检校 ·········· 46
  2.8.1 摄影机检校的内容 ·········· 46
  2.8.2 摄影机检校方法分类 ·········· 46
  2.8.3 摄影机物镜的光学畸变 ·········· 49

第3章 立体测图的原理与方法 ·········· 52
 3.1 视差与立体视觉原理 ·········· 52
  3.1.1 人眼的立体视觉 ·········· 52
  3.1.2 视差的概念 ·········· 54
  3.1.3 人造立体视觉 ·········· 56
 3.2 像对的立体观察与量测 ·········· 57
  3.2.1 立体观察 ·········· 57
  3.2.2 立体量测 ·········· 59
 3.3 模拟法立体测图的原理与方法 ·········· 61
  3.3.1 摄影过程的几何反转 ·········· 61
  3.3.2 立体像对的模拟法相对定向 ·········· 62
  3.3.3 立体模型的模拟法绝对定向 ·········· 64
  3.3.4 地物与地貌的测绘 ·········· 66
 3.4 解析法立体测图原理与方法 ·········· 68
  3.4.1 解析测图仪概述 ·········· 68
  3.4.2 解析测图仪的工作原理 ·········· 71
 3.5 数字摄影测量测图方法概述 ·········· 72

第4章 解析空中三角测量及其拓展 ·········· 77
 4.1 像点坐标系统误差改正 ·········· 77

4.1.1 摄影材料变形改正 ………………………………………… 78
  4.1.2 摄影机物镜畸变差改正 …………………………………… 78
  4.1.3 大气折光改正 ……………………………………………… 79
  4.1.4 地球曲率改正 ……………………………………………… 80
 4.2 单张像片的空间后方交会 ……………………………………… 81
  4.2.1 空间后方交会的基本方程 ………………………………… 81
  4.2.2 空间后方交会的误差方程和法方程 ……………………… 84
  4.2.3 空间后方交会的计算过程 ………………………………… 85
  4.2.4 空间后方交会的精度 ……………………………………… 86
 4.3 立体像对的空间前方交会 ……………………………………… 86
 4.4 影像的内定向 …………………………………………………… 89
 4.5 立体像对的解析相对定向 ……………………………………… 91
  4.5.1 解析相对定向元素 ………………………………………… 91
  4.5.2 解析相对定向原理 ………………………………………… 93
  4.5.3 相对定向元素解算过程 …………………………………… 97
 4.6 立体模型的解析绝对定向 ……………………………………… 98
  4.6.1 绝对定向基本公式 ………………………………………… 98
  4.6.2 绝对定向元素的解算 ……………………………………… 100
 4.7 解析空中三角测量简介 ………………………………………… 101
  4.7.1 解析空中三角测量的目的和意义 ………………………… 101
  4.7.2 解析空中三角测量的分类 ………………………………… 102
 4.8 光束法区域网空中三角测量 …………………………………… 105
  4.8.1 光束法空中三角测量的基本思想 ………………………… 105
  4.8.2 误差方程式和法方程式的建立 …………………………… 106
  4.8.3 两类未知数交替趋近解法 ………………………………… 108
  4.8.4 光束法平差方法的优缺点 ………………………………… 108
  4.8.5 解析空中三角测量的精度分析 …………………………… 109
 4.9 系统误差补偿与自检校光束法区域网平差 …………………… 112
  4.9.1 影像坐标系统误差的特性 ………………………………… 112
  4.9.2 系统误差补偿的方法 ……………………………………… 113
  4.9.3 利用附加参数的自检校光束法平差 ……………………… 114
 4.10 GPS辅助空中三角测量 ……………………………………… 117
  4.10.1 联合平差的概念及其发展过程 ………………………… 117

4.10.2 全球定位系统(GPS)简介 ……………………………………… 119
4.10.3 GPS辅助空中三角测量的兴起与发展 ………………………… 120
4.10.4 GPS辅助空中三角测量的基本原理 …………………………… 122
4.10.5 GPS辅助空中三角测量试验举例 ……………………………… 125
4.11 机载POS系统对地定位 ………………………………………………… 127
4.11.1 定位定向系统(POS)简介 ……………………………………… 127
4.11.2 POS与航空摄影系统的集成方法 ……………………………… 129
4.11.3 POS系统在航空摄影测量中的应用 …………………………… 130
4.11.4 POS系统对地定位的主要误差源 ……………………………… 132

第5章 数字摄影测量及其发展 ……………………………………… 135
5.1 数字图像处理概述 ……………………………………………………… 135
5.1.1 数字图像基本概念 ………………………………………………… 135
5.1.2 数字图像处理的基本算法 ………………………………………… 136
5.2 影像数字化与影像重采样 ……………………………………………… 138
5.2.1 影像数字化器 ……………………………………………………… 138
5.2.2 影像数字化过程 …………………………………………………… 139
5.2.3 数字影像的重采样 ………………………………………………… 143
5.3 基于灰度的影像相关 …………………………………………………… 144
5.3.1 相关系数法影像相关 ……………………………………………… 145
5.3.2 协方差法影像相关 ………………………………………………… 146
5.3.3 高精度最小二乘相关 ……………………………………………… 146
5.4 同名核线的确定与核线影像相关 ……………………………………… 148
5.4.1 核面与核线的概念 ………………………………………………… 148
5.4.2 同名核线的确定 …………………………………………………… 149
5.4.3 沿核线重采样 ……………………………………………………… 151
5.4.4 基于核线的影像相关 ……………………………………………… 152
5.5 基于特征的影像相关 …………………………………………………… 153
5.5.1 特征提取 …………………………………………………………… 154
5.5.2 基于特征的影像匹配 ……………………………………………… 162
5.6 当代数字摄影测量的若干典型问题 …………………………………… 164

第6章 数字地面模型的建立与应用 ………………………………… 168

6.1 数字地面模型概述 ………………………………………………… 168
6.1.1 数字地面模型的发展过程 ……………………………………… 168
6.1.2 数字地面模型的概念与表示形式 ……………………………… 169

6.2 DEM 数据点的采集与预处理 …………………………………… 171
6.2.1 DEM 数据点的采集方法 ……………………………………… 171
6.2.2 DEM 数据的预处理 …………………………………………… 172

6.3 数字高程模型的内插 ……………………………………………… 173
6.3.1 线性内插 ………………………………………………………… 173
6.3.2 双线性多项式内插 ……………………………………………… 174
6.3.3 分块双三次多项式内插 ………………………………………… 175
6.3.4 移动拟合法内插 ………………………………………………… 176

6.4 基于 DEM 的等高线自动绘制 …………………………………… 178
6.4.1 等高线点的内插与排列 ………………………………………… 178
6.4.2 等高线点的插补 ………………………………………………… 180
6.4.3 地形特征线的顾及 ……………………………………………… 181

6.5 数字高程模型的工程应用算法 …………………………………… 182
6.5.1 地形剖面的面积计算和体积计算 ……………………………… 182
6.5.2 求 DEM 的中心投影透视图 …………………………………… 183
6.5.3 数字坡度模型及地面坡度分类 ………………………………… 184
6.5.4 由 DEM 求真实的地表面积 …………………………………… 186
6.5.5 挖方与填方计算 ………………………………………………… 187

6.6 三角网数字地面模型及其应用 …………………………………… 188
6.6.1 三角网数字地面模型的构建 …………………………………… 188
6.6.2 三角网的内插 …………………………………………………… 190
6.6.3 基于三角网的等高线绘制 ……………………………………… 191

6.7 机载激光雷达(Lidar)技术简介 ………………………………… 193
6.7.1 机载激光雷达系统组成 ………………………………………… 193
6.7.2 机载激光雷达对地定位原理 …………………………………… 194
6.7.3 机载激光雷达的技术特点 ……………………………………… 195
6.7.4 几种典型机载激光雷达简介 …………………………………… 197
6.7.5 机载激光雷达技术的应用 ……………………………………… 199

第 7 章　数字正射影像的制作与应用 ··· 204
7.1　航摄像片纠正概述 ··· 204
7.2　数字微分纠正的原理与方法 ··· 206
7.2.1　直接法数字微分纠正 ·· 206
7.2.2　间接法数字微分纠正 ·· 207
7.3　立体正射影像对的制作与应用 ·· 210
7.3.1　立体正射影像对的制作方法 ··· 210
7.3.2　立体正射影像对的应用 ··· 213
7.4　数字真正射影像的制作与应用 ·· 213
7.4.1　遮蔽的概念 ··· 213
7.4.2　正射影像上遮蔽的传统对策 ··· 215
7.4.3　真正射影像的概念及其制作 ··· 216
7.5　数字正射影像的质量检查 ·· 219
7.6　数字正射影像的匀光处理 ·· 220
7.6.1　影像匀光概述 ·· 220
7.6.2　基于 Mask 的单幅影像匀光 ··· 221
7.6.3　基于 Wallis 滤波器的多幅影像匀光 ····································· 223
7.6.4　特殊区域的自动检测与处理 ··· 224
7.6.5　影像匀光处理流程 ··· 226

第 8 章　数字摄影测量的仪器设备及产品 ··· 228
8.1　数字航空摄影机简介 ·· 228
8.1.1　DMC 数字航摄仪 ··· 229
8.1.2　ADS40 数字航摄仪 ·· 231
8.1.3　UltraCam-D 数字航摄仪 ·· 234
8.1.4　国产 SWDC 系列数字航摄仪 ·· 237
8.2　胶片航摄仪与数字航摄仪的比较 ··· 239
8.3　数字摄影测量系统的功能与产品 ··· 242
8.3.1　数字摄影测量系统概述 ··· 242
8.3.2　数字摄影测量系统的软硬件组成及主要功能 ························· 243
8.3.3　数字摄影测量系统的作业模式及主要产品 ···························· 245
8.4　数字摄影测量系统简介 ·· 248
8.4.1　Helava 数字摄影测量系统 ·· 249

8.4.2 VirtuoZo 数字摄影测量工作站 …………………………… 250
8.4.3 JX-4C 数字摄影测量工作站 …………………………… 253
8.5 基于网格的全数字摄影测量系统 ………………………………… 254
8.5.1 海量影像自动处理系统"像素工厂"简介 …………………… 255
8.5.2 数字摄影测量网格 DPGrid 简介 …………………………… 258

第9章 高分辨率遥感卫星影像及其应用 ………………………… 262

9.1 卫星影像制图概述 ……………………………………………… 263
   9.1.1 卫星影像制图的目的和意义 ………………………………… 263
   9.1.2 卫星影像制图的优缺点 ……………………………………… 265
9.2 几种典型的高分辨率遥感卫星系统 ……………………………… 265
   9.2.1 SPOT-5 卫星系统 …………………………………………… 265
   9.2.2 IKONOS 卫星系统 ………………………………………… 267
   9.2.3 QuickBird 卫星系统 ………………………………………… 272
   9.2.4 其他高分辨率遥感卫星简介 ………………………………… 275
9.3 线阵列 CCD 传感器的构像方程 ………………………………… 276
9.4 线阵列 CCD 传感器影像的几何处理 …………………………… 278
   9.4.1 单片几何纠正 ……………………………………………… 279
   9.4.2 双像解析摄影测量 ………………………………………… 281
9.5 基于有理函数的通用传感器模型 ………………………………… 284
   9.5.1 传感器模型的概念 ………………………………………… 284
   9.5.2 有理函数的定义 …………………………………………… 285
   9.5.3 有理函数的解算 …………………………………………… 288
   9.5.4 有理函数的特点分析 ……………………………………… 290
9.6 基于高分辨率遥感影像的地物提取 ……………………………… 291
   9.6.1 地物提取概述 ……………………………………………… 291
   9.6.2 基于遥感影像的建筑物提取 ………………………………… 292
   9.6.3 基于遥感影像的线状地物提取 ……………………………… 296
9.7 基于高分辨率遥感影像的变化检测 ……………………………… 298
   9.7.1 变化检测方法概述 ………………………………………… 299
   9.7.2 变化检测的基本内容和步骤 ………………………………… 301
   9.7.3 基于遥感影像和 GIS 数据的变化检测 ……………………… 303
   9.7.4 规划用地及违章建筑调查案例分析 ………………………… 305

第10章 空间信息系统集成与城市三维建模可视化 …… 311
10.1 地球空间信息科学概述 …… 311
- 10.1.1 地球空间信息科学的形成 …… 311
- 10.1.2 地球空间信息科学的理论体系 …… 312
- 10.1.3 地球空间信息学的技术体系 …… 314

10.2 多传感器集成空间信息获取 …… 315
- 10.2.1 多传感器集成的概念 …… 315
- 10.2.2 多传感器集成的关键技术 …… 317
- 10.2.3 多传感器集成系统的分类 …… 318
- 10.2.4 多传感器集成技术的发展趋势 …… 321

10.3 GPS、RS 与 GIS 的集成与应用 …… 322
- 10.3.1 "3S"技术集成的概念 …… 322
- 10.3.2 "3S"技术的实用集成模式 …… 324

10.4 车载移动测图系统及其应用 …… 327
- 10.4.1 移动测图系统概述 …… 327
- 10.4.2 车载移动测图系统的功能及关键技术 …… 330
- 10.4.3 车载移动测图系统的主要应用 …… 333

10.5 数字城市三维建模与可视化 …… 334
- 10.5.1 数字城市三维模型概述 …… 334
- 10.5.2 数字城市三维建模的数据源 …… 336
- 10.5.3 城市三维建模的数据模型和体系结构 …… 337
- 10.5.4 纹理模型与纹理映射 …… 338
- 10.5.5 三维建模可视化开发工具举例 …… 341

10.6 可量测实景影像的概念与应用 …… 342
- 10.6.1 空间信息服务需求 …… 343
- 10.6.2 可量测实景影像(DMI)的概念 …… 344
- 10.6.3 可量测地面实景影像与4D集成 …… 345
- 10.6.4 基于可量测实景影像的空间信息服务体系 …… 346

主要参考文献 …… 348

第1章 绪 论

1.1 摄影测量学的定义与任务

"摄影测量学"一词的英文是 photogrammetry,它源于三个英文单词:light(光线)、writing(记录)和 measurement(量测),即将来自目标物体反射的光线通过某种方式进行记录,然后基于记录的结果(即像片或影像)进行量测和解译。因此,摄影测量学的基本含义是基于像片的量测和解译。传统的摄影测量学是利用光学摄影机摄影的像片,研究和确定被摄物体的形状、大小、位置、性质和相互关系的一门科学和技术。它研究的内容涉及被摄物体的影像获取方法,影像信息的记录和存储方法,基于单张或多张像片的信息提取方法,数据的处理与传输,产品的表达与应用等方面的理论、设备和技术。

摄影测量的特点之一是在像片上进行量测和解译,无需接触被测目标物体本身,因而很少受自然和环境条件的限制,而且像片及其各种类型影像均是客观目标物体的真实反映,影像信息丰富、逼真,人们可以从中获得被研究目标物体的大量几何信息和物理信息。

由于现代电子技术、通信技术和航天技术等的飞速发展,摄影测量学科领域的研究对象和应用范围不断扩大。可以这样说,只要目标物体能够被摄影成像,都可以使用摄影测量技术以解决某一方面的问题。这些被摄物体可以是固体的、液体的,也可以是气体的;可以是静态的,也可以是动态的;可以是微小的(电子显微镜下放大几千倍的细胞),也可以是巨大的(宇宙星体)。这些灵活性使得摄影测量学成为多领域广泛应用的一种测量手段和数据采集与分析的方法。由于具有非接触传感的特点,20 世纪 60 年代初,从侧重于影像解译和应用角度,又提出了"遥感"一词。

随着摄影测量的发展,摄影测量与遥感之间的界限越来越模糊,换句话说,摄影测量学与遥感的结合越来越紧密,用王之卓先生的话说就是"摄影测量学的发展历史就是遥感的发展历史,它们的目的相同,只是各自所处的科技发展历史时期不同,可以说摄影测量学发展到数字摄影测量阶段就是遥感"。正因为如此,国际摄影测量与遥感学会(ISPRS)于1988年在日本京都召开的第十六届大会上给出定义:"摄影测量与遥感乃是对非接触传感器系统获得的影像及其数字表达进行记录、量测和解译,从而获得自然物体和环境的可靠信息的一门工艺、科学和技术。"(Photogrammetry and Remote Sensing is the art, science, and technology of obtaining reliable information and other physical objects from non-contact imaging and other sensor systems about the earth and its environment, and processes through recording, measuring, analyzing and representation)。其中,摄影测量侧重于提取几何信息,遥感侧重于提取物理信息。

摄影测量学的基本任务是严格建立像片获取瞬间所存在的像点与对应物点之间的几何关系。一旦这种对应的几何关系得到正确恢复,人们就可以从影像上严密地导出关于被摄目标物体的信息。像点与对应物点之间几何关系的恢复可以通过模拟的、解析的或数字的方法实现。摄影测量学的具体任务包括两个方面:定量的(quantitative)和定性的(qualitative)。其中前者属于几何处理(metric photogrammetry)的范畴,主要解决是多少的问题;后者属于解译处理(photo interpretation)的范畴,主要解决是什么的问题。摄影测量学发展到今天,受益于计算机科学与技术的发展,对定量问题的解决相对较好,自动化程度也较高。例如,自动空中三角测量(第4章讲述)、数字高程模型(DEM)的自动化生产(第6章讲述)、数字正射影像(DOM)的自动化生产(第7章讲述)等;而对定性问题的解决其自动化程度相对差些,还需付出很大的努力。因为对定性问题的解决涉及多学科交叉、认知科学以及对人类自身的了解和研究。

伴随着数字影像获取能力的提高以及计算机处理能力的增强,摄影测量的数据处理越来越多地融合了其他学科的处理技术。最有代表性的就是数字图像处理技术,即用计算机来完成一系列关于数字图像的处理任务,如:图像压缩、图像增强、图像复原、图像编码、图像分割、边缘检测等。第二个与之密切相关的学科是模式识别,具体点说就是基于图像的目标识别,它是模式识别的一个分支,它的输入是图像,输出是图像的分类和结构描述。第三个与之密切相关的学科是图像理解,它是人工智能的一个分支,它的输入是图像,输出是对图像的描述和解译。进一步地说,当代数字摄影测量的发展与计算机视觉的研究联系紧密,计算机视觉的研究目标是使计算机具有通过二维图像认知三维环境中物体的几何信息的能力,包括它的形状、位置、姿态、运动等,并对它们进行描述、存储、识别与理解。或者简单地说,计算机视觉是要用计算机模拟人的眼睛,对空间物体进行识别与理解。从这点讲，计算机视觉与数字摄影测量有极大的相似之处。

当然，摄影测量学的基本范畴还是确定被摄对象的几何属性与物理属性，即量测与解译，这也是本教材所要介绍的主要内容。

1.2 摄影测量学的分类

按照所研究对象的不同，摄影测量学的内容可分为地形摄影测量（topographic photogrammetry）和非地形摄影测量（non-topographic photogrammetry）两大类。地形摄影测量研究的对象是地球表面的形态，以目标物体与对应构像之间的几何关系为基础，最终根据摄影像片测绘出摄影区域的地形图。非地形摄影测量一般指近景摄影测量（close-range photogrammetry），顾名思义，即研究的对象在体积和面积上较小，摄影机到摄影目标的距离较近，一般小于 300 米，测量的精度相应地要求较高。近景摄影测量的基本理论也是根据物体与构像之间的几何关系，但在处理技术上有其特殊性。近景摄影测量大多应用在专题科学研究方面，诸如工业、建筑学、生物学、考古、医学以及高速运动物体等方面，任务和要求也各异。为适应现场条件，所使用的摄影机可以是测量专用的，也可以是一般的普通照相机；通常取用一定规则的摄影方式，但也可以是随意的。因此，这要求用解析方法来确定研究对象的形态。测量成果是表示研究对象的一系列特征点的三维坐标值，即研究对象的目标模型；根据要求也可绘制所摄物体的立面图、平面图和显示立体形态的等值线图。

摄影测量学也可按摄影站的位置或传感器平台分为航天／卫星摄影测量（space／satellite photogrammetry）、航空摄影测量（aerophotogrammetry／aerial photogrammetry）、地面摄影测量（terrestrial photogrammetry）、显微摄影测量（micro-range photogrammetry）和水下／双介质摄影测量（underwater／two-medium photogrammetry）几类。航天摄影测量是利用航天器或人造地球卫星作为传感器的平台对地面进行摄影。特别是近几年来高分辨率卫星影像的成功应用，使之成为国家基本图测图的重要组成部分。航空摄影测量指的是地形摄影测量，从航摄飞机上对地面进行摄影，它是摄影测量学的一个重要分支。航空摄影测量的主要任务是测制各种比例尺的地形图，建立地形数据库，并为各种地理信息系统和土地信息系统提供基础数据。航空摄影测量测绘的地形图比例尺一般为 1∶5 万、1∶1 万、1∶5000、1∶2000、1∶1000、1∶500 等。其中 1∶5 万、1∶1 万为国家、省级基本图，1∶1 万也常用于大型工程（如水利、水电、铁路、公路）的初步勘察设计，1∶5000、1∶2000 一般为大型工程设计用图，1∶2000、1∶1000、

1：500主要用于城镇的规划、土地和房产管理等。地面摄影测量是将摄影机安置在地面上进行摄影和测量，地面摄影测量包括地形测绘目的的地面立体摄影测量和非地形测绘目的的近景摄影测量。前者在测绘特殊地区的地形图时常采用，后者在对科学技术某专题内容进行研究时采用。水下摄影测量是将摄影机置于水中，对水中的目标物体进行研究，或对水下地表面进行摄影以绘制水下地形图，这属于双介质摄影测量。显微摄影测量仍然属于近景摄影测量的范畴，主要用于对微小目标物体(如细胞、花粉等)的研究，需要在对目标物体放大几千倍甚至上万倍的情况下摄影成像。

另外，从摄影测量学的用途或应用范围来考虑，摄影测量学还可进一步分为工业摄影测量(industrial photogrammetry)、建筑摄影测量(architectural photogrammetry)、生物医学摄影测量(biomedical photogrammetry)、城市摄影测量(urban photogrammetry)、铁路摄影测量(railway photogrammetry)、地质摄影测量(geological photogrammetry)、森林摄影测量(forest photogrammetry)，等等。概括起来说，不管摄影测量的技术应用于哪个领域，其基本原理是一致的，都要依据物体及其构像之间的对应几何关系，变化的只是应用对象及各领域的特殊要求。

就摄影测量处理技术手段而言，又可分为模拟摄影测量、解析摄影测量和数字摄影测量。解析摄影测量和数字摄影测量可以直接为各种数据库和地理信息系统提供基础地理信息，模拟摄影测量的直接成果为各种图件(地形图、专题图等)，它们必须经过数字化才能进入计算机中。

1.3 摄影测量学的发展历史

若从1839年尼普斯和达意尔发明摄影术算起，摄影测量学已有近170年的历史了，而1851—1859年法国陆军上校劳赛达特提出的交会摄影测量，被认为是摄影测量学的真正起点。

已知的第一张航空像片是由一位名为Gaspard Felix Tournachon的巴黎摄影师于1858年拍摄的，他乘一个名为Nadar的气球升至离地80m的高度，拍摄了法国比弗雷(Bievre)的像片，如图1-1所示。从那以后，兴起了一股气球平台摄影风。目前保存的最早一幅航空像片，是1860年由James Wallace Black从气球上拍摄的波士顿市的像片。

飞机发明于1903年，当时还没有被作为安放摄影机的平台来使用，直至1908年，由一名法国摄影师首次利用飞机拍摄了电影(Le Man)后，人们才认识

图 1-1　航空摄影起源

到利用飞机获得航空像片远较气球便捷得多。因此,第一次世界大战时在飞机上进行摄影用于军事侦察,引起了人们极大的关注,拍摄了数量超过百万的航空侦察照片。第一次世界大战结束后,前军人摄影师成立了航空调查公司,航空摄影在美国开始广泛传播。1934 年美国摄影测量协会(ASP),现为美国摄影测量与遥感协会(ASPRS),作为一个科学专业的组织成立,有力地推动了这一领域的发展。

由于航空摄影比地面摄影有明显的优越性(如视场开阔、无前景挡后景现象、可快速获得大面积地区的像片等),使得航空摄影测量成为 20 世纪以来大面积测绘地形图最快速和最有效的方法。从 30 年代起到 70 年代末,各国主要测量仪器厂所研制和生产的各种类型模拟测图仪器均完全是针对航空地形摄影测量的,这个时期是模拟航空摄影测量的黄金时代。在我国,模拟航空摄影测量一直延续到 70 年代末。

随着电子计算机的问世,出现了始于 50 年代末的解析空中三角测量(精确测定点位的摄影测量方法)和解析测图仪与数控正射投影仪(利用数字投影方法进行量测、制图和制作正射像片)。1957 年,美国的海拉瓦博士提出了利用电子计算机进行解析测图的思想,限于当时计算机的发展水平,解析测图仪经历了近二十年的研制和试用阶段。到了 70 年代中期,电子计算机技术的发展使解析测图仪进入了商用阶段。在随后的十几年里,解析测图仪的价格逐步降到与一级精度模拟测图仪相近的价格,使它在全世界获得了广泛的应用。

解析空中三角测量是用摄影测量方法快速、大面积地测定点位的精确方法,它是电子计算机用于摄影测量的第一项成果,经历了航带法、独立模型法和光束法平差三种方法的发展。在解析空中三角测量的长期研究中,人们解决了像片系统误差的补偿和观测值粗差的自动检测,从而保证了成果的高精度和高可靠性。摄影测量与各种非摄影测量观测值进行严密的整体平差和数据处理已成为一种高精度定位方法,用于大地控制加密、坐标地籍测量、航空和航天摄影测量及非地形摄影测量。特别是由于全球定位系统(GPS)的应用,使摄影测量和遥感中的几何定位变得愈来愈少地依赖于地面控制。

解析摄影测量的进一步发展是数字摄影测量。从广义上讲,数字摄影测量指的是从摄影测量所获取的数字/数字化影像数据出发,通过在计算机上进行各种数值、图形和影像处理,研究目标的几何和物理特性,从而获得各种形式的数字产品和可视化产品。这里的数字产品包括数字线画地图(DLG)、数字栅格地图(DRG)、数字高程模型(DEM)、数字正射影像(DOM)、测量数据库、地理信息系统(GIS)和土地信息系统(LIS)等。这里的可视化产品包括地形图、专题图、纵横剖面图、透视图、正射影像图、电子地图、动画地图等。

获得数字/数字化影像的方法,一是直接用各种类型的数字摄影机(如 CCD 阵列扫描仪或摄影机)来获得,称为数字影像;另一种方法则是用各种数字化扫描仪对以胶片记录的像片进行扫描来获得,称为数字化影像。对数字/数字化影像在计算机中进行全自动化数字处理的方法又称为"全数字化摄影测量"(Full-digital Photogrammetry)。进入 20 世纪 80 年代后,随着计算机技术的进一步发展,摄影测量的全数字化处理软件——数字摄影测量系统开始研究和发展。到了 90 年代初,以工作站为平台的数字摄影测量系统进入实用化阶段,90 年代末,数字摄影测量系统开始全面替代传统的模拟摄影测量仪器,摄影测量生产真正步入了全数字化时代。由于全数字化摄影测量处理流程从原始数据的输入,到中间环节的数据处理,直至最后产品的输出都是数字形式的,因此在美国的摄影测量界又称之为"软拷贝摄影测量"(Soft-copy Photogrammetry)。

数字摄影测量的发展还导致了实时摄影测量的问世和发展。所谓实时摄影测量主要是利用多台 CCD 数字摄影机对目标进行影像获取,并直接输入计算机系统中,在实时软件的帮助下,立刻获得和提取所需要的信息,并用来控制对目标的操作。这种实时摄影测量系统主要用于医学诊断、工业过程控制和机器人视觉等方面。由于这种方法能用计算机代替人眼的立体观测过程,因而是一种计算机视觉方法。

概括而言,摄影测量学经历了模拟法、解析法和数字化三个发展阶段,这在国际摄影测量界已达成共识。表 1-1 列出了摄影测量三个发展阶段的主要特点,图 1-2 为摄影测量三个发展阶段的三种典型仪器设备。

表 1-1　　　　　　　　　摄影测量三个发展阶段的特点

发展阶段	原始资料	投影方式	仪器	操作方式	产品
模拟摄影测量	像片	物理投影	模拟测图仪	作业员手工	模拟产品
解析摄影测量	像片	数字投影	解析测图仪	机助作业员操作	模拟产品 数字产品
数字摄影测量	数字化影像 数字影像	数字投影	计算机 +外围设备	自动化操作 +作业员的干预	数字产品 模拟产品

(a) 模拟立体测图仪B8S

(b) 解析测图仪BC2

(c) 数字摄影测量系统

图 1-2　摄影测量三个发展阶段的三种典型仪器设备

美国学者 Franz W. Leberl 教授则进一步对以上三个发展阶段的历史年代进行了划分,如图 1-3 所示。他认为,如果将 20 世纪初作为摄影测量发展的起点,那么模拟摄影测量的发展大概经历了 70 年,解析摄影测量大概经历了 20 年,而我们现在正在经历的数字摄影测量阶段到底要经历多久还是个未知数。

模拟阶段　　evolutionary　　解析阶段　　revolutionary　　数字阶段
(1900-1970) ══════════▶ (1970-1990) ══════════▶ (1990-?)
70年　　　　　　　　　　　20年　　　　　　　　　　?年

图 1-3　摄影测量三个发展阶段的划分

如果说从模拟摄影测量到解析摄影测量的发展是一次技术的进步（evolution），那么从解析摄影测量到数字摄影测量的发展则是一场技术的革命（revolution），这一点也得到了国际摄影测量界的一致认可。数字摄影测量与模拟、解析摄影测量的最大区别在于：它处理的原始信息不仅可以是航空像片经扫描得到的数字化影像或由数字传感器直接得到的数字影像，其产品是数字形式的，更主要的是它最终是以计算机视觉代替人眼的立体观测，因而它所使用的仪器最终只是通用的计算机及其相应外部设备，故而是一种计算机视觉的方法。需要说明的是，当代新型传感器技术、全球定位技术、通信技术以及计算机技术等的发展为数字摄影测量的发展提供了广阔的机遇和前景，当代数字摄影测量的内涵已远远超出了传统摄影测量学的范围。

1.4 当代摄影测量发展的多学科交叉特点

1.4.1 摄影测量与遥感的结合

遥感源于摄影测量，摄影测量学的历史就是遥感的发展历史。从20世纪60年代初开始，航天技术迅速发展起来，美国地理学者首先提出了"遥感"（Remote Sensing）这个名词，用来取代传统的"航片判读"（Photo Interpretation）这一术语，随后便得到了广泛使用。特别是70年代美国陆地资源卫星（Landsat）上天后，由于遥感技术在资源勘察和环境监测方面效率很高，很快在全世界得到重视，因而遥感技术获得了极为广泛的应用。

遥感技术的飞速发展，也对摄影测量学产生了巨大的冲击作用，首先在于它打破了摄影测量学长期以来过分局限于测绘物体形状与大小等数据的几何处理，尤其是航空摄影测量长期以来只偏重于测制地形图的局面。在遥感技术中除了使用可见光的框幅式黑白摄影机外，还使用彩色、彩红外摄影、全景摄影、红外扫描仪、多光谱扫描仪、成像光谱仪、CCD 线阵列扫描和面阵摄影机以及合成孔径侧视雷达等手段，它们以空间飞行器作为平台，围绕地球长期运行，能为土地利用、资源和环境监测及相关研究提供大量多时相、多光谱、多分辨率的影像信息。进入80年代以后，遥感技术的新的跃进再次显示了它对摄影测量的巨大作用。首先是航天飞机作为遥感平台或发射手段，可重复使用和返回地面，大大提高了遥感应用的性能与价格比，更重要的是许多新型传感器的地面分辨率（空间分辨率）、温度分辨率、光谱分辨率（光谱带数）和时间分辨率（重复同期）都有了很大提高，同时还具备了立体覆盖的功能，如1986年和1990年法国发射的

SPOT-1、2卫星,利用两个CCD线阵列构成数字式扫描仪,像素地面大小对全色为10m,通过侧向镜面倾斜可获得基线／航高比为1.0～1.2的良好立体影像,从而可采集DEM和制作正射影像,并可进行1∶5万立体测图或地图修测。而到了90年代,由于高分辨率长线阵、大面阵CCD传感器的问世,使得卫星遥感图像的地面分辨率大大提高。例如,印度卫星IRS-1C,其地面分辨率为5.8m;法国研制的SPOT-5采用新的三台高分辨率几何成像仪器(HRG),能提供5m/2.5m的地面分辨率,并能沿轨或异轨立体成像;美国于1999年9月成功发射的IKONOS-2以及随后发射的"Early Bird"、"Quick Bird",能提供0.82m空间分辨率的全色影像和4～15m空间分辨率的多光谱影像。所有这些都为遥感影像的定量化研究提供了保证,利用空间影像测图已是一种重要途径。由此可见,遥感与摄影测量的区别已不仅仅在于遥感技术的多样性和应用范围的广泛性,而且还在于技术的相容性。目前,几乎所有的航天遥感传感器也都可用于航空摄影测量与遥感的场合。

摄影测量与遥感的结合,还体现在解析摄影测量(尤其是数字摄影测量)对遥感技术发展的推动作用。众所周知,遥感图像的高精度几何定位和几何纠正就是解析摄影测量现代理论的重要应用;数字摄影测量中的影像匹配理论可用来实现多时相、多传感器、多种分辨率遥感图像的复合和几何配准;自动定位理论可用来快速、及时地提供具有"地学编码"的遥感影像;摄影测量的主要成果,如DEM、地形测量数据库和专题图数据库,乃是支持和改善遥感图像分类效果的有效信息;至于像片判读和影像分类的自动化和智能化则是摄影测量和遥感技术共同研究的课题。一个现代的数字摄影测量系统与一个现代的遥感图像处理系统已看不出什么本质差别了,两者的有机结合已成为地理信息系统(GIS)技术中的数据采集和更新的重要手段。

1.4.2 摄影测量与遥感和GIS、GPS的结合

在摄影测量与遥感的发展历史上,早就确定了GIS的地位。1968年,美国摄影测量学会就首先使用了GIS这个术语。德国的Konceny教授则认为GIS的产生和发展源于四个不同领域的研究活动和贡献,即制图学、计算机图形学、数据库和遥感(包括摄影测量),这些不同领域或学科的相互交叉奠定了GIS的基础。与GIS相关的各学科间的相互关系可用图1-4来表示。

数字测图、全数字化摄影测量和遥感图像处理技术的发展,需要有一个数据库或空间信息系统来存储、管理这些空间数据,并与其他非图形的专题信息相结合,进行分析、决策,以回答用户所提出的有关问题。而地理信息系统(GIS)和土

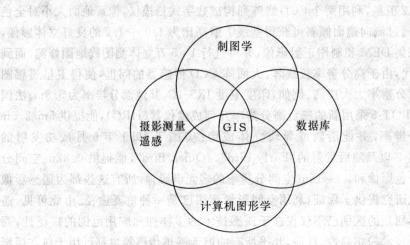

图 1-4 GIS 与其他学科间的相互关系（Gottfried Konceny, 2003）

地信息系统(LIS)都与物体的空间位置和分布有关，都属于空间信息系统的某种特定形式，这就是摄影测量与遥感技术必然和地理信息系统相结合的原因。这种结合使得摄影测量与遥感影像必将成为 GIS 基础数据获取和快速更新的重要数据源，而 GIS 则作为摄影测量与遥感数据存储、管理、表达和应用的重要平台。

摄影测量、遥感和 GIS 的有机结合，还导致了一门新的信息科学分支——影像信息科学的形成与发展。什么是影像信息科学呢？按照王之卓先生的定义，影像信息科学是一门记录、存储、传输、量测、处理、解译、分析和显示由非接触传感器影像获得的目标及其环境信息的科学、技术和经济实体。影像信息获取、处理、加工和结果表达的整个过程是一个有机的结合体，它既包含了摄影测量与遥感的主要内容，又包含了地理信息系统。

进一步地说，影像信息科学是由摄影测量、遥感、地理信息系统、计算机图形学、数字图像处理、计算机视觉、专家系统、航天科学、计算机技术、通信技术和传感器技术等相结合的一个边缘学科。影像信息科学是信息科学中的一门新高技术，它提供了基于影像认识世界和改造世界的一条途径，因而具有无限的生命力。

空间定位系统(目前主要指 GPS)、遥感(RS)和地理信息系统(GIS)是目前对地观测系统中空间信息获取、存储管理、更新、分析和应用的三大支撑技术(以下简称"3S")，是现代社会持续发展、资源合理规划利用、城乡规划和管理、自然灾害动态监测与防治等的重要技术手段,也是地学研究走向定量化的科学方法之一。这三大技术有着各自独立、平行的发展成就。

随着"3S"技术研究和应用的不断深入,人们逐渐认识到单独运用其中的一种技术往往不能满足一些应用工程的需要。事实上,许多应用工程或研究项目需要综合利用这三大技术的特长,方可形成和提供所需的对地观测、信息处理、分析决策的能力。这导致了对"3S"技术的研究和应用向集成化(或综合化)的方向发展。在这种集成应用中,GPS(包括 IMU)主要被用于实时、快速地提供目标(包括各类传感器)和运载平台(如车、船、飞机、卫星等)的空间位置和姿态;RS(包括摄影测量)主要用于实时地或准实时地提供目标及其环境的语义和非语义信息,以发现地球表面的各种变化,及时地对 GIS 进行数据更新;GIS 则是对多种来源的时空数据进行综合处理、集成管理、动态存取,并作为新的集成系统的平台,为智能化数据采集提供地学知识。

值得一提的是,数字摄影测量、特别是数字近景摄影测量的发展,还使得摄影测量学与计算机视觉的研究和应用在很多方面走到了一起或向集成化方向发展。其表现为,摄影测量学的研究和应用逐渐从以研究地球表面为主向微观世界和目标的研究方向发展;反过来,计算机视觉界的研究则越来越多地借鉴摄影测量学的基本理论和影像数据,以解决更大范围的实际工程应用问题。

关于"3S"或更多"S"的集成可用图 1-5 来表示。图中,"DP"代表数字摄影测量(digital photogrammetry),"ES"代表专家系统(expert system),"CV"代表计算机视觉(computer vision)。

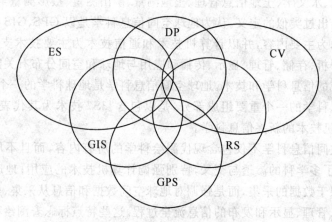

图 1-5 "3S"或更多"S"的集成

1.4.3 地球空间信息科学的崛起和发展

随着全球定位系统、摄影测量与遥感、地理信息系统和互联网等现代信息技术的发展及其相互间的渗透，逐渐形成了以地理信息系统为核心的集成化技术系统，为解决区域范围更广、复杂性更高的现代地学问题提供了新的分析方法和技术保证。航天航空遥感技术的发展，实现了从远距离甚至从太空观察地球，使地球在数千米到亚米级分辨率框架下，形成空间维、时间维上的连续数据集，大大提高了人们对地球整体性与各圈层相互关系的认识。这些现代信息技术的综合发展及其应用的日益深入和广泛，也伴随着一系列相类似但又不相同科学名词的出现，如地球信息学（Geomatics）、地球空间信息学（Geoinformatics）、图像信息学（Iconic-Informatics）、地理信息科学（Geographic Information Science）等，最终促使了"地球空间信息科学"（Geospatial Information Science）的形成和发展。

地球空间信息科学是当代地球科学研究和发展的必然产物。早在 1993 年，在美国出版的 Webster 字典（第三版）中，就对地球空间信息科学作出了定义："它是关于地球的数学，所强调的是所有现代地理科学的严格技术支撑。"国际标准化组织（ISO）于 1996 年给出的定义是："地球空间信息科学是一个十分活跃的学科领域，它是以系统方式集成所有获取和管理空间数据的方法，这些方法作为空间信息产生和管理过程中所进行的科学的、管理的、法律的和技术的操作的一部分。这些学科包括但不限于：地图制图、控制测量、数字制图、大地测量、地理信息系统、水文学、土地信息管理、土地测量、矿山测量、摄影测量与遥感。"我国学者也给出过类似的定义，认为地球空间信息科学是以 GPS、GIS 和 RS 等空间信息技术为主要内容，并以计算机技术和通信技术为主要技术支撑，用于采集、量测、分析、存储、管理、显示、传播和应用与地球和空间分布有关数据的一门综合和集成的信息科学和技术。地球空间信息科学是地球科学的一个前沿领域，是地球信息科学的一个重要组成部分，是以包含"3S"技术为其代表，包括通信技术、计算机技术的新兴信息科学。

地球空间信息科学不仅包含现代测绘科学的所有内容，而且不局限于测绘科学，体现了多学科的渗透与交叉，特别强调计算机技术的应用；地球空间信息科学不局限于数据的采集，而是强调对地球空间数据和信息从采集、处理、量测、分析、存储、管理、显示和发布的信息流全过程。这些特点标志着测绘科学从单一学科走向多学科的交叉；从利用地面测量仪器进行局部地面数据的采集到利用各种星载、机载和基于低空或地面平台的传感器实现对地球表面及其环境的几何、物理等数据的采集;从单纯提供测量数据和资料到实时/准实时地提供随时空变化的地球空间信息,并将空间数据和其他专业数据进行综合分析,其应用已扩展到与空间分布有关的诸多领域,如环境、资源、灾害、农业、城市发展等。

站在摄影测量学的角度,传统空间信息系统方法和当代空间信息系统概念的差别可用图1-6来简单表示。

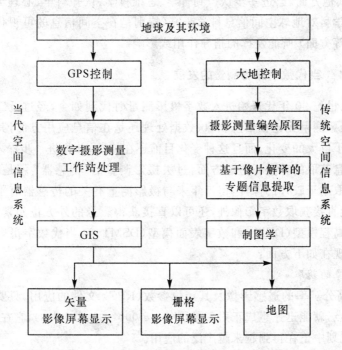

图1-6　传统空间信息系统和当代空间信息系统的差别(Gottfried Konceny,2003)

归纳起来,地球空间信息科学的总体发展趋势主要表现在如下几个方面:

(1)强调对空间信息认知机理的研究。如地表遥感信息传输及其成像机理、遥感信息反演机理、地球空间信息认知机理、空间三维可视化认知机理、地图(影像)认知机理、计算机视觉认知机理等。

(2)强调对智能信息技术和系统的研究。在地球空间信息获取和处理手段的很多方面已实现自动化或半自动化的同时,目前正在向更高水平的智能化方向发展,包括智能信息获取、处理、应用,智能控制技术和智能通信技术。如智能化遥感图像处理、GIS智能化网络管理与控制、网络智能信息检索、智能交通、智能机器人传感器和智能摄影测量等。

(3) 强调与人类自身的研究,特别是对人类大脑和视知觉系统研究成果的结合。因为对人类自身了解的多与少,将决定科学进步和社会发展的进程。计算机视觉、人工神经网络、人工智能、专家系统、遗传(进化)算法、信息融合、数据挖掘、知识发现等领域的研究进展都在不同程度上受制于对人类自身的认识水平。

(4) 其他方面。已进一步认识到哲学、思维科学、认知科学、心理学乃至美学与艺术等学科对地球空间信息科学研究(特别是在空间信息的可视化表达以及虚拟现实等方面)所能发挥的指导作用或影响。

1.4.4 当代数字摄影测量的发展

从20世纪90年代开始进入数字摄影测量时代到如今,经过近二十年的发展,数字摄影测量无论在信息获取、数据处理还是在信息应用方面,其理论和实践都发生了巨大的变化,而且这种变化目前还在持续,并将进一步深入下去。

在信息获取的种类与方法方面,过去摄影测量的"传感器"就是摄影机,只能用于获取基于胶片的像片,但近年来与摄影测量有关的传感器有了快速的发展,除了能直接获取数字影像外,还可以直接获得影像的外方位元素,甚至直接获取数字高程模型(DEM)和数字表面模型(DSM)等。当代数字摄影测量的发展主要表现在如下方面:

1. 影像的获取

(1) 高分辨率的遥感影像及其定位参数(RPC)文件的应用。只要极少量的外业控制点,就能迅速生成正射影像图(1:5 000~1:10 000),它在城市、土地的变迁、规划中正在得到越来越广泛的应用。

(2) 航空数码摄影机和多光谱影像获取能力的发展。航空数码摄影机的影像亮度可达到12bits,对太阳阴影部分的影像可清晰辨认,在城市大比例尺测图领域得到了广泛应用。

2. 影像外方位元素的直接获取

利用GPS测定航空摄影机的摄影中心坐标与惯性量测系统(inertial measurement unit,简称IMU)测定影像的姿态(GPS+IMU构成POS系统),能够在航空摄影过程中直接测定影像的外方位元素。

3. 数字表面模型(DSM)的直接获取

利用机载激光扫描(light detection and ranging,简称Lidar)可以直接获得地面的DSM,精度可达15~20cm甚至更高。Lidar数据的获取已经日益受到重视,应用也越来越广泛。

在数字摄影测量的理论发展方面,长期以来,摄影测量是依靠人眼利用"点测标"的相对运动,对由"两张"相邻影像所构成的立体像对进行立体观测,测定其"同名点",由此带来了一些"限制",而且长期以来这些限制已经被视为"经典戒律"。到目前为止,数字摄影测量基本上是利用计算机代替"人眼"进行立体观测,实现上述目标的自动化。而数字摄影测量下一步的发展,将会跳出上述限制,即:计算机的视觉不能限制于"双眼"的立体观测,而要实现"多目"视觉;计算机的视觉并不限于影像之间的匹配;计算机的视觉也不限于"点"的匹配,还应该有除"识别"以外的其他功能。总之,数字摄影测量的理论发展应从计算机的视觉特点出发,这为数字摄影测量的理论与实践的发展提供了崭新的契机。

数字摄影测量是一门相对年轻的学科。由于它利用计算机替代"人眼"视觉,使得数字摄影测量无论在理论上还是在实践上都将得到迅速发展,而且它正在与新的传感器(如激光扫描仪)和其他的测量仪器(如 GPS、全站仪)等结合起来。它将在新的应用领域得到发展,如三维可视化(包括数码城市、工程设计的三维可视化、GIS 数据更新、数字近景摄影测量)等。

在结束本章前,需要提醒读者注意的是,当代数字摄影测量的理论与实践与 20 世纪摄影测量的形成与发展初期已大不一样了,虽然在摄影测量的数据获取、数据处理和生产手段以及应用目的等方面发生了戏剧性的变化,但摄影测量最基本的数学原理和光学基础却没有太多的改变。

本教材将围绕当代数字摄影测量现状及其发展的主要内容,重点介绍航空摄影测量的基本原理及其应用。

本章思考题

1. 什么是摄影测量学?摄影测量学的主要任务是什么?有何特点和用途?
2. 简述摄影测量发展的三个阶段及其对地理信息系统技术的作用。
3. 试从摄影测量、遥感与地理信息系统三者的结合上剖析影像信息科学的形成与发展。
4. 你对当代摄影测量发展的多学科交叉特点有何认识或体会?
5. 你对学习本课程有哪些意见、建议或设想?

第 2 章　航空摄影测量成像系统及像片解析

传统的摄影测量学是利用光学摄影机所获取的摄影像片,研究和确定被摄物体的形状、大小、位置、性质和相互关系的一门科学和技术。其中,光学摄影机及其相关的摄影平台或设备的工作原理构成了摄影成像系统的主要内容。随着摄影测量的发展,特别是数字摄影机的出现,摄影测量的影像获取方式变得非常灵活和形式多样。本章首先介绍传统胶片航空摄影机的成像原理及航空摄影的有关知识;然后介绍单张航摄像片解析、航摄像片的坐标系统、航摄像片的内外方位元素及中心投影的构像方程等方面的基本知识;最后简单介绍航空摄影机检校方面的有关知识。有关数字航空摄影机的内容将在第 8 章进行介绍。

2.1　航空摄影的基础知识

摄影是按针孔成像原理进行的。在针孔处安装一个摄影物镜,在成像处放置感光材料,物体经摄影物镜成像于感光材料上,感光材料受投影光线的光化作用后,经摄影处理获得景物的光学影像。针孔成像原理如图 2-1 所示。

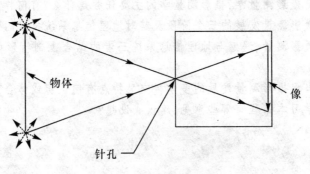

图 2-1　针孔成像原理

2.1.1 胶片航空摄影机

几乎所有型号的摄影机都可用于航空像片的拍摄,不过大部分航空摄影遥感要求使用构造精密的航空摄影机。这种专门设计的摄影机可快速连续拍摄大量像片,并能达到最佳的几何保真度。

单镜头分幅摄影机是目前应用最多的航空摄影机。它装有低畸变透镜,与胶片面有固定而精确的距离。胶片幅面的大小(即每张像片的标准尺寸)通常是边长为230mm的正方形。胶片的实际宽度为240mm,胶片暗盒能存放长达120m的胶片。摄影机的快门由一种称为定时器的电子装置自动间歇地开启,快门每启动一次可拍摄一幅影像,故又称为框幅式摄影机。图2-2和图2-3是两款典型的框幅式胶片航空摄影相机。

图2-2 RC30型航空摄影机

图2-3 RMK TOP15型航空摄影机

图2-4是单镜头框幅式胶片航空摄影机的主要部件。镜筒装置包括透镜、滤光片、快门和光圈。透镜由复合透镜元件组成,将来自景物的光线在焦平面上聚焦。快门和光圈控制胶片的曝光。快门控制曝光时间(从1/100~1/1000s),而光圈是一种可改变孔径的装置。摄影机主体主要装有电动胶片驱动装置,可以在卷片、曝光时压平胶片、启动快门和释放快门,摄影机暗盒包括供片盘和卷片盘、胶片传输装置和胶片压平装置。曝光时的胶片压平动作由焦平面后的真空泵把胶片吸附紧贴而成,摄影机的主光轴通过透镜系统的中心而垂直于胶片平面。

如图2-4所示,航空摄影机的透镜系统中心至胶片平面的距离是固定值,称为摄影机的主距(或焦距),常用 f 表示。在摄影机设计上,主距等于摄影机物镜的焦距($f=F$),离摄影机无限远处射来的光线,在此固定距离内聚焦于胶片上,这样设计可以保证成像始终是清晰的。式(2-1)为航空摄影满足成像清晰的条件。

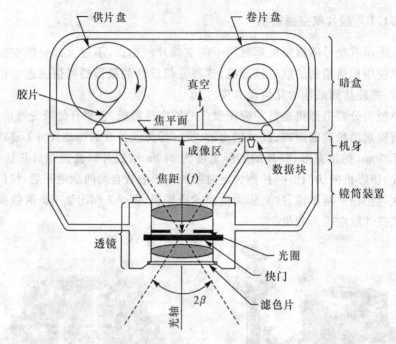

图 2-4 胶片航空摄影机结构

$$\frac{1}{H}+\frac{1}{f}=\frac{1}{F} \tag{2-1}$$

式中：航高 H 为物距；主距 f 为像距；F 为摄影物镜的焦距。

主距 f 之所以可以固定，是因为航高相对于摄影机主距很大（$H \gg f$），它近似于无穷远成像，所以成像始终是清晰的。

航空摄影机通常根据其主距或像场角的大小进行分类，如表 2-1 所示。实际应用过程中应根据不同的摄影任务选用不同型号的摄影机。

（1）根据摄影机主距 f 值的不同，航空航摄机可分为长焦距、中焦距和短焦距三种；

（2）物镜焦平面上中央成像清晰的范围称为像场，像场直径对物镜后节点的夹角称为像场角 2β（如图 2-4 所示）。根据像场角的大小，航空摄影机可分为常角、宽角和特宽角三种。

从表 2-1 可以看出，当像幅固定时，摄影机的主距和像场角具有相应的关系。在航高固定时，摄影机的像场角和主距决定了所摄地表面的面积，像场角大、主距短，摄得的面积大，摄影的比例尺较小；反之，像场角小、主距长，摄得的面积小，摄影的比例尺就较大。

表 2-1　　　　　　　　　　　　　　航空摄影机的分类

像场角(2β)	主距(f)
常角 $\leqslant 75°$	长焦距 $\geqslant 255$mm
宽角 $75° \sim 100°$	中焦距 $102 \sim 255$ mm
特宽角 $\geqslant 100°$	短焦距 $\leqslant 102$mm

航空摄影机除了有较高的光学性能外，还应具备摄影过程的高度自动化。摄影机在开启快门进行摄影曝光时，飞机的运动会使图像模糊。为了消除这种影响，许多航空摄影机装有内置的图像移动补偿装置。其原理是使胶片沿焦平面移动，速度正好等于图像移动的速度。

框幅式胶片航空摄影机作为量测型相机，大多数设有两种类型的框标：位于承片框四边中央的为齿状的机械框标，两两相对的框标连线成正交，其交点可用以确定像片主点的大概位置；位于承片框四角的形如"×"形的为光学框标。新型的航空摄影机均兼有光学框标和机械框标。航空摄影时像片上除有地面景物和框标影像外，还把水准气泡、摄影时间、摄影比例尺和像片编号等信息一并成像在像片上。利用航空摄影机所获取的航空摄影像片如图 2-5 所示。

图 2-5　航空摄影像片

一般情况下将航空像片分成垂直像片或倾斜像片。垂直航空像片是那些由主光轴尽可能垂直的摄影机拍摄的像片。然而,"真正的"垂直航空像片是难以获得的,因为在曝光瞬间,由于飞机姿态的变化而产生的倾斜是不可避免的。

实际上所有的航空像片都是倾斜的。当倾斜是无意识且轻微的时候,通常将这样的倾斜航空像片认为是近似"垂直的"。如果是由摄影机主光轴有意识的倾斜而拍摄的航空像片,则产生的就是大倾斜航空像片。大倾斜航空像片可以包括地平线影像,而小倾斜航空像片不包括地平线影像。本教材中除特别说明外,只限于讨论垂直航空像片。

2.1.2 垂直航空摄影的基本要求

空中摄影获得的航摄底片是航测成图的原始资料。航空摄影质量的优劣关系到后续作业实施的难易和测量的精度,为此,除了对影像质量有要求以外,还需满足以下的基本要求。

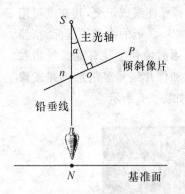

图 2-6　像片倾角示意图

1. 航摄像片倾角

航摄机向地面摄影时,摄影物镜的主光轴偏离铅垂线 SN 的夹角 α,称为航摄像片倾角(如图 2-6 所示)。在实际航空摄影过程中,应尽可能获取像片倾角小的近似水平像片,因为应用水平像片测绘地形图的作业要比应用倾斜像片作业方便得多。但是,目前的航空摄影技术只能使像片倾角保持在 3° 以内,这种摄影被称为竖直摄影或近似垂直摄影。航空摄影测量法地形测图中,一般只用竖直摄影的像片进行作业。

2. 航摄像片重叠度

一般情况下,连续拍摄的航空像片都具有一定程度的航向重叠。这种重叠不仅确保了一条航线上的完全覆盖,而且,从相邻两个摄站所获取的具有重叠的影像可以构成立体像对,它是立体测图的基础。因为立体像对提供了航向重叠部分地面的两个不同视图,通过立体镜来观察构成像对的影像时,若每只眼睛分别观察像对中的一张影像,就能看到一个与地面相似的三维立体模型。有关立体视觉的原理将在第 3 章中作进一步介绍。

沿着一条航线的连续航空像片,其拍摄的时间间隔是由摄影机定时曝光控制器控制的。连续航空像片上的重叠面积称为立体重叠区。航空摄影测量作业规范要求航向应达到 55%～65% 的重叠,这样才能确保在各种不同的地面至少有 50% 的重叠。图 2-7 表明了沿一条航线的地面立体覆盖关系。

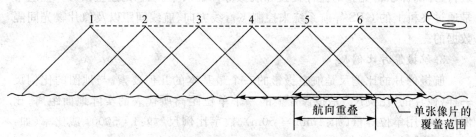

图 2-7　沿一条航线的地面立体覆盖关系

在摄影曝光瞬间,相邻两摄站间的距离称为空中摄影基线,常用字母 B 表示。摄影基线与航高 H 的比值 B/H(简称基高比)确定了图像解译者所看到的垂直夸大。基高比越大,垂直夸大就越明显,不但有利于图像解译,也有利于提高立体测图的高程测定精度。

为了航线间接边的需要,航空摄影像片除了要有一定的航向重叠外,相邻航线的像片间也要求具有一定的重叠,称为旁向重叠。旁向重叠度一般要求在 25% 左右,地面起伏大时,设计重叠度还要增大,这样才能满足像片立体量测与拼接的需要。

图 2-8 为某个测区的航空摄影及重叠度示意图。

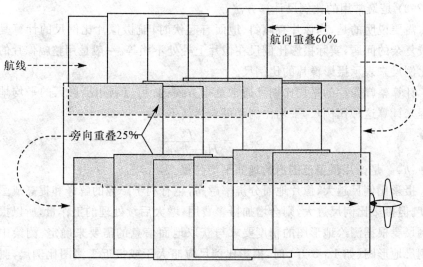

图 2-8　航空摄影及重叠度示意图

为了测绘地形图以及获取地面信息的需要,空中摄影要按航摄计划的要求进行,并确保获得完整的立体覆盖和航摄像片的质量。现在的航空摄影作业通常是通过飞机上的 GPS 导航系统来控制飞行线方向、航线间距以及像片曝光间隔数据的。

3. 航摄像片比例尺

航摄像片的比例尺是航空摄影的一个最基本的几何要素。与地图的比例尺一样,像片的"比例尺"是指像片上的一个单位距离所代表的实际地面距离。比例尺可以用单位等量(如:1mm = 50m)、数字比例尺(如:1∶5000)或比率(如:1/5000) 来表示。

确定像片比例尺最直接的方法,是测量任意两点间的像片距离和相应的地面距离。若用符号 S 表示像片比例尺,那么,S 即为像片距离 d 与地面距离 D 之比。

$$S(像片比例尺) = \frac{像片距离}{地面距离} = \frac{d}{D} \qquad (2-2)$$

对于平坦地区拍摄的垂直摄影像片,像片比例尺为摄影机主距 f 和影像拍摄处的相对航高 H' 的比值,如图 2-9 所示,即

$$S(像片比例尺) = \frac{摄影机主距}{相对航高} = \frac{f}{H'} = \frac{f}{H-h} \qquad (2-3)$$

在图 2-9 中,曝光站 S 位于某基准面上的绝对航高 H 处。最常用的基准面是平均海平面。如果绝对航高 H 与地面高程 h 为已知,则相对航高为 $H' = H - h$。式(2-3) 是最常用的比例尺计算方法。

需要说明的是,当像片有倾斜、地面有起伏时,航摄像片比例尺的计算是一个较复杂的问题,实际摄影比例尺在像片上处处不相等。一般是用整幅像片的平均比例尺来表示摄影像片的比例尺。

计算整幅像片的平均比例尺通常是很方便的。可以利用摄影区的平均地面高程来计算这种比例尺。平均比例尺可表达如下:

$$S_{平均} = \frac{f}{H - h_{平均}} \qquad (2-4)$$

式中:$h_{平均}$ 是像片覆盖范围内的地面平均高程。

摄影比例尺越大,像片地面分辨率越高,越有利于影像的解译和提高成图的精度。但摄影比例尺过大,则会增加摄影费用,增大后续处理的工作量,所以摄影比例尺要根据测绘地形图的精度要求与获取地面信息的需要来确定。测绘中等比例尺地形图(如 1∶5 万)时,摄影比例尺应略大于或接近于测图比例尺,测绘大比例尺地形图(如 1∶1 万或更大)时,摄影比例尺应小于测图比例尺。具体要

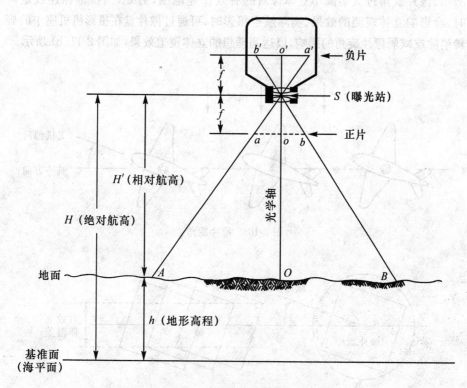

图 2-9 平坦地区垂直摄影像片的比例尺

求需按测图规范执行。

对于航摄机主距的选择,顾及到像片上投影差的大小以及摄影基高比对高程测定精度的影响,一般情况下,对于大比例尺单像测图(如正射影像制作),应选用常角或窄角航摄机;对于立体测图,则应选用宽角或特宽角航摄机。

若选定了摄影机和摄影比例尺,即 f 和 m(比例尺 $S=1/m$)为已知,则航空摄影时就要求按计算的航高 H 进行摄影飞行,以获得要求的摄影像片。飞行中很难精确地确定航高,但差异一般不得大于计划航高的 5%。同一航线内,各摄影站的航高差一般不得大于 50m。

4. 像片旋角

在航空摄影过程中,为了抵抗交叉风向的作用,飞机的实际朝向会与飞行的地面航迹之间产生一个角度 κ,称为像片旋角,如图 2-10 所示。像片旋角在像片上的表现形式为相邻两像主点连线与同方向框标连线间的夹角,如图 2-11(a)

所示。像片旋角过大会减小立体像对的有效作业范围,另外,当按框标连线定向时,会影响立体观测的效果。实际航空摄影时,可通过像片盘在摄影机机座中的旋转消除或减弱像片旋角的影响,以达到理想的立体覆盖效果,如图 2-11(b) 所示。

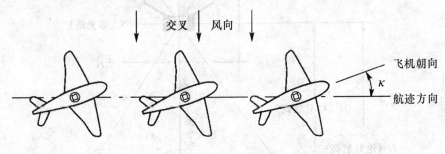

图 2-10　像片旋角

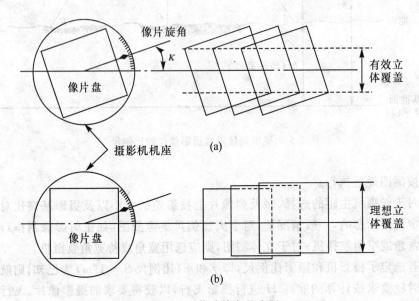

图 2-11　像片旋角的克服

航空摄影飞行完毕后,将感光了的底片进行摄影处理,得到航摄底片,称为负片;利用负片接触晒印在相纸上,得到正片。摄影处理完成后还需对像片进行色调、重叠度、像片旋角等方面的质量检查与评定,若质量不符合要求,需要重新进行航空摄影或定点补摄。

2.2 航摄像片的分辨率

2.2.1 胶片影像的分辨率

空间分辨率是某一摄影机系统所拍摄影像光学质量的综合反映。分辨率受许多因素的影响,如用于摄取影像的胶片和摄影机镜头的分辨率、摄影曝光时无法补偿的像移、曝光时的大气条件、胶片冲洗的状况,等等。胶片的空间分辨率是可以定量测试的,例如,可以通过拍摄标准测试图来衡量胶片的分辨率。

胶片分辨率的测试图如图 2-12 所示,它包括多个三条平行线的线组,其平行线间隔与线宽相等。图内各平行线组依次一个比一个小。胶片的分辨率是在显微镜下观察时,测试图影像上刚好能分辨的线条中心到中心距离(单位为 mm)的倒数。因此,胶片分辨率的表示单位是线对/毫米。"线对"指的是一条白线和宽度相等的间隔(黑色)。胶片分辨率的高低反映了线条及其背景间的特定反差比。之所以如此,是因为分辨率受反差的影响极大。当反差比为 1.6∶1 时,全色片有 50 线对/mm 的分辨率;而当反差比为 1000∶1 时,同样性质的胶片,其分辨率可高达 100 线对/mm。

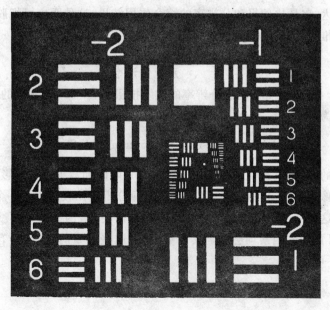

图 2-12 胶片分辨能力测试图

一种可选择的检测胶片分辨率的方法是胶片调制转换函数的构造,当线条可分辨时,该方法能减少判断的主观性。任何胶片的分辨率或调制转换,从根本上说是感光乳剂内卤化银颗粒的大小分布的函数。一般来说,胶片的颗粒度越大,其分辨率就越低。但颗粒度较高的胶片一般总是比颗粒度较低的对光更为敏感或更快速。因此在胶片感光"速度"和分辨率之间,常要牺牲其一。

任何一种摄影机和胶片系统的综合分辨能力,都可以用在飞行时拍摄得到的地面上的一组平行线来测定。这样的影像,能体现飞行中由于曝光时受到大气效应和图像位移(包括摄影机震动)这些因素影响而造成的影像衰退。这种测定方法的好处是,可以对整个摄影系统的动态空间分辨率加以鉴定,而不用对摄影机或胶片的静态分辨率进行分析,进而可利用这种动态分辨率测试的结果来比较各种不同的系统。

需要说明的是,在实际应用中,对某一摄影系统分辨率进行测定的目的,并不仅限于这一系统能否把地面上细小的、毗邻的那些目标清楚地记录成像。摄影测量的目的不仅仅是量测物体,而且还要识别和鉴定物体。因此对所谓"空间分辨率"还难以下精确的定义。量测是要把单个的物体区别开来,而识别的目的是企图把已经能分开的物体搞清楚究竟是什么。

影像质量还可以使用地面解像距离(ground resolution distance,简称GRD)来表达,它是比例尺和分辨率的综合作用结果。这种距离可把胶片上的动态分辨率外推成地面距离。地面解像距离表示如下:

$$\text{GRD} = \frac{\text{像片比例尺的倒数}}{\text{系统分辨率}} \tag{2-5}$$

例如,用一个 40 线对/mm 动态分辨率的系统拍摄 1∶50 000 比例尺的像片,其地面解像距离为:

$$\text{GRD} = \frac{50000}{40}\text{mm} = 1250\text{mm} = 1.25\text{m}$$

至于放大后的像片,其影像清晰度多少会受像片晒印和放大过程的影响。

地面解像距离为进行各种图像记录的空间分辨率比较提供了一个定量的指标。但是,对这种空间分辨率的测量结果还需谨慎使用,因为对一幅航空像片来说,许多不可预知的因素均会影响其质量,而对这些因素的定量化,有的可以办到,有的却不可能。

2.2.2 数字影像的分辨率

在数字摄影的情况下,因为采用的是数字摄影机,不再需要使用胶片进行摄影,摄影直接得到的是数字形式的影像。数字影像的分辨率是用地面采样间隔(ground sample distance,简称 GSD)的大小来描述的,如图 2-13 所示。图中 IFOV(instantaneous field of view)的含义是瞬时视场,即数字影像上一个单个的像元相对于摄影中心的张角范围,数字影像上一个像元所对应的地面覆盖范围就是地面采样间隔(GSD)。

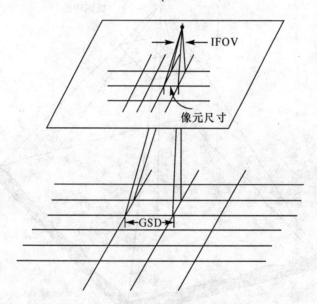

图 2-13 数字摄影的瞬时视场和地面采样间隔

地面采样间隔在数字航空摄影的情况下是一个非常重要的概念,同时,在对胶片影像进行扫描数字化的过程中也是一个必须考虑的因素。有关的内容在后续章节中还会作进一步介绍。

2.3 单张航摄像片解析

2.3.1 垂直航摄像片的几何关系

航摄像片是地面景物的摄影构像,垂直航空摄影像片的基本几何要素如图 2-14 所示。

地面上各点发出的光线通过航空摄影机物镜投射到底片感光层上形成负

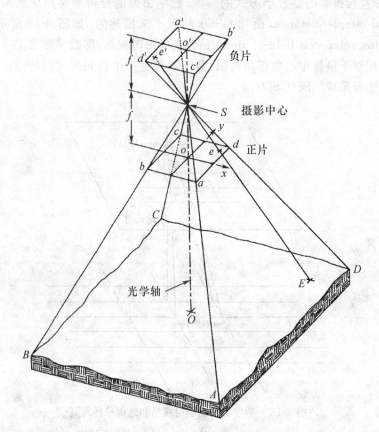

图 2-14 垂直航空摄影像片的几何关系

片,这些光线会聚于物镜中心 S,称为摄影中心或透视中心。因此,航摄像片是所摄地面景物的中心投影或透视投影影像。位于摄影机物镜后面的像片称为负片,负片到物镜中心的距离称为主距,用 f 表示,其值等于物镜的焦距($f=F$)。位于摄影机物镜前面的像片称为正片,正片到物镜中心的距离也等于物镜的焦距。通常将负片和正片统称为像片。

2.3.2 航摄像片上特殊的点、线

对于地面为水平面的倾斜航摄像片,像平面与地平面存在透视对应关系,掌握其中的一些特殊点和线,有助于定性和定量地分析航摄像片的几何特性。

如图 2-15 所示,E 表示地平面,P 表示倾斜像片。过摄影中心 S 作地平面 E

的垂线,称为铅垂光线,其与像片面 P 的交点 n 称为像底点,与 E 平面的交点 N 称为地底点。S 到 N 的距离即为航高 H。过 S 点作 P 面的垂线 So,称为主光轴,与像片面 P 的交点 o 称为像主点,垂距 f 称为主距。过 S 点作 $\angle oSn$ 的平分线与 P 面的交点 c 称为等角点。夹角 $\angle oSn$ 的大小 α 就是像片的倾角。

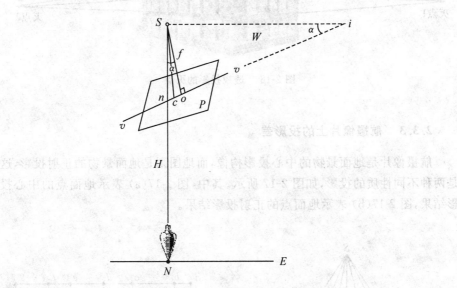

图 2-15 航摄像片的特殊点、线、面

过铅垂线 Sn 与主光轴 So 所作的平面称为像片的主垂面,用 W 表示。主垂面与像片面 P 的交线 vv 称为像片主纵线,像片的主纵线表示像片面的最大倾斜方向线。像片主纵线 vv 在地面上的投影用 VV 表示(图中未画出),它代表了地面上的摄影方向线。

在主垂面 W 内,过 S 点作水平地面 E 的平行线,交 vv 线的延长线于 i 点,称为主合点,又称为灭点,它是 E 面上一组平行于 VV 线的平行线束在 P 面上构像的会聚点。实际上,物方空间任何方向的一组平行线均会在像方空间构成一个灭点,如图 2-16 所示。利用灭点的性质可进行摄影机有关参数的检校。

需要说明的是,上述大部分点、线在像片上是客观存在的,但除了像主点在像片上的近似位置容易找到外(近似为框标连线的交点),其他点、线均不能在像片上直接找到,需经过解析计算才能得到。然而,这些点、线对于定性和定量地分析航摄像片上目标构像的几何特性有着重要的意义。有关的内容还将在后续章节中有所涉及。

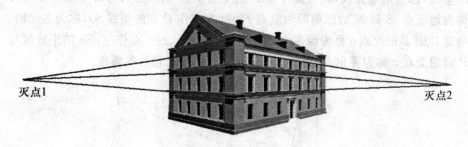

图 2-16 透视投影的灭点

2.3.3 航摄像片上的投影差

航摄像片是地面景物的中心投影构像,而地图则是地面景物的正射投影,这是两种不同性质的投影,如图 2-17 所示。其中,图 2-17(a) 表示地面点的中心投影结果,图 2-17(b) 表示地面点的正射投影结果。

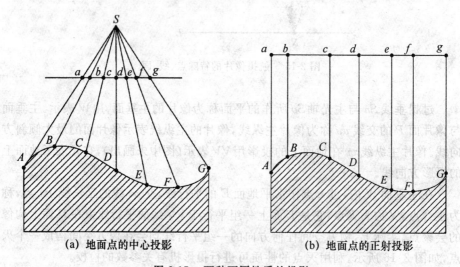

(a) 地面点的中心投影　　　　　　(b) 地面点的正射投影

图 2-17 两种不同性质的投影

地图是地表面根据一定的比例按正射投影位置来描绘的,其平面位置是正确的。但起伏地面所拍摄的中心投影的像片上的点,已从它们的真实"地图位置"发生了位移。这两种投影方式的不同性质如图 2-18 所示。图中,地图是地面点的垂直光线投影到图纸上的结果,而像片则是收敛光线束通过摄影机镜头中心点投影的结果。由于中心投影的这种性质,地面上高程的任何变化都会造成像片上对应之处比例尺的变化以及影像位置的位移。

在地图上,我们所看到的是地物处于其真实相对水平位置上的俯视图。而在像片上,由于在曝光瞬间具有较高高程的地物比较靠近摄影机,因此它在像片上比位于较低高程处物体的相应面积显得大。而且,物体的顶端常相对于其底部发生位移(如图 2-18 所示)。这种变形称为投影差,它使得位于地面上的任何物体背离像主点呈辐射状"倾斜"。

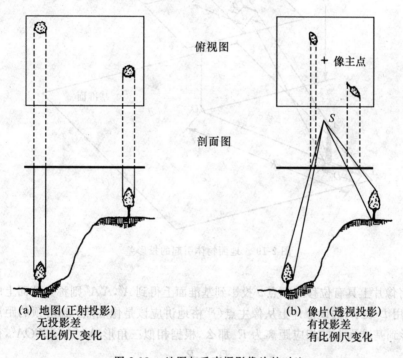

(a) 地图(正射投影)　　　　　　(b) 像片(透视投影)
　　无投影差　　　　　　　　　　　有投影差
　　无比例尺变化　　　　　　　　　有比例尺变化

图 2-18　地图与垂直摄影像片的对比

只有当地面水平且航摄像片也水平时,中心投影才与正射投影等效。也就是说,唯一能直接将垂直摄影像片当成地图使用的情况是,垂直摄影像片所拍摄的是整片的平坦地面。

航摄像片上投影差的几何影响可用图 2-19 来说明。该图是在基准面上方航高为 H 处拍摄的一个塔的垂直航空像片(为便于讨论,假设像片水平)。塔高为 h,塔顶 A 在像片上的构像为 a,塔顶 A 在基准面上的投影为 A',而 A' 在像片上

的构像为 a'。即塔顶的成像是离塔底部成像距离 d 的径向变形。点 a 与点 a' 之间的距离 d 即为塔的投影差。

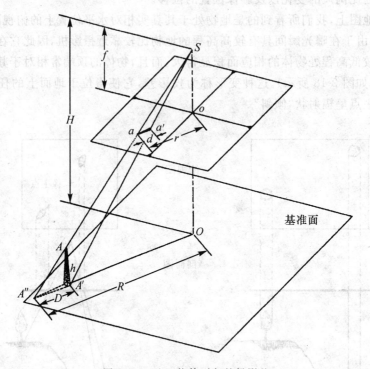

图 2-19　地面物体引起的投影差

将像片上具有位移的像点 a 投影到基准面上得到 A''，$A'A''$ 则称为地面上的投影差，用 D 表示。假设像片上从像主点（严格地讲应该是像底点）到塔顶的距离是 r，投影到基准面上的相应距离为 R。那么，根据相似三角形 $AA'A''$ 和 SOA''，得

$$\frac{D}{h} = \frac{R}{H}$$

以该像片的比例尺来表达距离 D 和 R，得到

$$\frac{d}{h} = \frac{r}{H}$$

重新整理上式，得到：

$$d = \frac{rh}{H} \tag{2-6}$$

式(2-6)从数学上揭示了在像片上所看到的投影差的性质。即任何一个点的

投影差随着其与像主点的距离的增大而增大,并且它随该点高程或目标物体高度的增加而增大。在其他条件同等的情况下,它随航高的增大而减小。因此,在相似的条件下,对某一地区而言,高空摄影比低空摄影的投影差要小。另外,在像底点处没有投影差,因为此处的 $r=0$。

进一步地,由于摄影航高 $H \approx mf$,其中 m 为摄影像片比例尺的分母,那么式(2-6)可表示为:

$$d = \frac{rh}{mf} \tag{2-7}$$

这说明,在其他条件相同的情况下,摄影机的主距越大,相应的投影差越小。在城区航空摄影时,为了有效减小航摄像片上投影差的影响,选择长焦距摄影机进行摄影就是这个道理。

2.4 航摄像片的坐标系统

摄影测量几何处理的任务是根据像片上像点的位置确定相应地面点的空间位置,为此,首先必须选择适当的坐标系来定量地描述像点和地面点,然后,才能从像方坐标量测值出发求出相应点在物方的坐标,实现坐标系统的变换。摄影测量中常用的坐标系有两大类,一类是用于描述像点的位置,统称为像方空间坐标系;另一类是用于描述地面点的位置,统称为物方空间坐标系。

2.4.1 像方空间坐标系

1. 像平面坐标系

像平面坐标系用以描述像点在像平面上的位置,通常选择航向重叠方向为像平面坐标系的 x 轴。像平面坐标系的 x,y 轴也可按需要而定。在解析和数字摄影测量中,常根据框标来确定像平面坐标系,称为像片框标坐标系。

如图 2-20(a)所示,以像片上对边框标的连线作为 x,y 轴,其交点 P 作为坐标原点,与航线方向相近的连线为 x 轴。在像点坐标量测中,像点坐标值常用此坐标系表示。

在摄影测量解析计算中,像点的坐标应采用以像主点为原点的像平面坐标系中的坐标。为此,当像主点与框标连线交点不重合时,须将像片框标坐标系中的坐标平移至以像主点为原点的坐标系,见图 2-20(b)所示。当像主点在像片框标坐标系中的坐标为 x_0,y_0 时,则量测出的像点坐标 x,y 化算到以像主点为原点的像平面坐标系中的坐标为 $x-x_0,y-y_0$。需要说明的是,由于 x_0 和 y_0 的值

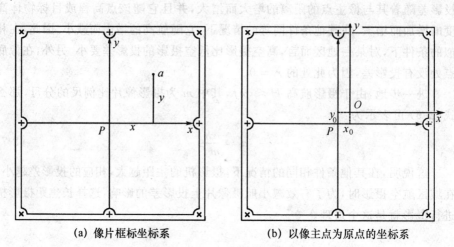

(a) 像片框标坐标系   (b) 以像主点为原点的坐标系

图 2-20 像平面坐标系

一般很小,在后续的讨论中,为了使作图清晰,除特别指明外,一般认为像主点与框标连线的交点重合,作图时也不再画出框标。

2. 像空间坐标系

为了便于进行空间坐标的变换,需要建立起描述像点在像空间位置的坐标系,即像空间坐标系。以摄影中心 S 为坐标原点,x,y 轴与像平面坐标系的 x,y 轴平行,z 轴与主光轴重合,形成像空间右手直角坐标系 $S\text{-}xyz$,如图 2-21 所示。在这个坐标系中,每个像点的 z 坐标都等于 $-f$,而 x,y 坐标也就是像点的像平面坐标 x,y,因此,像点的像空间坐标表示为 $(x,y,-f)$。像空间坐标系随着像片的空间位置而定,所以每张像片的像空间坐标系是各自独立的。

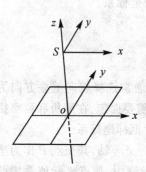

图 2-21 像空间坐标系

3. 像空间辅助坐标系

像点的像空间坐标可直接以像平面坐标求得,但这种坐标的特点是每张像片的像空间坐标系不统一,这给计算带来困难。为此,需要建立一种相对统一的坐标系,称为像空间辅助坐标系,用 $S\text{-}XYZ$ 表示。此坐标系的原点仍选在摄影中心 S,坐标轴系的选择视需要而定,通常有三种选取方法。其一是取铅垂方向为 Z 轴,航向为 X 轴,构成右手直角坐标系,见图 2-22(a)。其二是以每条航线内第一张像片的像空间坐标系作为像空间辅助坐标系,见图 2-22(b)。其三是以每个像片对的左片摄影中心为坐标原点,摄影基线方向为 X 轴,以摄影基线及左片主光轴构成的面作为 XZ 平面,构成右手直角坐标系,如图 2-22(c)。

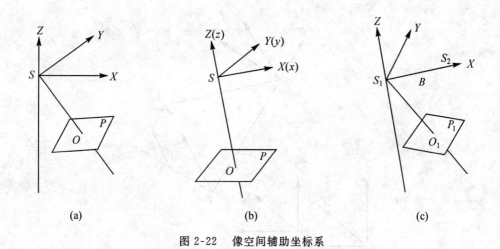

图 2-22 像空间辅助坐标系

2.4.2 物方空间坐标系

物方空间坐标系用于描述地面点在物方空间的位置,包括以下三种坐标系。

1. 摄影测量坐标系

将像空间辅助坐标系 $S\text{-}XYZ$ 的坐标原点沿着 Z 轴反方向平移至地面点 P,得到的坐标系 $P\text{-}X_PY_PZ_P$ 称为摄影测量坐标系,如图 2-23 所示。由于它的坐标轴与像空间辅助坐标系平行,因此很容易由像点的像空间辅助坐标求得相应地面点的摄影测量坐标。

2. 地面测量坐标系

地面测量坐标系通常指地图投影坐标系,也就是国家测图所采用的高斯-克吕格 3° 带或 6° 带投影的平面直角坐标系和高程系,两者组成的空间直角坐标系是左手系,用 $T\text{-}X_tY_tZ_t$ 表示,见图 2-23。摄影测量方法求得的地面点坐标最后要以此坐标形式提供给用户使用。

3. 地面摄影测量坐标系

由于摄影测量坐标系采用的是右手系,而地面测量坐标系采用的是左手系,这给由摄影测量坐标到地面测量坐标的转换带来了困难,为此,在摄影测量坐标系与地面测量坐标系之间建立一种过渡性的坐标系,称为地面摄影测量坐标系,

用 $D\text{-}X_{tp}Y_{tp}Z_{tp}$ 表示,其坐标原点在测区内的某一地面点上,X_{tp} 轴与 X_P 轴方向基本一致,但为水平,Z_{tp} 轴铅垂,构成右手直角坐标系,见图 2-23。摄影测量中,首先将摄影测量坐标转换成地面摄影测量坐标,最后再转换成地面测量坐标。

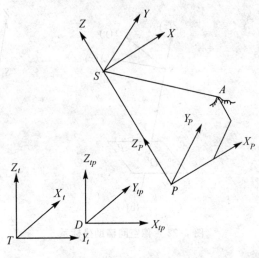

图 2-23 物方空间坐标系

2.5 航摄像片的内、外方位元素

当用摄影测量方法研究被摄物体的几何信息和物理属性时,必须建立该物体与像片之间的数学关系。为此,首先要确定航空摄影瞬间摄影中心与像片在所选定的物方空间坐标系中的位置与姿态,描述这些位置和姿态的参数称为像片的方位元素。其中,描述摄影中心与像片之间相互位置关系的参数称为内方位元素,描述摄影中心和像片在地面坐标系中的位置和姿态的参数称为外方位元素。

2.5.1 内方位元素

内方位元素是描述摄影中心与像片之间相互位置关系的参数,包括三个参数,即摄影中心 S 到像片的垂距 f(主距)及像主点 O 在像片框标坐标系中的坐标 x_0,y_0,如图 2-24 所示。

内方位元素值一般视为已知,它可由摄影机制造厂家通过对摄影机的鉴定得到,也可由用户通过对摄影机的检校得到。在摄影机的设计和制造过程中,一般要求像主点正好位于框标连线的交点上。但在实际的相机安装和使用过程中

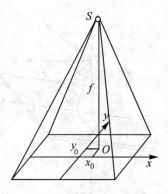

图 2-24 内方位元素

会出现误差和小的位移,即内方位元素中的 x_0,y_0 是一个微小值。内方位元素值的正确与否,直接影响测图的精度,因此对航摄机须作定期的鉴定。

2.5.2 外方位元素

在恢复了内方位元素(即恢复了摄影光束)的基础上,确定摄影光束在摄影瞬间的空间位置和姿态的参数,称为外方位元素。一张像片的外方位元素包括六个参数,其中有三个是直线元素,用于描述摄影中心的空间坐标值;另外三个是角元素,用于表达像片面的空间姿态。

1. 三个直线元素

三个直线元素是反映摄影瞬间,摄影中心 S 在选定的地面空间坐标系中的坐标值,用 X_S,Y_S,Z_S 表示。通常选用地面摄影测量坐标系,其中 X_{tp} 轴取与 Y_t 轴平行,Y_{tp} 轴取与 X_t 轴平行(Y_t 轴与 X_t 轴参见图 2-23),构成右手直角坐标系,如图 2-25 所示。

2. 三个角元素

外方位三个角元素可看做是摄影机主光轴从起始的铅垂方向绕空间坐标轴按某种次序连续三次旋转形成的。先绕第一轴旋转一个角度,其余两轴的空间方位随同变化;再绕变动后的第二轴旋转一个角度,两次旋转的结果达到恢复摄影机主光轴的空间方位;最后绕经过两次转动后的第三轴(即主光轴)旋转一个角度,亦即像片在其自身平面内绕像主点旋转一个角度。

所谓第一轴是绕它旋转第一个角度的轴,也称为主轴,它的空间方位是不变的。第二轴也称为副轴,当绕主轴旋转时,其空间方位也发生变化。当采用不同的坐标轴为旋转主轴时,角元素的表达形式是不同的,下面仅以 Y 轴为主轴的

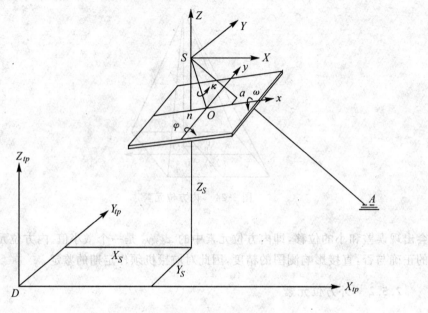

图 2-25 外方位元素

φ-ω-κ 转角系统为例说明外方位角元素的表示方法。

以摄影中心 S 为原点,建立像空间辅助坐标系 S-XYZ,其坐标轴与地面摄影测量坐标 D-$X_{tp}Y_{tp}Z_{tp}$ 相互平行,如图 2-25 所示,其中,φ 表示航向倾角,它可理解为是绕主轴(Y)旋转形成的一个角度;ω 表示旁向倾角,它是绕副轴(绕 Y 轴旋转 φ 角后的 X 轴,图中未表示)旋转形成的角度;κ 表示像片旋角,它是绕第三轴(经过 φ,ω 角旋转后的 Z 轴,即主光轴 SO)旋转的角度。

转角的正负号,国际上规定绕轴逆时针方向旋转(从旋转轴正向的一端面对着坐标原点看)为正,反之为负。我国习惯上规定 φ 角顺时针方向旋转为正,ω,κ 角以逆时针方向旋转为正。

像片的内外方位元素一旦确定,就能恢复摄影光束的形状和空间位置,重建被摄景物的立体模型,用以获取地面景物的几何和物理信息。

2.6 像空间直角坐标系的转换

在解析摄影测量和数字摄影测量中,为了利用像点坐标计算相应的地面坐标,首先需要建立像点在不同的空间直角坐标系之间的坐标变换关系。

2.6.1 像点的空间直角坐标变换

图 2-26 表示两种空间直角坐标系,其中 $S\text{-}XYZ$ 为像空间辅助坐标系,$S\text{-}xyz$ 为像空间坐标系,这两种坐标轴系之间夹角的余弦,我们用九个方向余弦符号表示在表 2-2 中。

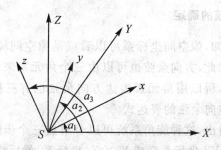

图 2-26 两种空间直角坐标系间的关系

表 2-2　　　　　　　　方向余弦的符号表示

(cos)	x	y	$z(-f)$
X	a_1	a_2	a_3
Y	b_1	b_2	b_3
Z	c_1	c_2	c_3

现假设有一像点 a,它在 $S\text{-}XYZ$ 中的坐标为 (X,Y,Z),在 $S\text{-}xyz$ 中的坐标为 $(x,y,-f)$。从空间解析几何可知,a 点在这两种坐标系中的坐标有如下关系式:

$$\left. \begin{array}{l} X = a_1 x + a_2 y - a_3 f \\ Y = b_1 x + b_2 y - b_3 f \\ Z = c_1 x + c_2 y - c_3 f \end{array} \right\} \tag{2-8}$$

写成矩阵形式,则有

$$\begin{bmatrix} X \\ Y \\ Z \end{bmatrix} = \begin{bmatrix} a_1 & a_2 & a_3 \\ b_1 & b_2 & b_3 \\ c_1 & c_2 & c_3 \end{bmatrix} \begin{bmatrix} x \\ y \\ -f \end{bmatrix} = \boldsymbol{R} \begin{bmatrix} x \\ y \\ -f \end{bmatrix} \tag{2-9}$$

式中:$\boldsymbol{R}$ 称为旋转矩阵。

由于这种直角坐标变换是一种正交变换,所以变换的旋转矩阵 $\boldsymbol{R}$ 称为正交矩阵,故有 $\boldsymbol{R}^\mathrm{T} = \boldsymbol{R}^{-1}$。坐标之间的反算式为:

$$\begin{bmatrix} x \\ y \\ -f \end{bmatrix} = \boldsymbol{R}^{-1} \begin{bmatrix} X \\ Y \\ Z \end{bmatrix} = \boldsymbol{R}^{\mathrm{T}} \begin{bmatrix} X \\ Y \\ Z \end{bmatrix} = \begin{bmatrix} a_1 & b_1 & c_1 \\ a_2 & b_2 & c_2 \\ a_3 & b_3 & c_3 \end{bmatrix} \begin{bmatrix} X \\ Y \\ Z \end{bmatrix} \qquad (2\text{-}10)$$

式(2-9)及式(2-10)构成像点在像空间坐标系和像空间辅助坐标系坐标之间的变换关系式。

2.6.2 方向余弦的确定

由前面的讨论可知，像空间坐标系可以看成是像空间辅助坐标系经过三个角度的旋转得到的，因此，方向余弦也可以由三个角元素来计算。由于角元素有三种不同的选取方法，所以用角元素表达方向余弦也有三种表达式。下面仍以$\varphi\text{-}\omega\text{-}\kappa$系统为例推导方向余弦的表达式。

从图 2-25 可以看出，这种旋角系统可以分解成三个步骤，首先将坐标轴绕主轴 Y 旋转 φ 角，使 XYZ 坐标系变成 $X_\varphi Y_\varphi Z_\varphi$ 坐标系；然后绕旋转后的 $X\varphi$ 轴（副轴）旋转 ω 角，使 $X_\varphi Y_\varphi Z_\varphi$ 坐标系变到 $X_{\varphi\omega} Y_{\varphi\omega} Z_{\varphi\omega}$ 坐标系，达到 $Z_{\varphi\omega}$ 与主光轴 SO 重合；最后绕经过 φ,ω 旋转后的 $Z_{\varphi\omega}$（第三轴）旋转 κ 角，直到与像空间坐标系 $S\text{-}xyz$ 重合为止。各轴间方向余弦推导如下。

(1) 当坐标系 $S\text{-}XYZ$ 绕 Y 轴旋转 φ 角后得到 $S\text{-}X_\varphi Y_\varphi Z_\varphi$ 时，由于像点 a 不变，则像点 a 在两种坐标系中的坐标变换如图 2-27 所示，其中 Y 坐标不变，其表达式为：

$$X = X_\varphi \cos\varphi - Z_\varphi \sin\varphi$$
$$Y = Y_\varphi$$
$$Z = X_\varphi \sin\varphi + Z_\varphi \cos\varphi$$

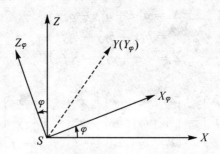

图 2-27　绕 Y 轴旋转 φ 角后的结果

上式写成矩阵形式为：

$$\begin{bmatrix} X \\ Y \\ Z \end{bmatrix} = \begin{bmatrix} \cos\varphi & 0 & -\sin\varphi \\ 0 & 1 & 0 \\ \sin\varphi & 0 & \cos\varphi \end{bmatrix} \begin{bmatrix} X_\varphi \\ Y_\varphi \\ Z_\varphi \end{bmatrix} = \boldsymbol{R}_\varphi \begin{bmatrix} X_\varphi \\ Y_\varphi \\ Z_\varphi \end{bmatrix} \quad (a)$$

(2) 坐标系 $S\text{-}X_\varphi Y_\varphi Z_\varphi$ 绕 X_φ 旋转 ω 角后，得到坐标系 $S\text{-}X_\varphi Y_{\varphi\omega} Z_{\varphi\omega}$，此时 X_φ 坐标不变。仿照上述(a)式，此时坐标变换关系的矩阵形式可写成：

$$\begin{bmatrix} X_\varphi \\ Y_\varphi \\ Z_\varphi \end{bmatrix} = \begin{bmatrix} 1 & 0 & 0 \\ 0 & \cos\omega & -\sin\omega \\ 0 & \sin\omega & \cos\omega \end{bmatrix} \begin{bmatrix} X_{\varphi\omega} \\ Y_{\varphi\omega} \\ Z_{\varphi\omega} \end{bmatrix} = \boldsymbol{R}_\omega \begin{bmatrix} X_{\varphi\omega} \\ Y_{\varphi\omega} \\ Z_{\varphi\omega} \end{bmatrix} \quad (b)$$

(3) 坐标系 $S\text{-}X_{\varphi\omega} Y_{\varphi\omega} Z_{\varphi\omega}$ 绕 $Z_{\varphi\omega}$ 旋转 κ 角后，得到坐标系 $S\text{-}xyz$，此时 $Z_{\varphi\omega}$ 即 z 坐标不变。坐标变换关系的矩阵形式为：

$$\begin{bmatrix} X_{\varphi\omega} \\ Y_{\varphi\omega} \\ Z_{\varphi\omega} \end{bmatrix} = \begin{bmatrix} \cos\kappa & -\sin\kappa & 0 \\ \sin\kappa & \cos\kappa & 0 \\ 0 & 0 & 1 \end{bmatrix} \begin{bmatrix} x \\ y \\ -f \end{bmatrix} = \boldsymbol{R}_\kappa \begin{bmatrix} x \\ y \\ -f \end{bmatrix} \quad (c)$$

将式(c)代入式(b)后，再代入(a)式，得到：

$$\begin{bmatrix} X \\ Y \\ Z \end{bmatrix} = \begin{bmatrix} \cos\varphi & 0 & -\sin\varphi \\ 0 & 1 & 0 \\ \sin\varphi & 0 & \cos\varphi \end{bmatrix} \begin{bmatrix} 1 & 0 & 0 \\ 0 & \cos\omega & -\sin\omega \\ 0 & \sin\omega & \cos\omega \end{bmatrix} \cdot$$

$$\begin{bmatrix} \cos\kappa & -\sin\kappa & 0 \\ \sin\kappa & \cos\kappa & 0 \\ 0 & 0 & 1 \end{bmatrix} \begin{bmatrix} x \\ y \\ -f \end{bmatrix} = \boldsymbol{R}_\varphi \boldsymbol{R}_\omega \boldsymbol{R}_\kappa \begin{bmatrix} x \\ y \\ -f \end{bmatrix}$$

$$= \boldsymbol{R} \begin{bmatrix} x \\ y \\ -f \end{bmatrix} = \begin{bmatrix} a_1 & a_2 & a_3 \\ b_1 & b_2 & b_3 \\ c_1 & c_2 & c_3 \end{bmatrix} \begin{bmatrix} x \\ y \\ -f \end{bmatrix} \quad (2\text{-}11)$$

式中：

$$\left. \begin{aligned} a_1 &= \cos\varphi\cos\kappa - \sin\varphi\sin\omega\sin\kappa \\ a_2 &= -\cos\varphi\sin\kappa - \sin\varphi\sin\omega\cos\kappa \\ a_3 &= -\sin\varphi\cos\omega \\ b_1 &= \cos\omega\sin\kappa \\ b_2 &= \cos\omega\cos\kappa \\ b_3 &= -\sin\omega \\ c_1 &= \sin\varphi\cos\kappa + \cos\varphi\sin\omega\sin\kappa \\ c_2 &= -\sin\varphi\sin\kappa + \cos\varphi\sin\omega\cos\kappa \\ c_3 &= \cos\varphi\cos\omega \end{aligned} \right\} \quad (2\text{-}12)$$

值得注意的是,对于同一张像片在同一坐标系中,当取不同旋角系统的三个角度计算方向余弦时,其计算的表达式会不同,但相应的方向余弦值是彼此相等的,即由不同旋角系统的角度计算得到的旋转矩阵是唯一的。

若已知旋转矩阵中的九个方向余弦值,可根据式(2-13)反求出相应的角元素,即

$$\left.\begin{array}{l}\tan\varphi=-\dfrac{a_3}{c_3}\\[2mm]\sin\omega=-b_3\\[2mm]\tan\kappa=\dfrac{b_1}{b_2}\end{array}\right\} \tag{2-13}$$

2.7 中心投影像片的构像方程与投影变换

航摄像片是地面景物的中心投影构像,而地图是地面景物的正射投影,这是两种不同性质的投影。摄影测量处理过程中的重要内容之一,就是要把中心投影的影像,变换为正射投影的地图。为此,本节首先讨论像点与相应物点的构像关系,然后讨论中心投影与正射投影的转换。

2.7.1 中心投影像片的构像方程

按 2.4 节中的定义,选取地面摄影测量坐标系 $D\text{-}X_{tp}Y_{tp}Z_{tp}$ 及像空间辅助坐标系 $S\text{-}XYZ$,并使两种坐标系的坐标轴彼此平行,如图 2-28 所示。

设摄影中心 S 与地面点 A 在地面摄影测量坐标系 $D\text{-}X_{tp}Y_{tp}Z_{tp}$ 中的坐标分别为 X_S, Y_S, Z_S(即像片外方位直线元素)和 X_A, Y_A, Z_A,则地面点 A 在像空间辅助坐标系中的坐标为 $X_A-X_S, Y_A-Y_S, Z_A-Z_S$,而相应像点 a 在像空间辅助坐标系中的坐标为 X, Y, Z。由于 S, a, A 三点共线,从相似三角形关系可得:

$$\frac{X}{X_A-X_S}=\frac{Y}{Y_A-Y_S}=\frac{Z}{Z_A-Z_S}=\frac{1}{\lambda}$$

式中:λ 为比例因子。上式写成矩阵形式为:

$$\begin{bmatrix}X\\Y\\Z\end{bmatrix}=\frac{1}{\lambda}\begin{bmatrix}X_A-X_S\\Y_A-Y_S\\Z_A-Z_S\end{bmatrix} \tag{a}$$

根据像点的像空间坐标与像空间辅助坐标关系式的逆变换式(2-10),现重新表示如下:

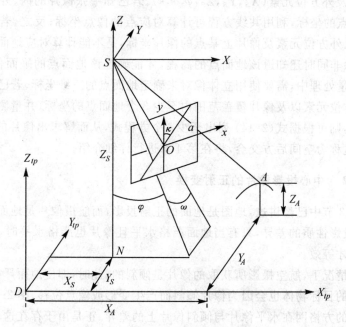

图 2-28 中心投影的构像关系

$$\begin{bmatrix} x \\ y \\ -f \end{bmatrix} = \mathbf{R}^{-1} \begin{bmatrix} X \\ Y \\ Z \end{bmatrix} = \begin{bmatrix} a_1 & b_1 & c_1 \\ a_2 & b_2 & c_2 \\ a_3 & b_3 & c_3 \end{bmatrix} \begin{bmatrix} X \\ Y \\ Z \end{bmatrix} \tag{b}$$

将式(a)代入式(b)展开,用第三式去除第一、二式得:

$$\left. \begin{aligned} x &= -f \frac{a_1(X_A - X_S) + b_1(Y_A - Y_S) + c_1(Z_A - Z_S)}{a_3(X_A - X_S) + b_3(Y_A - Y_S) + c_3(Z_A - Z_S)} \\ y &= -f \frac{a_2(X_A - X_S) + b_2(Y_A - Y_S) + c_2(Z_A - Z_S)}{a_3(X_A - X_S) + b_3(Y_A - Y_S) + c_3(Z_A - Z_S)} \end{aligned} \right\} \tag{2-14}$$

式(2-14)就是中心投影的构像方程,即共线方程,它是摄影测量中最根本、最重要的关系式,其逆算式为:

$$\left. \begin{aligned} X_A - X_S &= (Z_A - Z_S) \frac{a_1 x + a_2 y - a_3 f}{c_1 x + c_2 y - c_3 f} \\ Y_A - Y_S &= (Z_A - Z_S) \frac{b_1 x + b_2 y - b_3 f}{c_1 x + c_2 y - c_3 f} \end{aligned} \right\} \tag{2-15}$$

在解析和数字摄影测量中,共线方程是极其有用的。共线方程式包括 12 个参数:以像主点为原点的像平面坐标(x,y),相应的地面点坐标(X_A, Y_A, Z_A),像

片主距 f 及外方位元素$(X_S, Y_S, Z_S, \varphi, \omega, \kappa)$。若已知一张像片的内、外方位元素及地面某点的坐标,利用共线方程可计算对应点的像点坐标;反之,若已知一张像片的内、外方位元素及像片上某点的像片坐标,是不能计算对应地面点的三维坐标的,除非同时还知道该地面点的高程,才能确定该地面点的平面位置。因此在摄影测量处理中,需要使用立体像对来确定地面点的三维坐标。若已知一张像片的内、方位元素以及像片覆盖范围内至少 3 个地面点的坐标,并量测出相应的像点坐标,则可根据式(2-14)列出至少 6 个方程式,从而解求出像片的 6 个外方位元素,这称为空间后方交会,将在第 4 章进行详细介绍。

2.7.2 中心投影像片的正射变换

在 2.3 节中已经讲过,地图是地面的正射投影,而航摄像片是地面的中心投影,由于投影性质的差异,只有当地面严格水平且像片也严格水平时,上述两种投影结果才等效。

一般情况下,航空摄影所获取的像片是倾斜的。此时,即使地面严格水平,航摄像片上的目标物体也会因为像片倾斜而产生变形或像点位移。图 2-29 表示水平地面上的方格网在水平像片与倾斜像片上的差异。正是由于存在这种差异,使得中心投影的航摄像片不具备正射投影的地图功能。

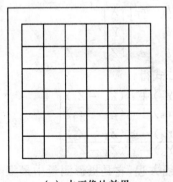   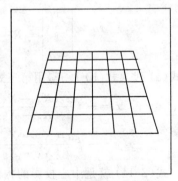

(a) 水平像片效果　　　　　　　　(b) 倾斜像片效果

图 2-29　地面方格网在水平像片与倾斜像片上的差异

对于平坦地区(地面起伏引起的投影差小于规定限差)而言,要将中心投影的像片变换为正射投影的地图,就要将具有倾角的像片 P 变为水平的像片 P_0,这种变换称为中心投影的正射变换,如图 2-30 所示。下面讲述这种变换公式。

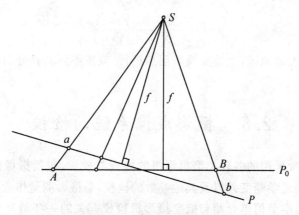

图 2-30　中心投影的正射变换

将倾斜摄影的像片变为水平摄影的像片,是一种平面对平面的投影变换,此时 $Z-Z_S$ 为常数 H。将此条件代入式(2-15),得

$$X_A - X_S = H \frac{a_1 x + a_2 y - a_3 f}{c_1 x + c_2 y - c_3 f}$$

$$Y_A - Y_S = H \frac{b_1 x + b_2 y - b_3 f}{c_1 x + c_2 y - c_3 f}$$

上式中除 H 为常数外,$c_3 f$ 也为常数,各项除以 $-c_3 f$,并乘以常数 H,新的系数用新的符号表示,得

$$X_A - X_S = \frac{a_{11} x + a_{12} y + a_{13}}{a_{31} x + a_{32} y + 1}$$

$$Y_A - Y_S = \frac{a_{21} x + a_{22} y + a_{23}}{a_{31} x + a_{32} y + 1}$$

上式左边的坐标为一坐标平移,用新的符号表示,得

$$\left. \begin{array}{l} \overline{X} = \dfrac{a_{11} x + a_{12} y + a_{13}}{a_{31} x + a_{32} y + 1} \\ \overline{Y} = \dfrac{a_{21} x + a_{22} y + a_{23}}{a_{31} x + a_{32} y + 1} \end{array} \right\} \tag{2-16}$$

式(2-16)为中心投影平面变换的一般公式。摄影测量中将任意倾角的像片变为规定比例尺的水平像片(即规定比例尺的影像地图)称为像片纠正,上式即为像片纠正的变换理论,用于第 7 章。其反算式为:

$$\left.\begin{aligned} x &= \frac{A_{11}\overline{X} + A_{12}\overline{Y} + A_{13}}{A_{31}\overline{X} + A_{32}\overline{Y} + 1} \\ y &= \frac{A_{21}\overline{X} + A_{22}\overline{Y} + A_{23}}{A_{31}\overline{X} + A_{32}\overline{Y} + 1} \end{aligned}\right\} \quad (2\text{-}17)$$

对于高差大的地区，上述变换需逐点进行，或按不同高程分为不同带面进行像片纠正。

2.8 摄影成像系统的检校

摄影测量所采用的各种类型摄影机的检查与校正，包括摄像机的内方位元素、摄影物镜的光学畸变差以及其他参数的检校，是摄影测量作业全过程的一个重要组成部分。本节简单介绍与航空摄影机检校有关的一些最基本概念及主要方法。

2.8.1 摄影机检校的内容

在 2.5 节中已经介绍过，描述摄影中心与像片之间相关位置关系的参数称为内方位元素。在摄影测量的数据处理作业过程中，为了严格恢复每张影像在摄影时刻光束的正确形状，就必须知道内方位元素的精确值。同时，还必须知道摄影物镜的光学畸变规律等。确定和校正摄影机内方位元素和光学畸变差的过程称为摄影机的检校。一般来讲，摄影机检校的内容主要包括：

(1) 像主点位置 (x_0, y_0) 与主距 (f) 的测定。
(2) 摄影物镜光学畸变差或畸变系数大小的测定。
(3) 底片压平装置的测定。
(4) 框标间距以及框标坐标系垂直性的测定。

对于数字摄影机，检校的内容除了上述(1)和(2)外，还应包括像元大小(x，y方向)的测定、调焦后主距变化的测定以及调焦后畸变差变化的测定等。

上述所提到的摄影机检校的内容均属于几何检校的范畴。广义上讲，摄影机检校的内容还应包括辐射检校和对影像质量评估的相关内容。对于多传感器集成的摄影成像系统，还必须考虑系统的检校问题。

2.8.2 摄影机检校方法分类

航空摄影测量的摄影机检校方法主要包括实验室检校法和试验场检校法两大类，两类方法均有标准化的专用设备、作业流程和规范。在很多情况下，对航空摄影机的检校已经成为整个摄影测量过程的一部分，即所谓的自检校（在第 4 章介绍）。对于非量测型摄影机的检校，其检校方法和作业流程至今并未标准化，其原因主要是因为非量测摄影机类型的多样化以及检校内容的多样化。

大多数情况下，对摄影机内方位元素的确定和物镜光学畸变差的确定是摄影机检校的主要内容，基于此，摄影机的检校方法大体可分为以下几种。

1. 光学实验室检校法（optical laboratory calibration）

本方法以多投影准直仪（Multicollimator）或可转动的精密测角仪（Gonoimeter）为基本设备。

当把投影准直仪作为基本设备时，如图 2-31(a) 所示，将多台准直仪按准确的已知角度 α 安排在物方，而在像方则安放感光片，各准直仪上经照明的十字丝即构像在像片上，经对像片的量测和相应计算，可求得主距和畸变差。

当把测角仪作为基本设备时，如图 2-31(b) 所示，在像方设置一精密格网板，在物方安置一台可转动的测角仪，并顺次量取各格网点的角度，经计算可解得主距与畸变差。

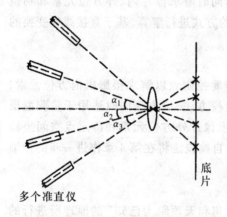 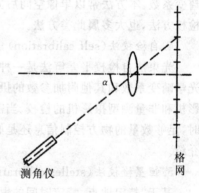

(a)基于准直仪的摄影机检校　　　　　　　　(b)基于测角仪的摄影机检校

图 2-31　航空摄影机的光学实验室检校

实验室检校法的优点是检校过程在室内进行，可以不受天气等环境条件的影响，且有专门的用于摄影机检校的仪器设备，可使检校过程标准化和规范化。但该检校法的主要缺点是，实验室检校是一种静态的检校方法，更主要的是实验室的环境温度、气压等与摄影机实际工作时的状况可能差别很大，导致检校结果与实际情况不符。

2. 试验场检校法(test range calibration)

试验场可由一些已知空间坐标的标志点构成,当被检校的摄影机拍摄此试验场后,可依据单片空间后方交会法或光束法平差方法解求摄影机的内方位元素以及其他影响光束形状的参数,包括光学畸变系数等。

试验场的位置和大小,标志点的大小、形状、性质和结构等可根据摄影测量的具体任务和实际工作条件或需要而定,如室外三维控制场,室内三维控制场以及专为检校目的而选择的某些人工建筑物等。可通过测定贴附在建筑物上的人工标志或者直接利用建筑物自身的几何特点,如建筑物上的平行线组,来达到摄影机检校的目的。

3. 现场检校法(on the job calibration)

所谓现场检校法一般是指在完成摄影测量任务的同时对摄影机进行检校的方法。该方法特别适用于非量测摄影机的检校,因为这类摄影机的内方位元素可能不稳定,或时有变化,在完成测量任务的同时进行检校更为合理。所用的物方控制常以活动控制系统的形式出现,依据物方空间分布合理的一组高质量控制点,在解求待定点物方空间坐标的任务中,同时解求像片内、外方位元素和物镜畸变系数。本方法常以单像空间后方交会的方式进行解算。基于直接线性变换的检校方法,也大多属此类方法。

4. 自检校法(self calibration)

光束法自检校平差解法是一种可不需要控制点以解求摄影机内方位元素、光学畸变系数和其他附加参数的摄影机检校方法。该方法同时适用于量测型摄影机和非量测型摄影机的检校。当需要解求像片外方位元素和待定点空间坐标时,足够数量的物方控制信息还是必需的。自检校法将在第 4 章作进一步的详细介绍。

5. 恒星检校法(steller calibration)

基于"特定地点、特定时间的恒星方位角和天顶距为已知"的原理所进行的摄影机检校称为恒星检校法。该方法的作业过程一般在夜间进行,在已知点位的观测墩上将调焦至无穷远的被检定摄影机对准星空,实施较长时间曝光;然后量测已知方位的数十至数百个恒星的像点坐标;最后通过程序计算出被检校摄影机的内方位元素和光学畸变系数。

该检校方法的投入较小,特别适用于调焦至无穷远的摄影机的检校,如卫星摄影机和某些专用非量测型摄影机。但该检校方法也存在许多不足之处,如:① 仅适用于检校调焦至无穷远的摄影;② 识别恒星耗时;③ 应采取措施以减少量测误差、大气折光异常、温度变化和底片变形等因素对检校质量的影响。另外,因地球自转,在曝光的数分钟内,像片上各恒星的影像将是一条条短线,会影响像点坐标的量测。

2.8.3 摄影机物镜的光学畸变

由于摄影机物镜本身的质量问题以及物镜系统设计、制作和装配所引起的像点偏离其理想位置的点位误差称为光学畸变差。光学畸变差是影响成像几何质量的最重要因素之一。光学畸变分为径向畸变差(radial distortion)和切向畸变差(tangential distortion)两类。

如图 2-32 所示,设在主距为 f 的标准像片 P 上,物方点 A 的理论构像位置应为点 a_0,而实际构像于点 a,构像点 a 沿向径方向偏离其理想位置 a_0 的畸变称为径向畸变差,又称为对称性径向畸变。而切向畸变差是指实际构像点沿垂直于向径方向相对其理想位置发生的偏离(图中未表示出)。实际情况中,径向畸变和切向畸变往往同时存在,但一般情况下径向畸变要远大于切向畸变。下面只对径向畸变作进一步的介绍。

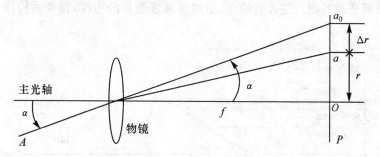

图 2-32　径向畸变示意图

径向畸变差的大小 Δr 可表示为:

$$\Delta r = r - f\tan\alpha \tag{2-18}$$

式中:r 为实际构像点的辐射距离,$r = \sqrt{x^2 + y^2}$。

由式(2-18)可见,光学径向畸变差的大小不仅与物方点的入射角 α 有关,同时也与像片主距 f 的大小有关。径向畸变差的方向在以像主点 O 为原点的辐射方向上,若定义朝外(远离 O 点)方向为正畸变,则朝内(靠近 O 点)方向就为负畸变。正畸变通常被称为枕形畸变,而负畸变通常被称为桶形畸变,正负畸变的结果可用图 2-33 表示。

典型的径向辐射畸变还可用图 2-34 所示的曲线图来表示。由图中可看出,

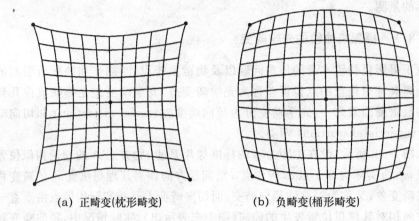

(a) 正畸变(枕形畸变)　　　　(b) 负畸变(桶形畸变)

图 2-33　正负畸变结果示意图

畸变差出现正或负的情况可能是不平衡的,但一般情况下,随着辐射距离的增大,正负畸变差的绝对值也将增大。亦即越靠近像片的边缘,像片的构像质量越差。

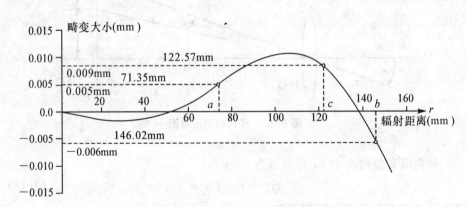

图 2-34　典型的辐射畸变曲线图

当需要对像点坐标进行畸变差改正时,可以根据实际构像点的辐射距离大小内插得到相应的畸变差改正值。也可将上述畸变曲线图转变成表格的形式,通过查表法(table lookup)得到实际构像点的畸变差改正值。

另外一种畸变差改正的方法是将畸变差的大小表示成辐射距离的奇次多项式形式:

$$\Delta r = k_1 r^3 + k_2 r^5 + k_3 r^7 + \cdots \tag{2-19}$$

式中：$k_i(i=1,2,3)$ 为多项式系数，其值可通过摄影机检校或有关的解析计算得到。一旦多项式的系数确定下来，则像点坐标的畸变差改正就迎刃而解了。

本章思考题

1. 航空摄影测量中对航空摄影有哪些基本要求？
2. 航空摄影中，为什么要求同一条航带相邻像片之间以及相邻航线之间有一定的重叠？
3. 航空摄影像片的比例尺是如何定义的？
4. 何为航摄像片的分辨率？分辨率的高低说明了什么？
5. 造成航摄像片上存在投影差的原因是什么？投影差如何计算？如何利用投影差计算地面目标物体的高度？
6. 摄影测量中常用的坐标系有哪些？各有何用途？
7. 什么是航摄像片的内、外方位元素，如何确定航摄像片的内、外方位元素？
8. 若已知一张像片的三个外方位角元素，如何计算该像片旋转矩阵中的9个方向余弦？
9. 什么是中心投影的共线方程，它在摄影测量中有哪些主要应用？
10. 航摄像片与地图有什么不同？
11. 中心投影的正射变换在摄影测量中有何应用？
12. 航空摄影机检校的目的是什么？摄影机检校的主要内容包括哪些？如何检校？

第3章 立体测图的原理与方法

根据单张像片只能确定地面某个点的方向,不能确定地面点的三维空间位置,而有了立体像对(即在两个摄站对同一地面摄取相互重叠的两张像片)则可构成与地面相似的立体模型,解求地面点的空间位置。立体模型是双像解析摄影测量的基础,就像人有了两只眼睛,才能看三维立体景观一样。本章主要讲述立体测图的基础知识,包括视差的概念和人眼的立体视觉原理、像点坐标的立体量测等。在此基础上,简单介绍模拟法立体测图、解析法立体测图和数字测图的基本思想和方法,为后续章节的介绍做理论上的准备。

3.1 视差与立体视觉原理

3.1.1 人眼的立体视觉

人眼是一个天然的光学系统,结构复杂。图3-1是人眼结构的示意图,它好像一架完美的自动摄影机,水晶体如同摄影机物镜,能自动调焦,当观察不同远近的物体时,视网膜上都能得到物体清晰的构像。瞳孔如同光圈,视网膜如同底片,接受物体的影像信息。

单眼观察景物时,人们感觉到的仅是景物的透视像,就像只有一张像片,不能正确判断景物的远近。只有用双眼观察景物,才能判断景物的远近,得到景物的立体效应,这种现象称为人眼的立体视觉。因此,摄影测量中需要从不同的摄站拍摄同一地面的两张像片(一个立体像对),才能构成立体模型。

人的双眼为什么能观察景物的远近呢?如图3-2所示,双眼观察A点时,两眼的视轴会本能地交会于该点,此时的交会角为r,A点在左右眼视网膜上的构像分别为a,a';同时观察B点时,交会角为$r+dr$,B点在左右眼视网膜上的构像分别为b,b'。由于交会角的差异,使得两弧长ab和$a'b'$不相等,其差$\sigma=ab-a'b'$称为生理视差。生理视差通过视神经传到大脑,通过大脑的综合,做出景物远近的判断。因此,生理视差是判断景物远近的根源。

第3章 立体测图的原理与方法

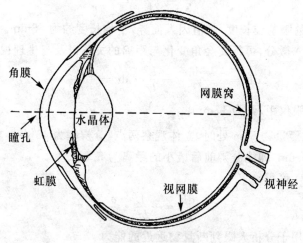

图 3-1 人眼的结构

人眼单眼观察的分辨力,用角度表示,对两点间的分辨力为 45″,两线间的分辨力为 20″。双眼观察比单眼观察其分辨力能提高 $\sqrt{2}$ 倍。

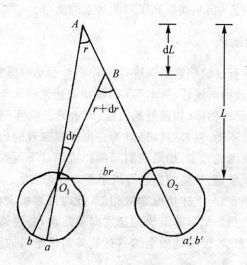

图 3-2 人眼立体视觉

从图 3-2 中可看出,交会角与距离有如下关系:

$$\tan \frac{r}{2} = \frac{br}{2L} \quad L = \frac{br}{r} \tag{3-1}$$

式中:br 为人的眼基线长度,其值因人而异,平均长度约为 65mm。

将式(3-1)微分,可得交会角变化与距离的关系以及与生理视差的关系式:

$$dL = -\frac{br\,dr}{r^2} = -\frac{L^2}{br} \cdot dr = -\frac{L^2}{br} \cdot \frac{\sigma}{f_r} \tag{3-2}$$

式中:f_r 为人眼焦距,约为 17mm。

当人站在距景物 50m 处时,立体观察两点,分辨率为 $45''/\sqrt{2} = 30''$,代入上式,得 $dL = 5.6$m,即能分辨前后最小的距离为 5.6m。

由式(3-2)可得:

$$\frac{dL}{L} = -\frac{L}{br} \cdot \frac{\sigma}{f_r} \tag{3-3}$$

式(3-3)可以用于分析人眼判断景物远近的能力。

由式(3-3)可以看出,要提高判断能力,一是间接地增大眼基线 br 之值,这可以通过使用仪器来实现;二是使眼的生理视差 σ 的分辨率增大。当物体是点状时,相应的 $\sigma_{min} = 0.002$mm;当物体为平行线时,$\sigma_{min} = 0.001$mm,某些量测仪器上采用线状测标就是这个道理。如果通过有效放大倍率的光学系统进行观测,这相当于缩短了实际的 L 值,从而提高了判断远近的能力。

3.1.2 视差的概念

每一位乘火车旅行过的乘客都有这样一种相对运动的感觉,即靠近火车的目标物体(如铁轨沿线的电线杆、树木等)以很快的速度向火车运行的相反方向移动,而远离火车的目标物体(如远处的山丘、天边的云彩等)则移动非常缓慢,甚至看起来似乎一动不动。视差可以理解为是由于观察者的运动而造成的远近目标物体运动快或慢的视感觉。如果我们用照相机记录下两张相隔很短时间间隔的火车车厢外的景象,则视差的概念可以用图 3-3 来表示。

对于航空摄影而言,与上述情况非常相似,此时摄影机就相当于人的眼睛,安装在飞机平台上的摄影机以非常快的速度向前运动,并连续地对地面进行摄影照相。由于地形的起伏,使得地面上的目标物体离摄影机的距离远近不同,从而客观上形成了视差。

图 3-4 为航空摄影情况下相邻的两张像片。对于地面任一点 A,假设其在左片上的构像位置为 a_1,在右片上的构像位置为 a_2,沿飞行方向相应的像点坐标分别为 x_1 和 x_2。

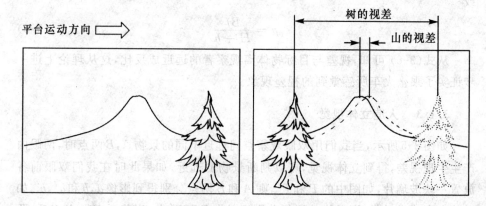

图 3-3　视差的概念(Edward M. Mikhail,2001)

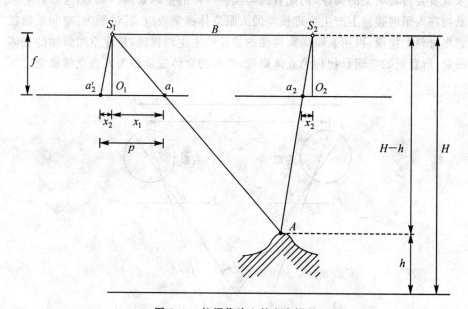

图 3-4　航摄像片上的左右视差

那么,地面点 A 在像片上的左右视差大小可以表示为:

$$p = x_1 - x_2 \tag{3-4}$$

进一步地,在图 3-4 中,通过相似三角形的对边关系,可以导出如下的关系式:

$$\frac{B}{H-h} = \frac{p}{f} \tag{3-5}$$

或

$$p = \frac{Bf}{H-h} \tag{3-6}$$

从式(3-6)可知,视差与目标物体离观察者的远近成反比,这从理论上进一步证实了乘坐火车所感觉到的视差现象。

3.1.3 人造立体视觉

如图3-5所示,当我们用双眼观察空间远近不同的景物A,B两点时,两眼内产生生理视差,得到立体视觉,可以判断景物的远近。如果此时在我们双眼前各放置一块玻璃片,如图中的P和P',则A和B两点分别得到影像a,b和a',b'。如玻璃上有感光材料,则景物的影像分别记录在P和P'上。当移开实物A,B后,两眼观看各自玻璃上的构像,仍能看到与实物一样的空间景物A和B,这就是空间景物在人眼网膜窝上产生生理视差的人眼立体视觉效应。其过程为:空间景物在感光材料上构像,再用人眼观察构像的像片产生生理视差,重建空间景物的立体视觉,所看到的空间景物称为立体影像,产生的立体视觉称为人造立体视觉。

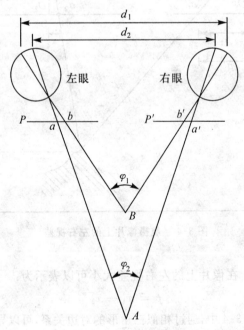

图 3-5 人造立体视觉

根据人造立体视觉原理,在摄影测量中,规定摄影时保持像片的航向重叠度在 60% 以上,是为了获得同一地面景物在相邻两张像片上都有影像,它完全类同于上述两玻璃片上记录的景物影像。利用相邻像片组成的像对进行双眼观察(左眼看左片,右眼看右片),同样可获得所摄地面的立体模型,并且可进行量测,这样就奠定了立体摄影测量的基础,同时也是双像解析摄影测量测定像点坐标的依据。

综上所述,人造立体视觉必须符合自然界立体观察的四个条件。

(1) 两张像片必须是在两个不同位置对同一景物摄取的立体像对。

(2) 每只眼睛必须只能观察像对的一张像片。

(3) 两像片上相同景物(同名像点)的连线与眼基线应大致平行。

(4) 两像片的比例尺应相近(差别小于 15%),否则需用 ZOOM 系统等进行调节。

用上述方法观察到的立体与实物相似,称为正立体效应。如果把像对的左右像片对调,左眼看右像片,右眼看左像片,或者把像对在原位各自旋转 180°,这样产生的生理视差就改变了符号,导致观察到的立体景物远近效果正好与实际景物相反,这称为反立体效应。

3.2 像对的立体观察与量测

3.2.1 立体观察

以航空摄影的立体像对为例,在人造立体视觉必须满足的四个条件中,只要航空摄影时严格按照摄影计划的要求飞行,即可满足第一和第四个条件;第三个条件在观察时也易于实现,关键是如何满足第二个条件。如果观察时强迫两眼分别只看一张像片,这样肉眼也能看到立体效应,此时相当于两眼调焦在像平面而交会在视模型上,因而违背了人眼的调焦和交会相统一的凝视本能。所以,这样的立体观察方法只有经过专门训练的人才能做到。即使如此,眼睛也很容易疲劳。因此,必须借助于立体观察仪器来进行立体观察。常用的立体观察方式有立体镜式、叠映式和双目观测光路式。

1. 立体镜观察

最简单的立体镜是在一个桥式架上安置两个相同的简单透镜,两透镜的光轴平行,其间距约为人眼的眼基距,桥架的高度等于透镜的焦距,如图 3-6(a) 所示,这样的立体镜称为桥式立体镜。像片对放在透镜的焦平面上,物点影像经过透镜后射出来的光线是平行光,因此观察者感到物体在较远的地方,入眼的调焦与交会本能地被统一起来。桥式立体镜由于基线太短,不利于观察大像幅的航摄像片。

为了对大像幅的航摄像片进行立体观察,可改用焦距较长的透镜,并在左右光路中各加入一对反光镜,起扩大眼基距的作用。这一类型的立体镜称为反光立体镜,如图 3-6(b) 所示。

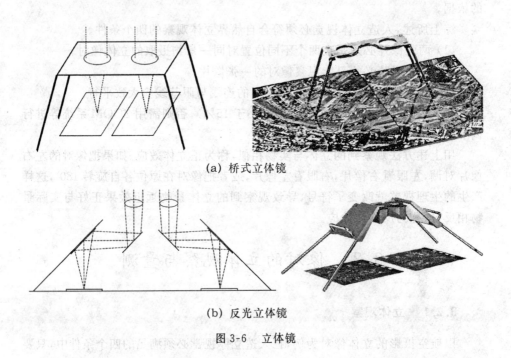

(a) 桥式立体镜

(b) 反光立体镜

图 3-6　立体镜

在立体镜下观察到的模型与实物之间存在变形,例如,竖直方向的比例尺要比水平方向比例尺大。

2. 叠映影像的立体观察

叠映式立体观察方法是用光线照射透明的左右像片,并使其影像叠映在同一个承影面上,然后通过某种方式使得观察者左右眼分别只看到一张像片的影像,从而得到立体效应。常用的方法有红绿色互补法(见图 3-7(a))、光闸法、偏振光法以及液晶闪闭法,其中前三种方法广泛用于模拟的立体测图仪器中。

液晶闪闭法是一种新型的立体观察方法,广泛应用于现代的数字摄影测量系统中。图 3-7(b) 为美国 StereoGraphics 公司生产的液晶眼镜,它主要由液晶眼镜和红外发生器组成。使用时,红外发生器的一端与通用的图形显示卡相连,图像显示软件按照一定的频率交替地显示左右图像,红外发生器则同步地发射红外线,控制液晶眼镜的左右镜片交替地闪闭,从而达到左右眼睛各看一张像片的目的。

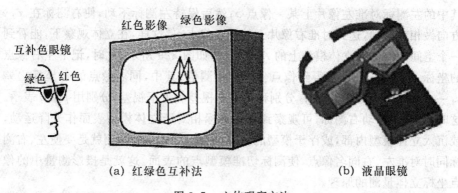

(a) 红绿色互补法　　　　　　　(b) 液晶眼镜

图 3-7　立体观察方法

3. 双目镜观测光路的立体观察

双目镜观测光路的立体观察是用两条分开的观测光路将来自左、右像片的光线分别传送到观测者的左、右眼睛中,每条观测光路均由物镜、目镜和其他光学装置组成。图 3-8 是立体坐标量测仪的观测光路结构示意图。

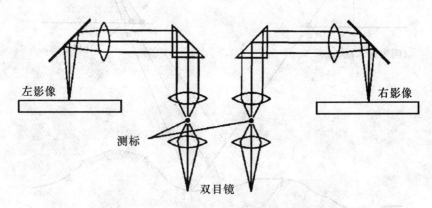

图 3-8　立体坐标量测仪观测光路结构示意图

3.2.2　立体量测

立体量测可借助立体观察装置与测量的测标和量测计量工具来进行。我们在两张已安置好的像对(定向好的像对)上,眼睛可清晰地观察到立体,在两张像片上放置两个相同的标志作为测标,如图 3-9 中的 T 字形。两测标可在像片上作 x 和 y 方向的共同移动和相对移动。借助两测标在 x,y 方向的共同移动,使得其中的左测标对准左像片上某一像点 a;然后保持左测标不动,使右测标在 x,y 方向做相对移动,达到对准右像片上的同名像点 a'。这样,在立体观察下,能看到一个空间的测标与立体模型上的 A 点相切,如图 3-9 所示。此时,记下左右像点的坐标 x_1,y_1,x_2,y_2,可得到像点坐标的量测值。其中,同名像点的 x 坐标之差 x_1-x_2 和 y 坐标之差 y_1-y_2 分别称为左右视差和上下视差,分别用 p 和 q 表示。这时,若左右移动右测标,可观察到空间测标相对于立体模型表面作升降运动,或沉入立体模型内部,或浮于模型的上方。因此,立体坐标量测就是要使左、右测标同时对准左、右同名像点,使测标切准模型点的表面。这就是摄影测量中的像点坐标立体量测的原理。

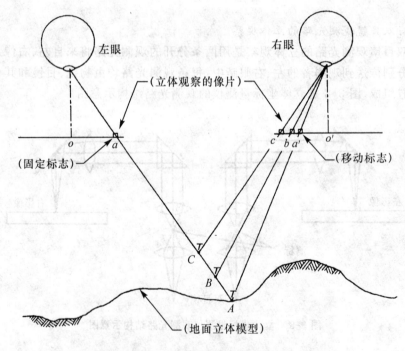

图 3-9　浮动测标的立体量测原理

用解析的方法处理摄影测量像片时,首先要量测出像点的像片坐标 x,y。传统的量测这些数据的专用仪器称为立体坐标量测仪,这类立体坐标量测仪大多具有小型计算机与接口设备,使量测的数据能直接进入计算机中进行数据处理。量测的结果可以是左像片点坐标 x_1, y_1 和同名像点的视差值 p, q,然后通过计算得到右像片点坐标 x_2, y_2。有的立体坐标量测仪可直接量测得到立体像对左右像片各自的坐标值 x_1, y_1 和 x_2, y_2。

目前,专门用于像点坐标量测的立体坐标量测仪已很少使用,像点坐标的量测可通过作业员在计算机屏幕上直接进行,或通过立体影像匹配的方法进行自动量测。

3.3 模拟法立体测图的原理与方法

利用摄取的立体像对,进行相对定向、绝对定向或空间后方交会、空间前方交会,可重建地面按比例尺缩小的立体模型。在模型上进行量测,可直接测绘出符合规定比例尺的地形图,获取地理基础信息。其产品可以是图件(如地图),也可以是数字化的产品(如地面数字高程模型或数字地图)。这种测绘方式,将外业测绘工作搬到室内进行,减少了天气、地形对测图的不利影响,提高了工作效率,并使测绘工作逐步向自动化、数字化方向发展,因此,航测成图方式是测绘地形图的主要方法。航测立体测图的方法有三种:模拟法立体测图、解析法立体测图和数字化立体测图。本节简单介绍模拟法立体测图的基本原理和方法,这些内容对于深刻理解数字化测图的原理和方法是很有帮助的。

3.3.1 摄影过程的几何反转

地面点反射出的光线,通过摄影物镜记录在感光材料上,经摄影处理得到摄影底片。如图 3-10 所示,地面点 A, B, C, D 等发出的光线,通过相邻两摄影机物镜 S_1 和 S_2,分别构像在左右像片上重叠范围内,成为两个摄影光束。两摄影站 S_1 和 S_2 的距离是空间摄影基线 B。光线 AS_1 和 AS_2,CS_1 和 CS_2……都是相应的同名光线,这时同名光线与基线总在一个平面内,即三矢量 $\overrightarrow{S_1S_2}, \overrightarrow{S_1A}, \overrightarrow{S_2A}$ 共面,即所谓的同名光线对对相交。根据摄影过程的可逆性,将底片 P_1 和 P_2 装回到与摄影机相同的两个投影镜箱内,保持两投影机的方位与摄影时方位相同,但物镜间的距离缩小了,即投影器从 S_2 移到 S_2' 处,此时投影基线为 $S_1S_2' = b$。在投影器上,用聚光灯照明,则两投影器光束中所有同名光线仍对对相交,构成空间的交点 A', B', C', D' 等。所有这些交点的集合,构成与地面相似的光学立体模型。这个过程称为摄影过程的几何反转。因此,双像投影测图的原理,就是摄影过程的几何反转原理。在构成的立体模型中,如用一个有标志的测绘台,如图 3-11

所示，在承影面上利用测绘台的升降来使测标与地面相切，再加上测绘台的平面移动，测绘台下的绘图笔就可绘出地形图。

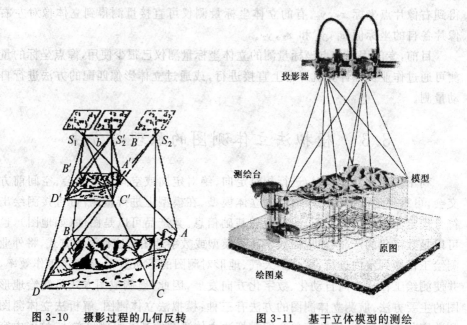

图 3-10 摄影过程的几何反转　　　　图 3-11 基于立体模型的测绘

如何恢复测绘时投影光束的方位，使它与摄影时的方位相同，从而建立立体模型进行测图，这是双像测图中需要解决的问题。其方法仍是通过相对定向和绝对定向两个步骤来完成，但不是用解析计算的方法，而是用投影器的运动来进行。通过投影器上的机械装置恢复像片的内方位元素之后，利用投影器的运动使同名光线对对相交，完成相对定向，建立相对立体模型。然后仍借助机械螺旋的运动，将相对立体模型进行平移、旋转、缩放，纳入到地面测量坐标系中，并规划为规定的比例尺，这就是绝对定向。

3.3.2　立体像对的模拟法相对定向

模拟法测图是应用光学投影或机械投影的方法来模拟像对的摄影反转过程，建立测图所需的立体模型。相对定向的目的是恢复两张像片的相对位置和姿态，达到同名光线对对相交，建立相对立体模型。在模拟测图仪上进行相对定向，不同于解析法相对定向，它不是用计算的方法解求相对定向元素，而是在立体观察下运动投影器，使得同名光线对对相交。模拟测图仪有许多不同的类型，但在这些仪器上的相对定向作业步骤基本上相同。现以光学投影类的模拟测图仪为例,说明相对定向的基本方法。

假设两相邻像片任意放置在投影器上,恢复内方位元素以后,光线经投影物镜投影到承影面上成像。这时,同名光线不相交,即与承影面的两个交点不重合,其差异可分解到 X 和 Y 两个方向上,X 方向上的差异称为左右视差,Y 方向上的差异称为上下视差,如图 3-12(a) 所示。

当升降测绘台时,左右视差可以消除,只存在上下视差,如图 3-12(b) 所示。因此,上下视差是衡量同名光线是否相交的标志,或者说,若同名像点上存在上下视差,就说明没有恢复两张像片的相对关系,即没有完成相对定向。

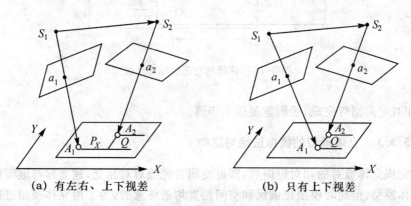

(a) 有左右、上下视差　　　　　(b) 只有上下视差

图 3-12　同名光线不相交

图 3-13 是传统相对定向标准点位示意图,图中 b 为像片基线。模拟测图仪上相对定向的过程,就是应用左、右投影器 6 个螺旋($bx,by,bz,\varphi,\omega,\kappa$)的运动,通过消除标准点位附近 6 个同名点的上下视差,以达到相对定向的目的。

若用 $dbx,dby,dbz,d\varphi,d\omega,d\kappa$ 来表示投影器 6 个螺旋所产生的微小运动,则模拟法相对定向的作业步骤可归纳如下(以连续法相对定向为例):

第一步,移动 dby,消除 2 点的上下视差;

第二步,旋转 $d\kappa$,消除 1 点的上下视差;

第三步,移动 dbz,消除 4 点的上下视差;

第四步,旋转 $d\varphi$,消除 3 点的上下视差;

第五步,旋转 $d\omega$,在 6 点上作过度改正;

第六步,重新移动 dby,消除 2 点的上下视差;

第七步,重新移动 dbz,消除 4 点的上下视差;

第八步,观察 5 点进行检查,如果不存在上下视差,或者上下视差在限差之

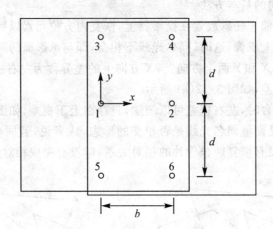

图 3-13 传统相对定向标准点位

内,相对定向则告完成,否则重复以上步骤。

3.3.3 立体模型的模拟法绝对定向

完成立体像对的相对定向后,即可使同名光线对对相交,建立起与地面相似的立体模型。但此时模型比例尺和空间位置均是任意的,为了用立体模型进行量测,获取正射投影的地形图,还需要将该模型纳入到地面测量坐标系中,并归化为测图比例尺。这一过程称为立体模型的绝对定向,如图 3-14 所示。

绝对定向元素有 7 个,即 3 个平移量 $\Delta X, \Delta Y, \Delta Z$,3 个旋转角 Φ, Ω, K,以及模型比例尺因子 λ。对于模拟绝对定向,至少需要 2 个平高控制点和 1 个高程控制点反求 7 个绝对定向元素。将控制点按其平面坐标及测图比例尺展绘在图纸上后,利用图纸的平移、旋转,使其中一个控制点在承影面上的投影与图纸上同名控制点相重合,并通过调整测绘台的起始读数使该点的高程读数与实测高程相等。然后以此控制点为中心旋转图纸,使其与另一控制点的连线与图纸上同名连线相重合,这意味着解求了 3 个平移量 $\Delta X, \Delta Y, \Delta Z$ 及旋转角 K。对于 λ 的解求,是通过调整模型比例尺,即沿基线方向改变投影基线的长度,使模型达到规定的图比例尺。这一步骤称为确定模型比例尺。另外,Φ, Ω 角表示模型有倾斜,需要利用控制点将模型置平。

假定在立体像对重叠范围的四角各有一个平高控制点,其地面测量坐标已由野外实测或解析空中三角测量方法测定,则立体模型的绝对定向操作步骤可简单总结如下:

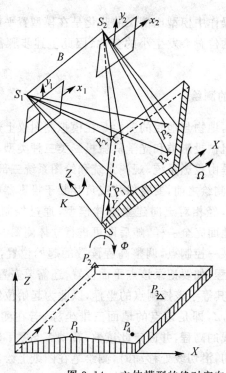

图 3-14　立体模型的绝对定向

(1) 将控制点根据其平面坐标按图比例尺展绘在图纸上,制成图底。

(2) 将图底安放在制图承影面或供测图的参考面上,使其中一个控制点与相应模型点的投影重合。这项操作相当于解求了 ΔX 及 ΔY。

(3) 以该点为中心旋转图底,使另一控制点的模型点的投影落在图底上相应两控制点的连线上。这项操作相当于解求 K。

(4) 比较图底上此两控制点间的长度与相应模型点投影间的长度,两者若不相等,表明模型比例尺不等于图比例尺。这时沿投影基线方向移动其中一个投影器,改变投影基线的长度,直到两模型点的投影正好与图底上相应控制点重合。这一操作相当于解求比例尺因子 λ。

(5) 任取某一控制点为高程起始点,调整高程起始读数,使该点的高程读数等于实测高程。这项操作相当于解求 ΔZ。

(6) 用测标分别立体切准另两个高程控制点所对应的模型点,读出相应高程读数,根据该读数与已知高程值的差异进行 X 方向和 Y 方向的模型置平。这项

操作相当于解求 Φ,Ω。

需要说明的是,上述操作中模型比例尺的归化是在模型置平前进行的,在模型置平操作之后,模型点的位置会发生小的变化。因此上述步骤需要反复进行,直到达到精度要求为止。

3.3.4 地物与地貌的测绘

对于模拟法立体测图,地物与地貌的测绘是在模拟测图仪上进行的。模拟测图仪主要有光学投影类、机械投影类和光学机械投影类三种类型。但不管属于哪一种类型,模拟测图仪都是由投影系统、观测系统和绘图系统三部分组成的。

在进行地物与地貌的测绘之前,要将像片或负片装于投影器中。在保证恢复摄影光束的内方位元素后,经相对定向建立立体模型;通过控制点进行绝对定向,则建立的立体模型与地面完全一样,随后即可进行立体测图。

测图时,要立体切准某一控制点,调整高程读数的起始位置,使仪器上的高程读数等于该点的实测高程。如要记录该点平面位置,还需要安置 X,Y 的读数,即调整 X,Y 的零位置,使其等于该控制点的坐标,以此为起始位置。观测任何模型点时,读取该点的 X,Y,Z,即是该点的地面三维坐标。若在测绘某一等高线时,将高程读数调到等高线的高程,并固定此读数,转动 X 与 Y 手轮,或推动测绘台,使测标与立体表面相切,沿切线处移动时,测绘笔在图纸上绘出的曲线,即为该高程的等高线。若用测标立体切准跟踪地物轮廓,描笔勾画的平面位置,即为该地物的正射投影,由此即可绘出地形图。

测绘地物和地貌之前,应仔细研究作业规范与技术指示书。全面观察整个立体,了解地形总貌,并考虑如何更好地反映地面的地貌和地物特征,然后先测地物,再绘地貌。

1. 测绘地物

测绘地物时要参照调绘像片,将测标照准在模型的相应点上。然后,在测标与立体模型表面保持相切的条件下,使测标沿着地物轮廓移动,测绘出地物,并按调绘片进行注记。测绘地物的顺序通常是:居民地、道路网、水系、地貌要素和土壤植被、地类界等。测绘时可用不同色调表示,清绘时再按规定的符号描绘,并加注记。如用电子绘图桌,则可借用符号库加以描绘,以提高工作效率。

2. 测定高程注记点

测图规范规定,每幅图内每 100cm^2 需测注一定数量(如 15 个左右)的高程注记点,这些点在测绘等高线前完成。高程注记点要选在能清晰易读的地形特征点上,如制高点、山头、谷底、鞍部和倾斜变换点,点位要求分布均匀,每个高程注记点要量测两次,差值在容许范围内取中数,作为注记高程。

3. 描绘等高线

地貌测绘最好先勾绘地形特征线,这样所画的等高线能更逼真地表现地貌的特征。等高线的描绘,最好从最能显示地貌特征的截面开始,对于一般地区,常从低至高描绘;切割明显的山地或平地,则可从高处开始。

等高线原则上都应实测,但在等倾斜处允许只画及曲线,清绘时再内插加密。地势较平坦,及曲线间隔大于图上1cm时,也应实测。平坦地区还要加绘半距等高线。

4. 检查接边

所有内容测绘完毕后,要进行检查并处理好接边工作。像对与像对、航线与航线、图幅与图幅之间,都要接边。检查的内容包括:高程注记点位是否合理、均匀,数量是否满足规范要求,注记点高程与等高线有无矛盾;山头、鞍部、曲线有否遗漏;曲线是否合理,有无地形变形;等高线与河流、湖泊、水库等水系关系是否合理,有否两次过河现象;注记填写是否齐全等。

5. 清绘成图

对经接边检查后的测绘结果进行清绘成图,加上必要的地名注记、公里格网、图例、图名、测绘生产单位以及测绘日期等必要的信息,最后交付印刷成图。图 3-15 为某地区地形等高线的局部示意图。

图 3-15　局部地貌测绘结果

3.4 解析法立体测图原理与方法

为了重建摄影时的几何光束,模拟摄影测量是用光学或机械的方法实现摄影时的同名光线对对相交。由摄影测量基础知识可知,物点、像点和摄影中心之间存在着严格的数学关系,即共线方程。由于计算机自动控制技术、模数转换技术的发展,U. V. Halava 于 1957 年提出了"数字投影"的概念,即利用计算机通过严格的数学解算方法保证像点坐标和模型点坐标之间满足共线关系,建立被摄目标的数字立体模型,同样也可以完成对被摄目标的立体量测。显然,在这样的仪器上,原来复杂的光学和机械投影将由计算方法取代,称为数字投影,这便是解析测图仪。

3.4.1 解析测图仪概述

1. 解析测图仪的基本组成部分

解析测图仪可认为是由硬件和软件两大部分组成的,两者缺一不可。硬件是实现解析测图仪功能的基础,它主要由一台精密立体坐标量测仪、一台电子计算机、一张数控绘图桌和相应的接口设备组成。解析测图仪的软件是非常重要的部分,它能具体地实现各种功能,并把它们组织成有意义的动态过程,软件在很大程度上决定着解析测图仪的性能。解析测图仪的基本组成部分如图 3-16 所示。

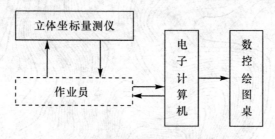

图 3-16 解析测图仪基本组成

精密立体坐标量测仪为立体观察和立体量测的部件;电子计算机为解析测图仪的核心,它实现解析测图仪的实时计算,并完成各种摄影测量作业的有关计算;数控绘图桌在电子计算机控制下,自动绘出地形图和其他各种图件。为了实现电子计算机与立体坐标量测仪和数控绘图桌的连接与信息沟通,还需利用接口设备和其他控制部件。

作业员对解析测图仪的操作除了一般模拟测图仪上的手轮、脚盘外，还可以通过电子计算机的终端和专用面板或键盘等部件来进行。

解析测图仪的量测结果首先以数字形式存贮在计算机中，通过必要的格式转换，可进入测量数据库或地理信息系统。

2. 解析测图仪的特点

与各种模拟测图仪比较，解析测图仪有下列明显的优点：

(1) 精度高。由于解析测图仪光机部分构造简单，机械传动少，易于做成稳定的结构，对于来自摄影过程中的像差、像片材料变形及仪器机械部分的系统误差等都可通过计算机软件加以改正，偶然误差的影响也可通过平差法配置，因而仪器的量测精度可达 $2\mu m$ 左右。

(2) 功能强。采用数字解算。具有很大的灵活性，可以方便地进行数字模型、纵横断面和等高线量测，并输出数字的或图解的成果，是获取地理基础信息的主要方法。另外，数字解法不受摄影方式、摄影主距和外方位元素等方面的限制，故除常规摄影的测图外，还可处理交向摄影、全景摄影、非量测相机的像片及遥感图像资料。

(3) 效率高。因为是电子计算机控制，在定向过程中可自动驱动到标准点位观测，或对已测过的像对恢复像对的方位，在观测过程中及时地发现观测粗差，减少空中三角测量的返工。另外，使用键盘及屏幕终端，可以进行人机对话，输入简单的命令就可以完成一连串烦琐冗长的操作，大大缩短测图辅助性操作的时间，提高总生产率。

(4) 具有机助绘图功能，使测图过程半自动化。测图时，作业员只需在仪器上观测，成果记录和地形图绘制等工作则由计算机控制和发挥软件的功能来自动完成。

(5) 便于实现测图自动化。如果在解析测图仪的基础上，增加影像相关设备，代替人眼的立体观测，就形成了在线方式的自动化测图系统。

(6) 便于建立地图数据库。在解析测图仪上所取得的量测成果如点位、等高线等的量测，不仅可以通过电子绘图桌以图解的方式输出，而且还可以存储起来。另外，通过断面扫描还可专门采集数字高程模型的数据点以及制作正射影像的数据。这些数据经过相应的计算机软件处理，即可用于建立地图数据库。

3. 解析测图仪的软件

解析测图仪的软件通常分成操作系统和摄影测量软件两部分。

Ⅰ. 计算机操作系统

这是由计算机厂家提供的软件，它在计算机运行过程中担负着一系列的任务，如指令收集与执行、内存管理、文件编辑、程序编译与运行控制、外围设备触发等。

解析测图仪的全部应用程序都必须依赖于操作系统的支持,用户扩展程序也要通过操作系统。因此,操作系统的性能在很大程度上影响着解析测图仪的总性能。良好的操作系统能使仪器效率高、灵活性强、易于使用。

Ⅱ. 摄影测量软件

这是专门为摄影测量目的制作的软件,其功能在于被测像对的数字立体模型的建立和利用这个模型完成各项量测任务。这部分软件又包括实时程序和应用程序两部分。

(1) 实时程序

无论哪一种解析测图仪都有一系列的数学运算,如各种坐标之间的转换,各项误差的改正等,所有这些运算和像片架的伺服系统驱动像片的动作都必须在短于 $1/30s$ 的时间内完成。只有这样,才能保证在操作员的立体观测中不会觉察到模型闪跳,这样一类的运算,其时间性的要求很强,就设计为实时程序。又因这部分运算在解析测图仪的总工作量中占绝大部分,因而它对解析测图仪的效率关系极大。因此必须设计得十分精巧,要求数学模型正确,通信效率高,优先结构严密。在解析测图仪工作过程中,实时程序不是由人工操作的,而是由机器按一定的周期自动启动的。

实时程序一般用汇编语言编成,由解析测图仪厂家提供。

(2) 应用程序

这部分程序一般用高级语言编写。在实际工作过程中,应用程序由作业员操作运行,用户在必要时也可对应用程序进行功能扩充或修改。应用程序的主要功能如下:

① 内定向。在解析测图仪上像片是任意安放在像片架上的。像片坐标与像片架坐标间的关系依靠内定向软件来建立。通过量测 4 个(或 8 个)框标点的像片架坐标(其像片坐标认为是理论值),用最小二乘法解算就可求出内定向元素。

② 相对定向。该程序保证相对定向点半自动地观测。程序启动后,能自动依次地驱动车架到达通常的 6 个标准点位,作业员每次只需消除观察点处的上下视差,用按钮将它们记入计算机。全部点位观测完毕后,计算机就用最小二乘法解算定向方程,并显示出定向参数和各点位的余差,由作业员判定是否需要重测。

③ 绝对定向。该程序用以解求绝对定向参数。预先输入地面控制点坐标值。操作过程中立体切准控制点,记入控制点观测的模型坐标,然后按最小二乘法解算定向方程,输出定向参数。

④ 模型存贮与恢复。该程序把确定模型的各个参数以及有关数据存贮起

来,以后需要时,可根据这些参数精确地恢复出原来的模型,甚至可以在同类型的另一台仪器上恢复,这些也是解析测图仪的一个优点。因此,凡进行过空中三角测量的像片,在测图过程中,应用这一程序就可以省去再一次相对定向和绝对定向的操作。

⑤ 点观察。此程序的作用是输入像片坐标或模型坐标或地面坐标后,观测时就能自动驱动到指定的观察点位。此程序的另一优点是检测已观测过的点时,不会产生找错点的现象。

⑥ 数字高程模型(DEM)采集。在这个程序的控制下,测标可以沿着 XY 平面上任意给定的轨迹移动,而作业员只需控制 Z 方向使测标切准模型和掌握扫描的开启和停止。扫描观测的数据可按规定的格式记录下来。扫描的方式(轨迹和间隔)可以根据地形情况及用途,由操作者选定。

⑦ 面积、体积和矢量计算。在该程序状态下依次观测一系列的点,计算机便可以计算出任意两指定点间的矢量及由若干点所圈起来的图形的面积、体积。

⑧ 空中三角测量。利用解析测图仪可以进行在线空中三角测量,它较普通离线空中三角测量具有速度快、易于保证精度并可免除粗差等优点。

3.4.2 解析测图仪的工作原理

解析测图仪有两种方式来实现数字投影的运算:一是输入物点的空间坐标,求出相应像点坐标;一是输入像点坐标,求出相应物点的空间坐标。其中前者在实际应用中更加普遍。而在输入物方空间坐标中,尤以输入模型坐标最为常见。下面以输入模型坐标、计算像点坐标方式为例,简述解析测图仪的工作原理(如图3-17所示)。

由模型坐标 X,Y,Z 换算到像点坐标的基本公式是三点共线方程式:

$$\left. \begin{array}{l} x = -f \dfrac{a_1(X-X_S)+b_1(Y-Y_S)+c_1(Z-Z_S)}{a_3(X-X_S)+b_3(Y-Y_S)+c_3(Z-Z_S)} \\ y = -f \dfrac{a_2(X-X_S)+b_2(Y-Y_S)+c_2(Z-Z_S)}{a_3(X-X_S)+b_3(Y-Y_S)+c_3(Z-Z_S)} \end{array} \right\}$$

式中:航摄像片的外方位元素 X_S,Y_S,Z_S 和 φ,ω,κ(或者方向余弦 a_i,b_i,c_i)是在像片经内定向、相对定向和绝对定向之后求出的。计算出的像点坐标 x,y 为像空间直角坐标系的数值。

测图过程中,作业员通过键盘把摄影机主距、底片收缩系数、物镜畸变差、地球曲率和折光差以及其他测图中必要的数据输入到计算机中。像对安装在具有光学机械基本装置的左右像片盘上,用测标逐次对准每个框标,计算机用数学方

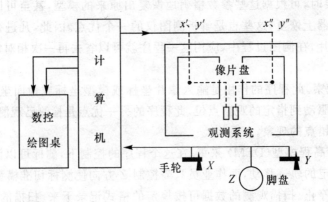

图 3-17　解析测图仪工作原理

式建立正确的内定向,确定出每张像片的像主点位置以及像片坐标系与仪器架坐标系之间的转换参数。量测出像对的相对定向和绝对定向点的像点坐标之后,由计算机按设计好的相对定向和绝对定向运算程序解求出定向元素,存储备用。模型的观察和量测是通过观测系统进行的,作业员操纵手轮和脚轮将欲测模型点的坐标 X,Y,Z 输入到计算机中,计算机先按共线方程算出理论的像点坐标,在顾及像点的各项改正以后,转换为实际的像点坐标以及仪器架坐标,再由伺服系统对两张像片控制移动,驱动像片框作 y 方向运动和目镜光学系统作 x 方向运动,以达到测标对准相应的模型点的目的。与此同时,要进行模型坐标与地面测量坐标间的换算,其中还要顾及地球曲率与大气折光的改正。联机绘图作业时,还要实时地进行模型坐标与图面坐标的换算,并由伺服系统驱动绘图笔绘图。当把脚轮 Z 安置在某一根等高线高程的相应数值时,转动手轮 X 和 Y,两像片盘就由伺服系统实时地控制移动。只要保持测标在模型表面上运动,在绘图桌上就可绘出相应的等高线。

由上述原理可知,在解析测图仪结构中,电子计算机、接口设备以及精密立体坐标量测仪总是以联机方式工作的,用以实现反馈功能。而数控绘图桌用"连线"与"离线"两种方式均可运行。

3.5　数字摄影测量测图方法概述

为能利用摄影测量方法获取地面目标的几何信息,首先必须对影像进行量测。无论在模拟摄影测量阶段,还是解析摄影测量阶段,量测工作均需要人工进行。例如，在立体坐标量测仪上进行像点坐标的立体量测，或在模拟测图仪上进行定向、测绘地物与地貌时，都需要人眼在立体观察情况下使左右测标对准左右同名像点。

随着现代科学技术，特别是电子计算机技术的发展，摄影测量工作者一直在研究如何用计算机代替人完成一些摄影测量任务，如同名像点的量测及建立立体模型等。这就是数字化自动测图的重要内容。

数字化测图是目前使用最广泛并仍在继续发展之中的一种测图方法。所用的仪器（和软件一起）称为数字摄影测量系统，由像片数字化仪、计算机、输出设备及摄影测量软件系统组成。透明底片或像片经数字化以后，转变成数字形式的影像，利用数字相关技术，代替人眼观察，自动寻找同名像点并量测坐标。采用解析计算的方法，建立数字立体模型，由此建立数字高程模型，自动绘制等高线，制作正射影像图，提供地理基础信息等。整个过程除少量人机交互外，全部自动化完成。

自动化测图的研究可追溯到 20 世纪 30 年代，但到 1950 年，才由美国工程兵研究发展实验室与 Gausch and Lomb 光学仪器公司合作研制了第一台自动测图仪，它是将像片上的灰度信号转化为电信号，利用电子相关技术实现自动化量测。由于相关技术中信号的相乘、积分以及滤波、傅立叶变换均可利用光学方法得以实现，因而在自动化测图中提出了光学相关的方法。随着计算机技术的发展，将电信号转变成数字信号，由计算机来实现相关运算，这种方法称为数字相关。60 年代初美国研制的自动解析测图仪 SA-11B-X 及 RASTER 均利用了数字相关技术。到 80 年代，对数字相关的研究占了统治地位。

利用数字灰度信号，采用数字相关技术量测同名像点，在此基础上通过解析计算，进行相对定向和绝对定向，建立数字立体模型，从而建立数字高程模型（见第 6 章）、绘制等高线、制作正射影像图（见第 7 章）以及为地理信息系统提供基础信息等，这就是数字摄影测量。由于整个过程都是以数字形式在计算机中完成的，因而又称为全数字化摄影测量。

实现数字影像自动测图的系统称为数字摄影测量系统 DPS(digital photogrammetric system) 或数字摄影测量工作站 DPW(digital photogrammetric workstation)。这种系统不同于其他自动化测图仪，它既没有模拟测图仪，也没有解析测图仪。它实质上是一个普通的计算机影像数据处理系统，其硬件设备就是影像数字化器、影像或图形输出装置及电子计算机，而由事先编制好的置于计算机中的软件系统来完成各种摄影测量处理工作。因此，这种系统的功能主要取决于计算机及软件系统的功能。在研究的初期，所用的计算机主要是小型计算机，软件的功能也局限于完成传统的摄影测量工作。随着微型计算机功能的不断完善,目前已改为主要利用微机或工作站作为主计算机,软件系统的功能也在不断完善。1988年在日本京都召开第16届国际摄影测量与遥感大会期间,展出了以DSP1为代表的数字摄影测量工作站,标志着数字摄影测量在迅速发展。但这些工作站还是属于数字摄影测量工作站概念的体现。到1992年在美国华盛顿召开第17届国际摄影测量与遥感大会期间,已经展出了一些较为成熟的产品,主要有:

① Helava 公司研制的 Leica 数字摄影测量工作站 DSW100,DPW610/650,710/750,DTW161/171;

② 德国 Zeiss 的 PHODIS;

③ 德国 Inpho 的 MATCHING-T;

④ INTERGRAPH 的 DPW;

⑤ TOPCON 的 PI-1000;

⑥ I^2S 的数字摄影测量工作站;

⑦ ERDAS 的 MATCH;

⑧ 加拿大 Laval 大学的 DVP(digital video plotter);

⑨ 中国原武汉测绘科技大学(现武汉大学)的 WuDAMS。

上述这些数字摄影测量系统的出现,标志着数字摄影测量正在走向实用,并步入摄影测量生产。

此后的四年内,数字摄影测量得到了迅速的发展。1996年在维也纳召开的第18届ISPRS大会上,已有19套数字摄影测量系统参加了展示,其中最具代表性的系统有:

① Leica 公司的 Helava 扫描仪 DSW300 与工作站 DPW770;

② Intergraph 公司的扫描仪 AS1 与工作站 Integraphstation;

③ Zeiss 厂的扫描仪 SCA1 与工作站 PHODIS;

④ Vision International 公司的工作站 Microsoft;

⑤ Vaxel 的扫描仪 Vaxe 400;

⑥ 中国的 VirtuoZo。

这些系统基本上实现了摄影测量几何处理的自动化,并把 GPS 技术引入摄影测量,以确定摄影时刻影像的方位元素。

数字摄影测量系统之所以受到人们的广泛重视,是因为它的功能优越于解析测图仪,更远远超过了模拟测图仪。模拟时代的摄影测量作业大部分依赖于各种各样的摄影测量仪器,例如坐标量测仪、立体测图仪、纠正仪、正射投影仪,等等。每种仪器均各具不同的用途,其设计、结构、通用性、灵活性、精度、输入输出等亦各异。解析测图仪则前进了一大步,在一台解析测图仪上便可完成多种不同类型的任务;而数字摄影测量系统则又在解析测图仪的基础上前进了一大步,集各种功能于一体,且其应用范围也得到了极大的扩展。

数字摄影测量工作站除了能胜任解析测图仪可完成的一切任务外,还具有许多新的功能,如影像位移的去除、任意方式的纠正、反差的扩展、多幅影像的比较分析、图像识别、影像数字相关以及数据库的管理,等等;通过显示器还可观察数字图像以及框标、控制点、连接点、DEM 及其他所需特征;在空中三角测量中通过附加参数由自检校确定的系统误差的改正数可直接赋给图像,从而最终改善结果的精度;对非标准传感器数据可先变换成透视图像,然后用标准软件处理;易于实现用于整体检查和质量控制的图形显示或叠合,甚至进行立体显示;可对图像自动进行所需要的特征提取,并在此基础上进行双像、多像并带几何约束的匹配以及顾及邻元条件的多块匹配,进而生成数字正射影像、数字高程模型,或直接为机器人视觉系统服务等,而且唯有数字摄影测量系统具有实时数据获取和处理的能力。正是这种能力使它进入崭新的应用领域。

应当指出,目前数字摄影测量系统仍处于发展的时期,其自动化功能仅限于几何处理,即可以进行自动内定向、相对定向,自动建立数字高程模型、制作正射影像图,其他的工作仍采用半自动或人工的方式进行。特别是地物的测绘,目前几乎全部是人工交互方式。虽然已有关于道路和房屋等人工地物的自动、半自动提取研究成果的报道,但距离实用化还有一段距离。因此,为了提高数字摄影测量的自动化程度,必须加强对人工目标自动提取方法的研究。但限于当前科学技术发展的水平,半自动目标提取的功能乃是各摄影测量系统占有市场的重要因素。

关于数字化测图的原理与方法将在第 5 章以后作进一步介绍。

本章思考题

1. 什么叫人造立体视觉?人眼为什么能看出立体?
2. 人眼观察立体有哪三个基本条件?
3. 像片立体量测的目的是什么?用到的仪器有哪些?
4. 立体测图有哪几种方法?各有何特点?
5. 双像投影测图的基本原理是什么?
6. 模拟法立体测图的相对定向是怎样完成的?

7. 模拟法立体测图中，绝对定向的目的是什么？绝对定向至少需要几个地面控制点？为什么？

8. 什么是解析测图仪？以输入模型坐标为例，叙述解析测图仪的工作原理。

9. 与模拟测图仪相比，解析测图仪有哪些优点？

10. 数字摄影测量测图方法有何特点？

第4章 解析空中三角测量及其拓展

解析摄影测量的基本操作包括空间后方交会和空间前方交会,其中空间后方交会用于测定像片在空中的位置和姿态,而空间前方交会则是根据目标点在两张或两张以上像片上的像点坐标计算对应点的物方空间坐标。空间后方交会和空间前方交会常常融合于空中三角测量或区域网平差的过程中,以便同时解求像片的外方位元素和待定点的物方空间坐标。本章主要围绕解析法空中三角测量这个主题,首先介绍像点坐标系统误差改正的方法,然后介绍解析空中三角测量相关计算的数学模型和基本原理,包括单像空间后方交会、双像立体前方交会和模型点坐标计算的原理与方法。在此基础上,简单介绍解析法空中三角测量的常用方法,重点介绍光束法区域网平差的理论与方法和GPS辅助的空中三角测量及其应用。

4.1 像点坐标系统误差改正

摄影测量中的解析计算数学模型大多建立在理想成像几何的基础之上的,即在很多数学模型中没有考虑影响光线沿直线传播或造成像点坐标畸变的因素,或者假设像点坐标的畸变已经通过预处理的方法得到了有效的改正。这些有悖于严格数学模型的非随机误差被称为系统误差。为了使摄影测量解析计算能得到精确和可靠的结果,有必要根据造成系统误差的原因去探求系统误差的变化规律,并尽可能地在摄影测量解析计算之前对其进行改正。像点坐标的系统误差主要是由摄影材料的变形、摄影物镜畸变、大气折光以及地球曲率诸因素引起的,这些误差对每张像片的影响有相同的规律性,是系统误差。在像对的立体测图时,它们对成图的精度影响不大,然而在处理大范围的空中三角测量加密点以及高精度的解析和数字摄影测量时必须加以考虑,特别是对摄影材料的变形改正和摄影物镜畸变差的改正。本节主要介绍对像点坐标进行系统误差预改正的方法。

4.1.1 摄影材料变形改正

摄影材料的变形情况比较复杂,有均匀变形和不均匀变形,所引起的像点坐标位移可通过量测框标坐标或量测框标距来进行改正。

若量测了4个框标的坐标,可采用下式进行像点坐标改正:

$$\left.\begin{aligned} x' &= a_0 + a_1 x + a_2 y + a_3 xy \\ y' &= b_0 + b_1 x + b_2 y + b_3 xy \end{aligned}\right\} \quad (4-1)$$

式中:x,y 为像点坐标的量测值;

x',y' 为经改正的像点坐标值;

a_i,b_i 为待定参数。

将4个框标的理论坐标值和量测值代入式(4-1)中,可求得8个待定参数,然后再用式(4-1)即可计算得到经过摄影材料变形改正后的坐标。式(4-1)能同时顾及均匀和不均匀像片变形的改正。

若量测值为4个框标距,可采用以下变形改正公式:

$$x' = x \frac{L_x}{l_x}, \quad y' = y \frac{L_y}{l_y} \quad (4-2)$$

式中:x,y 和 x',y' 的含义同式(4-1);

L_x, L_y 及 l_x, l_y 分别是框标距的理论值和实际量测值。

实际上,在影像的内定向过程中已部分地顾及了影像变形误差的改正,所以,若像点坐标的量测包括了内定向步骤,也可不另作摄影材料的变形改正。

4.1.2 摄影机物镜畸变差改正

物镜畸变差包括对称畸变和非对称畸变,对称畸变差可用以下形式的多项式来表达:

$$\left.\begin{aligned} \Delta x &= -x(k_0 + k_1 r^2 + k_2 r^4) \\ \Delta y &= -y(k_0 + k_1 r^2 + k_2 r^4) \end{aligned}\right\} \quad (4-3)$$

式中:$r = \sqrt{x^2 + y^2}$ 是以像主点为极点的向径;

$\Delta x, \Delta y$ 为像点坐标改正数;

x,y 为像点坐标;

k_0, k_1, k_2 为物镜畸变差改正系数,由摄影机鉴定获得。

有关摄影物镜光学畸变差的鉴定方法在本教材的第2.8节已有介绍。

4.1.3 大气折光改正

图 4-1 为大气折光引起像点位移的示意图,地面上 P 点的正确构像位置应该在 p' 处,而实际构像位置在 p 处,两者之间的差距 d_r 即为由大气折光所引起的像点位移。

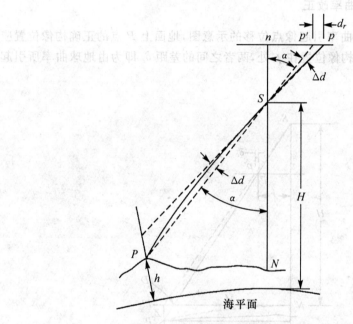

图 4-1 大气折光引起像点位移示意图

大气折光引起像点在辐射方向的改正为:

$$\mathrm{d}r = -\left(f + \frac{r^2}{f}\right) \cdot \Delta d \qquad (4\text{-}4a)$$

式中:

$$\Delta d = \frac{n_0 - n_H}{n_0 + n_H} \cdot \frac{r}{f} \qquad (4\text{-}4b)$$

式中:r 是以像底点为极点的向径,$r = \sqrt{x^2 + y^2}$;

f 为摄影机主距;

Δd 为折光差角;

n_0 和 n_H 分别为地面和高度 H 处的大气折射率,可由气象资料或大气模型获得。

那么,大气折光差引起的像点坐标的改正值为:

$$\mathrm{d}x = \frac{x}{r}\mathrm{d}r, \quad \mathrm{d}y = \frac{y}{r}\mathrm{d}r \tag{4-5}$$

式中:x,y 为大气折光改正以前的像点坐标。

4.1.4 地球曲率改正

图 4-2 为地球曲率引起像点位移的示意图,地面上 P 点的正确构像位置应该在 p' 处,而实际构像位置在 p 处,两者之间的差距 δ_e 即为由地球曲率所引起的像点位移。

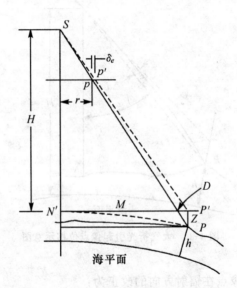

图 4-2 地球曲率引起像点位移示意图

由地球曲率引起像点坐标在辐射方向的改正为:

$$\delta_e = \frac{H}{2Rf^2}r^3 \tag{4-6}$$

式中:r 是以像底点为极点的向径,$r = \sqrt{x^2 + y^2}$;

f 为摄影机主距;

H 为摄站点的航高;

R 为地球的曲率半径。

像点坐标的改正分别为：

$$\left.\begin{aligned} \delta x &= \frac{x}{r}\delta_e = \frac{xHr^2}{2f^2R} \\ \delta y &= \frac{y}{r}\delta_e = \frac{yHr^2}{2f^2R} \end{aligned}\right\} \quad (4\text{-}7)$$

式中：x,y 为地球曲率改正以前的像点坐标。

最后，经摄影材料变形、摄影物镜畸变差、大气折光差和地球曲率改正后的像点坐标为：

$$\left.\begin{aligned} x &= x' + \Delta x + \mathrm{d}x + \delta x \\ y &= y' + \Delta y + \mathrm{d}y + \delta y \end{aligned}\right\} \quad (4\text{-}8)$$

式中：(x,y) 为经过各项系统误差改正后的像点坐标；

(x',y') 为经过摄影材料变形改正后的像点坐标；

$\Delta x,\Delta y$ 为物镜畸变差引起的像点坐标改正数；

$\mathrm{d}x,\mathrm{d}y$ 为大气折光引起的像点坐标改正数；

$\delta x,\delta y$ 为地球曲率引起的像点坐标改正数。

在本教材后续所介绍的摄影测量解析计算中，在未加说明的情况下，均认为像点坐标已经作过上述系统误差改正的处理。

4.2　单张像片的空间后方交会

如果我们知道每张像片的 6 个外方位元素，就能恢复航摄像片与被摄地面之间的相互关系，重建地面的立体模型，并利用立体模型提取目标的几何信息和物理信息。因此，如何获取像片的外方位元素，一直是摄影测量工作者关心的问题。其方法有：利用雷达、全球定位系统（GPS）、惯性测量装置（IMU）以及星相摄影机来获取像片的外方位元素。也可利用一定数量的地面控制点，根据共线方程，反求像片的外方位元素。这种方法称为单张像片的空间后方交会。

4.2.1　空间后方交会的基本方程

单像空间后方交会的基本思想是：以单幅影像为基础，从该影像所覆盖地面范围内若干控制点的已知地面坐标和相应点的像坐标量测值出发，根据共线条件方程，解求该影像在航空摄影时刻的 6 个外方位元素 $(X_S,Y_S,Z_S,\varphi,\omega,\kappa)$，如图 4-3 所示。

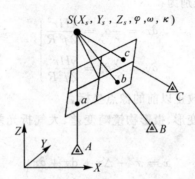

图 4-3　单像空间后方交会

空间后方交会的数学模型是共线方程,即中心投影的构像方程式:

$$\left.\begin{array}{l}x-x_0=-f\dfrac{a_1(X_A-X_S)+b_1(Y_A-Y_S)+c_1(Z_A-Z_S)}{a_3(X_A-X_S)+b_3(Y_A-Y_S)+c_3(Z_A-Z_S)}\\[2mm]y-y_0=-f\dfrac{a_2(X_A-X_S)+b_2(Y_A-Y_S)+c_2(Z_A-Z_S)}{a_3(X_A-X_S)+b_3(Y_A-Y_S)+c_3(Z_A-Z_S)}\end{array}\right\} \quad (4\text{-}9)$$

式(4-9)是非线性函数,为了便于计算,需按泰勒级数展开,取小值一次项,使之线性化,得

$$\left.\begin{array}{l}x=(x)+\dfrac{\partial x}{\partial X_S}\mathrm{d}X_S+\dfrac{\partial x}{\partial Y_S}\mathrm{d}Y_S+\dfrac{\partial x}{\partial Z_S}\mathrm{d}Z_S+\dfrac{\partial x}{\partial \varphi}\mathrm{d}\varphi+\dfrac{\partial x}{\partial \omega}\mathrm{d}\omega+\dfrac{\partial x}{\partial \kappa}\mathrm{d}\kappa\\[2mm]y=(y)+\dfrac{\partial y}{\partial X_S}\mathrm{d}X_S+\dfrac{\partial y}{\partial Y_S}\mathrm{d}Y_S+\dfrac{\partial y}{\partial Z_S}\mathrm{d}Z_S+\dfrac{\partial y}{\partial \varphi}\mathrm{d}\varphi+\dfrac{\partial y}{\partial \omega}\mathrm{d}\omega+\dfrac{\partial y}{\partial \kappa}\mathrm{d}\kappa\end{array}\right\} \quad (4\text{-}10)$$

式中:$(x),(y)$为函数的近似值,$\mathrm{d}X_S,\mathrm{d}Y_S,\mathrm{d}Z_S,\mathrm{d}\varphi,\mathrm{d}\omega,\mathrm{d}\kappa$为6个外方位元素的改正数,它们的系数为函数的偏导数。

为了求出式(4-10)中的各个偏导数,即误差方程式中各系数的值,在式(4-9)中引入下列符号:

$$\overline{X}=a_1(X_A-X_S)+b_1(Y_A-Y_S)+c_1(Z_A-Z_S)$$
$$\overline{Y}=a_2(X_A-X_S)+b_2(Y_A-Y_S)+c_2(Z_A-Z_S)$$
$$\overline{Z}=a_3(X_A-X_S)+b_3(Y_A-Y_S)+c_3(Z_A-Z_S)$$

或

$$\begin{bmatrix}\overline{X}\\ \overline{Y}\\ \overline{Z}\end{bmatrix}=\begin{bmatrix}a_1 & b_1 & c_1\\ a_2 & b_2 & c_2\\ a_3 & b_3 & c_3\end{bmatrix}\begin{bmatrix}X-X_S\\ Y-Y_S\\ Z-Z_S\end{bmatrix}=\boldsymbol{R}^{-1}\begin{bmatrix}X-X_S\\ Y-Y_S\\ Z-Z_S\end{bmatrix} \quad (4\text{-}11)$$

顾及式(4-11),则式(4-9)可以写成:

$$\left. \begin{array}{l} x - x_0 = -f\dfrac{\overline{X}}{\overline{Z}} \\ y - y_0 = -f\dfrac{\overline{Y}}{\overline{Z}} \end{array} \right\} \tag{4-12}$$

经推导,可得误差方程式(4-10)中各偏导数的值为:

$$\left. \begin{array}{l} a_{11} = \dfrac{\partial x}{\partial X_S} = \dfrac{1}{\overline{Z}}(a_1 f + a_3 x) \\ a_{12} = \dfrac{\partial x}{\partial Y_S} = \dfrac{1}{\overline{Z}}(b_1 f + b_3 x) \\ a_{13} = \dfrac{\partial x}{\partial Z_S} = \dfrac{1}{\overline{Z}}(c_1 f + c_3 x) \\ a_{21} = \dfrac{\partial y}{\partial X_S} = \dfrac{1}{\overline{Z}}(a_2 f + a_3 y) \\ a_{22} = \dfrac{\partial y}{\partial Y_S} = \dfrac{1}{\overline{Z}}(b_2 f + b_3 y) \\ a_{23} = \dfrac{\partial y}{\partial Z_S} = \dfrac{1}{\overline{Z}}(c_2 f + c_3 y) \\ a_{14} = y\sin\omega - \left[\dfrac{x}{f}(x\cos\kappa - y\sin\kappa) + f\cos\kappa\right]\cos\omega \\ a_{15} = -f\sin\kappa - \dfrac{x}{f}(x\sin\kappa + y\cos\kappa) \\ a_{16} = y \\ a_{24} = -x\sin\omega - \left[\dfrac{x}{f}(x\cos\kappa - y\sin\kappa) - f\sin\kappa\right]\cos\omega \\ a_{25} = -f\cos\kappa - \dfrac{y}{f}(x\sin\kappa + y\cos\kappa) \\ a_{26} = -x \end{array} \right\} \tag{4-13}$$

上述系数,当已知地面点的地面坐标及相应的像点坐标和摄影机主距时,给定外方位元素的近似值后,均可计算得出。

在竖直摄影情况下,角元素都是小角($<3°$),可用 $\varphi = \omega = \kappa = 0$ 及 $Z_A - Z_S = -H$ 代替,得到各系数的近似值:

$$\left. \begin{array}{lll} a_{11} = -\dfrac{f}{H}, & a_{12} = 0, & a_{13} = -\dfrac{x}{H} \\ a_{21} = 0, & a_{22} = -\dfrac{f}{H}, & a_{23} = -\dfrac{y}{H} \\ a_{14} = -f\left(1 + \dfrac{x^2}{f^2}\right), & a_{15} = -\dfrac{xy}{f}, & a_{16} = y \\ a_{24} = -\dfrac{xy}{f}, & a_{25} = -f\left(1 + \dfrac{y^2}{f^2}\right), & a_{26} = -x \end{array} \right\} \tag{4-14}$$

4.2.2 空间后方交会的误差方程和法方程

利用式(4-10)及相应的系数计算公式解求外方位元素时,有 6 个未知数,至少需要 6 个方程。由于每一对共轭点可列出两个方程,因此,若有 3 个已知地面控制点坐标,则可列出 6 个方程,解求 6 个外方位元素改正数 dX_S, dY_S, dZ_S, $d\varphi$, $d\omega$, $d\kappa$。测量中为了提高精度,常有多余观测方程。在空间后方交会中,通常是在像片的四个角上选取 4 个或更多的地面控制点,因而要用最小二乘法平差计算。

计算中,通常将控制点的地面坐标视为真值,而把相应的像点坐标视为观测值,加入相应的改正数 V_x, V_y,得 $x+V_x$, $y+V_y$,代入式(4-10)可列出每个点的误差方程式,其一般形式为:

$$V_x = \frac{\partial x}{\partial X_S}dX_S + \frac{\partial x}{\partial Y_S}dY_S + \frac{\partial x}{\partial Z_S}dZ_S + \frac{\partial x}{\partial \varphi}d\varphi + \frac{\partial x}{\partial \omega}d\omega + \frac{\partial x}{\partial \kappa}d\kappa + (x) - x$$

$$V_y = \frac{\partial y}{\partial X_S}dX_S + \frac{\partial y}{\partial Y_S}dY_S + \frac{\partial y}{\partial Z_S}dZ_S + \frac{\partial y}{\partial \varphi}d\varphi + \frac{\partial y}{\partial \omega}d\omega + \frac{\partial y}{\partial \kappa}d\kappa + (y) - y$$

或写成:

$$\left.\begin{aligned} V_x &= a_{11}dX_S + a_{12}dY_S + a_{13}dZ_S + a_{14}d\varphi + a_{15}d\omega + a_{16}d\kappa - l_x \\ V_y &= a_{21}dX_S + a_{22}dY_S + a_{23}dZ_S + a_{24}d\varphi + a_{25}d\omega + a_{26}d\kappa - l_y \end{aligned}\right\} \quad (4\text{-}15)$$

式中:

$$\left.\begin{aligned} l_x &= x - (x) = x + f\frac{a_1(X_A - X_S) + b_1(Y_A - Y_S) + c_1(Z_A - Z_S)}{a_3(X_A - X_S) + b_3(Y_A - Y_S) + c_3(Z_A - Z_S)} \\ l_y &= y - (y) = y + f\frac{a_2(X_A - X_S) + b_2(Y_A - Y_S) + c_2(Z_A - Z_S)}{a_3(X_A - X_S) + b_3(Y_A - Y_S) + c_3(Z_A - Z_S)} \end{aligned}\right\}$$

$$(4\text{-}16)$$

用矩阵形式表示为:

$$\boldsymbol{V} = \boldsymbol{AX} - \boldsymbol{l}$$

式中:

$$\boldsymbol{V} = [V_x \quad V_y]^\mathrm{T};$$

$$\boldsymbol{A} = \begin{bmatrix} a_{11} & a_{12} & a_{13} & a_{14} & a_{15} & a_{16} \\ a_{21} & a_{22} & a_{23} & a_{24} & a_{25} & a_{26} \end{bmatrix};$$

$$\boldsymbol{X} = [dX_S \quad dY_S \quad dZ_S \quad d\varphi \quad d\omega \quad d\kappa]^\mathrm{T};$$

$$\boldsymbol{l} = [l_x \quad l_y]^\mathrm{T}。$$

若有 n 个控制点,则可按式(4-15)列出 n 组误差方程式,构成总误差方程式:

$$\boldsymbol{V} = \boldsymbol{AX} - \boldsymbol{L} \quad (4\text{-}17)$$

式中：
$$V = [V_1 \quad V_2 \quad \cdots \quad V_n]^T;$$
$$A = [A_1 \quad A_2 \quad \cdots \quad A_n]^T;$$
$$L = [l_1 \quad l_2 \quad \cdots \quad l_n]^T。$$

根据最小二乘法间接平差原理，可列出法方程式：
$$A^T P A X = A^T P L$$

式中：P 为观测值的权矩阵，反映观测值的量测精度。对所有像点坐标的观测值，一般认为是等精度量测，则 P 为单位矩阵，由此得到未知数表达式：

$$X = (A^T A)^{-1} A^T L \tag{4-18}$$

从而求出外方位元素近似值的改正数 $dX_S, dY_S, dZ_S, d\varphi, d\omega, d\kappa$。

由于式(4-15)中的各系数取自泰勒级数展开式的一次项，而未知数的近似值往往是粗略的，因此计算必须通过逐渐趋近的方法，即用近似值与改正数的和作为新的近似值，重复计算过程，求出新的改正数，这样反复趋近，直到改正数小于某一限值为止，最后得出 6 个外方位元素的解：

$$\left. \begin{array}{l} X_S = X_{S0} + dX_{S1} + dX_{S2} + \cdots \\ Y = Y_{S0} + dY_{S1} + dY_{S2} + \cdots \\ Z = Z_{S0} + dZ_{S1} + dZ_{S2} + \cdots \\ \varphi = \varphi_0 + d\varphi_1 + d\varphi_2 + \cdots \\ \omega = \omega_0 + d\omega_1 + d\omega_2 + \cdots \\ \kappa = \kappa_0 + d\kappa_1 + d\kappa_2 + \cdots \end{array} \right\} \tag{4-19}$$

4.2.3 空间后方交会的计算过程

综上所述，空间后方交会的求解过程如下：

(1) 获取已知数据。从摄影资料中查取像片比例尺 $1/m$、平均航高、内方位元素 x_0, y_0, f；从外业测量成果中，获取控制点的地面测量坐标 X_t, Y_t, Z_t，并转化成地面摄影测量坐标 X_{tp}, Y_{tp}, Z_{tp}。

(2) 量测控制点的像点坐标。利用立体坐标量测仪量测控制点的像片框标坐标，并经像主点坐标改正，得到像点坐标 x, y。

(3) 确定未知数的初始值。在竖直摄影情况下，角元素的初始值为 0，即 $\varphi_0 = \omega_0 = \kappa_0 = 0$；线元素中，$Z_{S0} = H = mf$，$X_{S0}$、$Y_{S0}$ 的取值可用四个角上控制点坐标的平均值，即

$$X_{S0} = \frac{1}{4} \sum_{i=1}^{4} X_{tpi}, \quad Y_{S0} = \frac{1}{4} \sum_{i=1}^{4} Y_{tpi}$$

(4) 计算旋转矩阵 R。利用角元素的近似值计算方向余弦值,组成 R 阵。

(5) 逐点计算像点坐标的近似值。利用未知数的近似值按共线方程式(4-9)计算控制点像点坐标的近似值$(x),(y)$。

(6) 组成误差方程式。逐点计算误差方程式的系数和常数项。

(7) 组成法方程式。计算法方程的系数矩阵 $A^T A$ 与常数项 $A^T L$。

(8) 解求外方位元素。根据法方程,按式(4-18)解求外方位元素改正数,并与相应的近似值求和,得到外方位元素新的近似值。

(9) 检查计算是否收敛。将求得的外方位元素的改正数与规定的限差比较,小于限差则计算终止;否则用新的近似值重复步骤(4)~(8)的计算,直到满足要求为止。

4.2.4　空间后方交会的精度

估算各未知数的精度可以通过法方程系数矩阵求逆的方法,解出其相应的权倒数 Q_{ii},按下式计算未知数的中误差:

$$m_i = m_0 \cdot \sqrt{Q_{ii}} \tag{4-20}$$

式中:m_0 称为单位权中误差,计算公式为:

$$m_0 = \pm \sqrt{\frac{[VV]}{2n-6}} \tag{4-21}$$

这里,n 表示控制点的总数。

4.3　立体像对的空间前方交会

应用单像空间后方交会求得像片的外方位元素后,欲由单张像片上的像点坐标反求相应地面点的空间坐标,仍然是不可能的。因为,根据单个像点及其相应像片的外方位元素只能确定地面点所在的空间方向。而使用立体像对上的同名像点,就能得到两条同名射线在空间的方向,这两条射线在空间一定相交,其相交处必然是该地面点的空间位置。从共线方程式(2-14)也可以说明这个问题。在未知点的两个联立方程式中有3个未知数,即地面坐标 X_A, Y_A, Z_A(下标 A 表示任一点),由未知点在一张像片上的像点坐标 x, y 只能列出两个方程;使用立体像对上两同名像点的坐标 x_1, y_1, x_2, y_2,即可列出 4 个方程式,从而求出 3 个未知数。

立体像对与所摄地面存在一定的几何关系,这种关系可以用数学表达式来描述。设在空中 S_1 和 S_2 两个摄站点对地面进行摄影,获得一个立体像对,如图

4-4 所示。任一地面点 A 在该像对的左右像片上构像为 a_1 和 a_2。现已知两张像片的内、外方位元素，设想将像片按内、外方位元素值置于摄影时的位置，显然同名射线 S_1a_1 与 S_2a_2 必然交于地面点 A。这种由立体像对中两张像片的内、外方位元素和像点坐标来确定相应地面点的地面坐标的方法，称为空间前方交会。

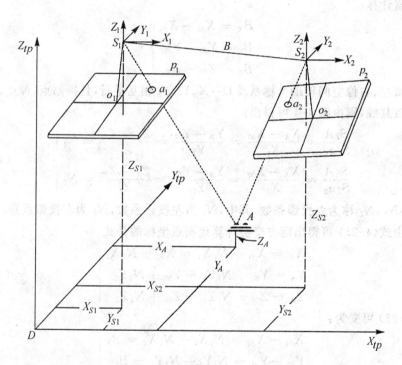

图 4-4 立体像对的空间前方交会

为了确定像点与其对应地面点的数学关系，按外方位元素的定义，在地面建立地面摄影测量坐标系 $D-X_{tp}Y_{tp}Z_{tp}$，X_{tp} 轴与航向基本一致，且 $X_{tp}Y_{tp}$ 面水平。过左摄站点 S_1 作一像空间坐标系 $S_1-X_1Y_1Z_1$，其轴分别与 $D-X_{tp}Y_{tp}Z_{tp}$ 轴平行；同样过摄站点 S_2 也作一像空间辅助坐标系 $S_2-X_2Y_2Z_2$，其轴也分别与 $D-X_{tp}Y_{tp}Z_{tp}$ 平行。

设地面点 A 在 $D-X_{tp}Y_{tp}Z_{tp}$ 中的坐标为 (X_A, Y_A, Z_A)，相应的像点 a_1, a_2 的像空间坐标为 $(x_1, y_1, -f), (x_2, y_2, -f)$，像空间辅助坐标为 (X_1, Y_1, Z_1)，(X_2, Y_2, Z_2)，则有

$$\begin{bmatrix} X_1 \\ Y_1 \\ Z_1 \end{bmatrix} = \boldsymbol{R}_1 \begin{bmatrix} x_1 \\ y_1 \\ -f \end{bmatrix}, \quad \begin{bmatrix} X_2 \\ Y_2 \\ Z_2 \end{bmatrix} = \boldsymbol{R}_2 \begin{bmatrix} x_2 \\ y_2 \\ -f \end{bmatrix} \tag{a}$$

式中：$\boldsymbol{R}_1,\boldsymbol{R}_2$ 为由已知的外方位角元素计算的左、右像片旋转矩阵。右摄站点 S_2 在 $S_1-X_1Y_1Z_1$ 中的坐标，即摄影基线 B 的三个坐标分量 B_X,B_Y,B_Z 可由外方位线元素计算：

$$\left. \begin{aligned} B_X &= X_{S2} - X_{S1} \\ B_Y &= Y_{S2} - Y_{S1} \\ B_Z &= Z_{S2} - Z_{S1} \end{aligned} \right\} \tag{b}$$

因左、右像空间辅助坐标系及 $D-X_{tp}Y_{tp}Z_{tp}$ 相互平行，且摄站点、像点、地面点三点共线，则由图 4-4 可得出：

$$\left. \begin{aligned} \frac{S_1A}{S_1a_1} &= \frac{X_A-X_{S1}}{X_1} = \frac{Y_A-Y_{S1}}{Y_1} = \frac{Z_A-Z_{S1}}{Z_1} = N_1 \\ \frac{S_2A}{S_2a_2} &= \frac{X_A-X_{S2}}{X_2} = \frac{Y_A-Y_{S2}}{Y_2} = \frac{Z_A-Z_{S2}}{Z_2} = N_2 \end{aligned} \right\} \tag{4-22}$$

式中：N_1,N_2 称为点投影系数。其中，N_1 为左投影系数，N_2 为右投影系数。

由式(4-22)可得出前方交会计算地面点坐标的公式：

$$\left. \begin{aligned} X_A &= X_{S1} + N_1X_1 = X_{S2} + N_2X_2 \\ Y_A &= Y_{S1} + N_1Y_1 = Y_{S2} + N_2Y_2 \\ Z_A &= Z_{S1} + N_1Z_1 = Z_{S2} + N_2Z_2 \end{aligned} \right\} \tag{4-23}$$

式(4-23)可变为：

$$\left. \begin{aligned} X_{S2} - X_{S1} &= N_1X_1 - N_2X_2 = B_X \\ Y_{S2} - Y_{S1} &= N_1Y_1 - N_2Y_2 = B_Y \\ Z_{S2} - Z_{S1} &= N_1Z_1 - N_2Z_2 = B_Z \end{aligned} \right\}$$

上式一、三两式联立求解，可得到

$$\left. \begin{aligned} N_1 &= \frac{B_XZ_2 - B_ZX_2}{X_1Z_2 - X_2Z_1} \\ N_2 &= \frac{B_XZ_1 - B_ZX_1}{X_1Z_2 - X_2Z_1} \end{aligned} \right\} \tag{4-24}$$

式(4-23)及式(4-24)即为立体像对的空间前方交会公式。

综上所述，空间前方交会的计算步骤为：

(1) 由已知的外方位角元素及像点坐标，根据式(a)计算像空间辅助坐标。

(2) 由外方位线元素，按式(b)计算摄影基线分量 B_X,B_Y,B_Z。

(3) 由式(4-24)计算投影系数 N_1, N_2。

(4) 由式(4-23)计算地面点的地面摄影测量坐标。

由于 N_1 和 N_2 系由式(4-23)中第一、三两式求出,所以由式(4-23)计算地面坐标时 Y_A 应取平均值,即

$$Y_A = \frac{1}{2}[(Y_{S1} + N_1 Y_1) + (Y_{S2} + N_2 Y_2)] \tag{c}$$

本节的开头部分已经提到,立体像对的空间前方交会还可直接利用共线方程求解。在图 4-4 中左右影像的内外方位元素均已知的情况下,对于左右影像上的一对同名点 a_1 和 a_2,可根据共线方程(2-14)列出 4 个线性误差方程式,而未知数只有 3 个,即所求点的物方空间坐标 (X_A, Y_A, Z_A),故可以用最小二乘法解求。若 n 幅重叠影像中含有同一个地面点,则可列出共 $2n$ 个误差方程式,解求 X_A, Y_A, Z_A 三个未知数,这属于多片前方交会的范畴。

基于共线方程的空间前方交会是一种严格的、不受影像数约束的空间前方交会方法,由于是解线性方程组,故也不需要空间坐标的初值。进一步的内容在本章 4.8 节中还会有所涉及。

4.4 影像的内定向

摄影测量中常取用以像主点为原点的像平面坐标来建立像点与地面点的坐标关系。而在传统摄影测量中,是将像片放到仪器承片盘上进行量测,此时量测所得的像点坐标是像片架坐标或仪器坐标,它随后需利用平面相似变换等公式,将像片架坐标变换为以像主点为原点的像平面坐标系中的坐标。通常称该变换为影像内定向。

当在计算机上以数字形式量测像点坐标时,对于数字化的影像,由于在像片扫描数字化过程中,像片在扫描仪上的位置通常是任意放置的,即像片的扫描坐标系与像平面坐标系一般不平行,且坐标原点也不同,如图 4-5 所示,因而此时所量测的像点坐标也存在着从扫描坐标到像片坐标转换的问题,这同样是影像内定向。

内定向问题需要借助影像的框标来解决。现代航摄仪一般都具有 4~8 个框标。位于影像四边中央的为机械框标,位于影像四角的为光学框标,它们一般均对称分布。为了进行内定向,必须量测影像上框标点的像片架坐标或扫描坐标,然后根据量测相机的检定结果所提供的框标理论坐标(传统摄影测量中也用框标距理论值),用解析计算的方法进行内定向,从而获得所量测各点的影像坐标。

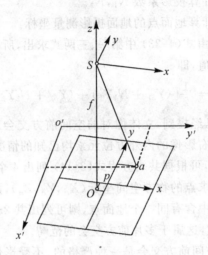

图 4-5 像平面坐标与扫描坐标

如果量测所得的框标构像的仪器坐标或扫描坐标为 (x',y')，并已知它们的理论影像坐标为 (x,y)，则可在解析内定向过程中，一方面将量测的坐标归算到所要求的像平面坐标系，另一方面也可部分地改正底片变形误差和光学畸变差。

内定向通常采用多项式变换公式进行，用矩阵表示的一般形式为：

$$x = Ax' + t$$

其中 x' 为量测所得的像点坐标或扫描坐标，x 为变换后的像点坐标，A 为变换矩阵，t 为变换参数。常采用的多项式变换公式有：

(1) 线性正形变换公式（4 个参数）

$$\begin{aligned} x &= a_0 + a_1 x' - a_2 y' \\ y &= b_0 + a_2 x' + a_1 y' \end{aligned} \quad (4\text{-}25)$$

(2) 仿射变换（6 个参数）

$$\begin{aligned} x &= a_0 + a_1 x' + a_2 y' \\ y &= b_0 + b_1 x' + b_2 y' \end{aligned} \quad (4\text{-}26)$$

(3) 双线性变换公式（8 个参数）

$$\begin{aligned} x &= a_0 + a_1 x' + a_2 y' + a_3 x' y' \\ y &= b_0 + b_1 x' + b_2 y' + b_3 x' y' \end{aligned} \quad (4\text{-}27)$$

(4) 投影变换（8 个参数）

$$\begin{aligned} x &= a_0 + a_1 x' + a_2 y' + a_3 x'^2 + b_3 x' y' \\ y &= b_0 + b_1 x' + b_2 y' + b_3 y'^2 + a_3 x' y' \end{aligned} \quad (4\text{-}28)$$

在实际作业中,若仅量测 3 个框标,则采用式(4-25);若量测了 4 个框标,则用仿射变换式(4-26);只有量测了 8 个框标时,才宜用式(4-27)和式(4-28)进行内定向。

需要说明的是,对于用数字相机直接获取的数字影像,不存在内定向的问题,可直接用于像点坐标的量测和后续处理。

至于内定向过程中的像点变形误差改正,严格的方法是利用格网摄影机,即在承影面位置上装上带有精密方形格网的玻璃板,在摄影的同时格网一并成像在像片上。在进行像点坐标量测时,需同时量测全部格网点的坐标,然后采用高次正形变换或三次多项式来测定所有格网点处的像点变形误差。深入的研究还可以区分系统误差和偶然误差的大小,但由于此方法会使量测工作量成倍地增加,且格网的构像会妨碍立体观测,所以,目前格网摄影机的应用并不广泛。

4.5 立体像对的解析相对定向

利用空间后方交会求得的像片外方位元素是描述像片在摄影瞬间的绝对位置和姿态的参数,即是一种绝对方位元素。若能同时恢复立体像对中两张像片的外方位元素,即可重建被摄地面的立体模型,恢复立体模型的绝对位置和姿态。

摄影测量中,上述过程可以通过另一途径来完成。首先暂不考虑像片的绝对位置和姿态,而只恢复两张像片之间的相对位置和姿态,这样建立的立体模型称为相对立体模型,其比例尺和方位均是任意的;然后,在此基础上,将两张像片作为一个整体进行平移、旋转和缩放,达到绝对位置。这种方法称为相对定向和绝对定向。

用于描述两张像片相对位置和姿态关系的参数,称为相对定向元素。用解析计算的方法解求相对定向元素的过程,称为解析法相对定向。由于不涉及像片的绝对位置,因此,相对定向只需要利用立体像对内在的几何关系来进行,不需要地面控制点。

4.5.1 解析相对定向元素

相对定向元素是描述立体像对中两张像片的相对位置和姿态关系的元素。为便于讨论,首先对左右两张像片选定同一个像空间辅助坐标系,然后仿照外方位元素的定义,引入"相对方位元素"概念,即将像片在选定的像空间辅助坐标系中的位置(用摄影中心 S 的坐标 X_S,Y_S,Z_S 表示)和姿态(像片的姿态角,用 φ, ω,κ 表示)定义为像片的相对方位元素。坐标系的选择通常有两种形式:连续像对相对定向坐标系和单独像对相对定向坐标系,相应的相对定向元素分为连续像对相对定向元素和单独像对相对定向元素。

1. 连续像对相对定向元素

连续像对相对定向是以左方像片为基准,求出右方像片相对于左方像片的相对方位元素。选定像空间辅助坐标系 $S_1-X_1Y_1Z_1$,使得左像片在 $S_1-X_1Y_1Z_1$ 中的相对方位元素均为已知值。为简便讨论,以左像片的像空间坐标系作为像空间辅助坐标系,如图 4-6 所示。此时,左、右像片的相对方位元素为:

左像片:$X_{S1}=0, Y_{S1}=0, Z_{S1}=0, \varphi_1=\omega_1=\kappa_1=0$

右像片:$X_{S2}=b_x, Y_{S2}=b_y, Z_{S2}=b_z, \varphi, \omega, \kappa$

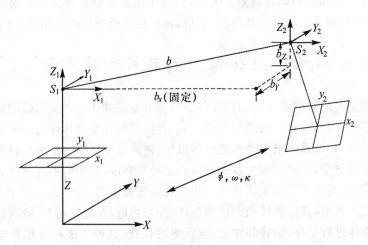

图 4-6 连续像对相对定向元素

由于 b_x 只影响相对定向后建立的模型大小,而不影响模型的建立,因此,相对定向需要解求的元素只有 5 个,即 $b_y, b_z, \varphi, \omega, \kappa$,称为连续像对相对定向元素。

2. 单独像对相对定向元素

单独像对相对定向是以摄影基线作为像空间辅助坐标系的 X 轴,以左摄影中心 S_1 为原点构成右手直角坐标系 $S_1-X_1Y_1Z_1$,如图 4-7 所示。此时,左、右像片的相对方位元素分别为:

左像片:$X_{S1}=0, Y_{S1}=0, Z_{S1}=0, \varphi_1, \omega_1=0, \kappa_1$

右像片:$X_{S2}=b_x=b, Y_{S2}=b_y=0, Z_{S2}=b_z=0, \varphi_2, \omega_2, \kappa_2$

同样,b 只涉及模型比例尺,不影响模型建立,因此,单独像对相对定向元素有 5 个:$\varphi_1, \kappa_1, \varphi_2, \omega_2, \kappa_2$。

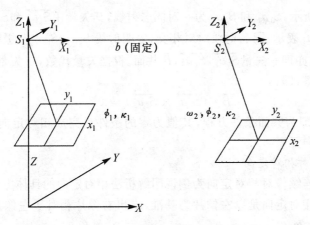

图 4-7　单独像对相对定向元素

4.5.2　解析相对定向原理

从两个摄站对同一地面摄取一个立体像对时,同名射线对对相交于地面点,见图 4-8。此时,若保持两张像片之间相对位置和姿态关系不变,两张像片整体移动时,同名射线对对相交的特性也不会发生变化。反过来,若完成了相对定向,恢复两张像片的相对定向元素,就能实现同名射线对对相交,建立相对立体模型。因此,同名射线对对相交是相对定向的理论基础。

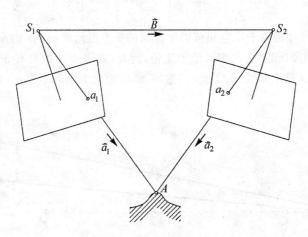

图 4-8　同名射线对对相交

1. 相对定向的共面条件

如图 4-8 所示，S_1a_1 和 S_2a_2 为一对同名射线，其矢量用 $\overrightarrow{S_1a_1}$ 和 $\overrightarrow{S_2a_2}$ 表示，摄影基线矢量用 $\vec{B}$ 表示。同名射线对对相交，表明射线 S_1a_1，S_2a_2 及摄影基线 B 位于同一平面内，亦即三矢量 $\overrightarrow{S_1a_1}$，$\overrightarrow{S_2a_2}$，$\vec{B}$ 共面。根据矢量代数，三矢量共面，它们的混合积等于零，即：

$$\vec{B} \cdot (\overrightarrow{S_1a_1} \times \overrightarrow{S_2a_2}) = 0 \tag{4-29}$$

式(4-29)即为共面条件方程，其值为零的条件是完成相对定向的标准，用于解求相对定向元素。

2. 连续像对相对定向

下面仅以连续像对相对定向为例说明解析法相对定向的具体方法。

连续像对相对定向是以左像片为基准，求出右像片相对于左像片的 5 个定向元素 $b_y, b_z, \varphi, \omega, \kappa$。

如图 4-6 所示，假设左、右像片同名点 a_1, a_2 在各自的像空间辅助坐标系中的坐标分别为 (X_1, Y_1, Z_1) 和 (X_2, Y_2, Z_2)，S_2 在 $S_1 - X_1Y_1Z_1$ 中的坐标为 (b_x, b_y, b_z)，则共面条件方程(4-29)可以用坐标表示为如下形式：

$$F = \begin{vmatrix} b_x & b_y & b_z \\ X_1 & Y_1 & Z_1 \\ X_2 & Y_2 & Z_2 \end{vmatrix} = 0 \tag{4-30}$$

式中：

$$\begin{bmatrix} X_1 \\ Y_1 \\ Z_1 \end{bmatrix} = \begin{bmatrix} x_1 \\ y_1 \\ -f \end{bmatrix}, \quad \begin{bmatrix} X_2 \\ Y_2 \\ Z_2 \end{bmatrix} = R \begin{bmatrix} x_2 \\ y_2 \\ -f \end{bmatrix}$$

其中：R 是右像片相对于像空间辅助坐标系的 3 个角元素 φ, ω, κ 的函数。由于 b_x 只涉及模型比例尺，相对定向中可给予定值，因此，式(4-30)中只有 5 个相对定向元素 $b_y, b_z, \varphi, \omega, \kappa$ 是未知数。为了统一，常将 b_y, b_z 也化为角元素表示，如图 4-9 所示。

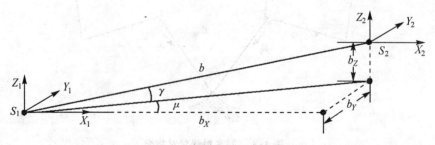

图 4-9 基线分量的角度表示

由图4-9可以看出：

$$\left.\begin{array}{l} b_y = b_x \cdot \tan\mu \approx b_x \cdot \mu \\ b_z = \tan\gamma \cdot \dfrac{b_x}{\cos\mu} \approx b_x \cdot \gamma \end{array}\right\} \quad (4\text{-}31)$$

上式为取一次小项的近似值。将式(4-31)代入式(4-30)，得

$$F = b_x \begin{vmatrix} 1 & \mu & \gamma \\ X_1 & Y_1 & Z_1 \\ X_2 & Y_2 & Z_2 \end{vmatrix} = 0 \quad (4\text{-}32)$$

式(4-32)是非线性函数，需按泰勒级数展开，取小值一次项，使之线性化，线性化的展开式为：

$$F = F_0 + \frac{\partial F}{\partial \mu}\mathrm{d}\mu + \frac{\partial F}{\partial \gamma}\mathrm{d}\gamma + \frac{\partial F}{\partial \varphi}\mathrm{d}\varphi + \frac{\partial F}{\partial \omega}\mathrm{d}\omega + \frac{\partial F}{\partial \kappa}\mathrm{d}\kappa = 0 \quad (4\text{-}33)$$

式中：F_0 为用未知数的近似值及给定的 b_x 代入式(4-32)计算出的近似值。

要求出式(4-33)中的偏导数，必须先求出偏导数 $\dfrac{\partial X_2}{\partial \varphi},\dfrac{\partial Y_2}{\partial \varphi},\dfrac{\partial Z_2}{\partial \varphi},\cdots,\dfrac{\partial Z_2}{\partial \kappa}$。因推导过程中仅考虑到小值一次项的情况，故近似坐标变换关系式可以用旋转矩阵的小值一次项来表示，即

$$\begin{bmatrix} X_2 \\ Y_2 \\ Z_2 \end{bmatrix} = \begin{bmatrix} 1 & -\kappa & -\varphi \\ \kappa & 1 & -\omega \\ \varphi & \omega & 1 \end{bmatrix} \begin{bmatrix} x_2 \\ y_2 \\ -f \end{bmatrix}$$

上式分别对 φ,ω,κ 求导数，并进一步求出式(4-33)中的5个系数偏导数，将结果代入式(4-33)以后展开，等式两边分别除以 b_x，经整理后得：

$$\begin{array}{l} Y_1 x_2 \mathrm{d}\varphi + (Y_1 y_2 - Z_1 f)\mathrm{d}\omega - x_2 Z_1 \mathrm{d}\kappa + (Z_1 X_2 - X_1 Z_2)\mathrm{d}\mu \\ \quad + (X_1 Y_2 - X_2 Y_1)\mathrm{d}\gamma + \dfrac{F_0}{b_x} = 0 \end{array} \quad (4\text{-}34)$$

在仅考虑到小值一次项的情况下，式(4-34)中 x_2, y_2 可用像空间辅助坐标 X_2，Y_2 来取代，并且近似地认为：

$$\left.\begin{array}{l} Y_1 = Y_2 \\ Z_1 = Z_2 \\ Z_1 X_2 - X_1 Z_2 = -\dfrac{b_x}{N_2} Z_1 \\ X_1 Y_2 - X_2 Y_1 = \dfrac{b_x}{N_2} Y_2 \end{array}\right\} \quad (4\text{-}35)$$

式中：N_2 为右片像点 a_2 变换为模型点 A 时的点投影系数。

将式(4-35)代入式(4-34),并用 $\dfrac{N_2}{Z_1}$ 乘以全式,然后令 $Q = \dfrac{F_0 N_2}{b_x Z_1}$,得到

$$Q = \dfrac{F_0 N_2}{b_x Z_1} = -\dfrac{X_2 Y_2}{Z_2} N_2 \mathrm{d}\varphi - \left(Z_2 + \dfrac{Y_2^2}{Z_2}\right)\mathrm{d}\omega + X_2 N_2 \mathrm{d}\kappa + b_x \mathrm{d}\mu - b_x \dfrac{Y_2}{Z_2}\mathrm{d}\gamma$$

(4-36)

式中:

$$Q = \dfrac{F_0 N_2}{b_x Z_1} = -\dfrac{\begin{vmatrix} b_x & b_y & b_z \\ X_1 & Y_1 & Z_1 \\ X_2 & Y_2 & Z_2 \end{vmatrix}}{X_1 Z_2 - X_2 Z_1} = \dfrac{b_x Z_2 - b_z X_2}{X_1 Z_2 - X_2 Z_1} Y_1 - \dfrac{b_x Z_1 - b_z X_1}{X_1 Z_2 - X_2 Z_1} Y_2 - b_y$$
$$= N_1 Y_1 - N_2 Y_2 - b_y$$

(4-37)

式中: N_1 为左片像点 a_1 的点投影系数。

式(4-36)及式(4-37)便是解析法连续像对相对定向的解算公式。在立体像对中每量测一对同名像点的像点坐标,就可以列出一个 Q 方程式。由于式(4-36)有 5 个未知数 $\mathrm{d}\varphi, \mathrm{d}\omega, \mathrm{d}\kappa, \mathrm{d}\mu, \mathrm{d}\gamma$,因此,至少需要量测 5 对同名像点。当有多余观测值时,将 Q 视为观测值,由式(4-36)得到误差方程式:

$$V_Q = -\dfrac{X_2 Y_2}{Z_2} N_2 \mathrm{d}\varphi - \left(Z_2 + \dfrac{Y_2^2}{Z_2}\right) N_2 \mathrm{d}\omega + X_2 N_2 \mathrm{d}\kappa + b_x \mathrm{d}\mu - \dfrac{Y_2}{Z_2} b_x \mathrm{d}\gamma - Q$$

(4-38)

利用误差方程式,按最小二乘原理组成法方程,即可解求出未知数,即 5 个相对定向元素的改正数。

由于式(4-36)是取用泰勒展开式的一次项式,因此要趋近运算,逐次修改各系数值及常数项式,求出新的改正数,直到达到所需要的精度要求为止。最后得到各未知数的值如下:

$$\varphi = \varphi_0 + \mathrm{d}\varphi_1 + \mathrm{d}\varphi_2 + \cdots$$
$$\omega = \omega_0 + \mathrm{d}\omega_1 + \mathrm{d}\omega_2 + \cdots$$
$$\kappa = \kappa_0 + \mathrm{d}\kappa_1 + \mathrm{d}\kappa_2 + \cdots$$
$$\mu = \mu_0 + \mathrm{d}\mu_1 + \mathrm{d}\mu_2 + \cdots$$
$$\gamma = \gamma_0 + \mathrm{d}\gamma_1 + \mathrm{d}\gamma_2 + \cdots$$

式中: $\varphi_0, \omega_0, \kappa_0, \mu_0, \gamma_0$ 为第一次运算时取用的近似值。按式(4-31)计算出 b_y, b_z。

4.5.3 相对定向元素解算过程

相对定向的总误差方程式可用矩阵表示为：

$$V = AX - L \tag{4-39}$$

其中：

$$X = (\mathrm{d}\varphi \quad \mathrm{d}\omega \quad \mathrm{d}\kappa \quad \mathrm{d}\mu \quad \mathrm{d}\gamma)^{\mathrm{T}}(连续法相对定向)$$

或

$$X = (\mathrm{d}\varphi_1 \quad \mathrm{d}\varphi_2 \quad \mathrm{d}\omega_2 \quad \mathrm{d}\kappa_1 \quad \mathrm{d}\kappa_2)^{\mathrm{T}}(单独法相对定向)$$

法方程式为：

$$A^{\mathrm{T}}AX = A^{\mathrm{T}}L \tag{4-40}$$

由此得未知数的解：

$$X = (A^{\mathrm{T}}A)^{-1}A^{\mathrm{T}}L \tag{4-41}$$

计算中，用事先编制好的程序计算，计算过程迭代趋近，直到改正数小于限差(如 0.3×10^{-4}，相当于 $0.1'$ 的角度值)为止。

连续法相对定向具体计算过程如下：

(1) 量测选定的 6 个以上定向点的像点坐标 (x_1, y_1) 及 (x_2, y_2)。

(2) 确定初始值：假定左像片水平，则左片旋转矩阵 R_1 为单位阵，右片的角元素 φ, ω, κ 及 μ, γ 的初始值为零；b_x 取定向点中 1 号点的左右视差 $(x_1 - x_2)$。

(3) 根据初始值，计算右片旋转矩阵 R_2。

(4) 根据输入的像点平面坐标，计算像空间辅助坐标：

$$\begin{bmatrix} X_1 \\ Y_1 \\ Z_1 \end{bmatrix} = R_1 \begin{bmatrix} x_1 \\ y_1 \\ -f \end{bmatrix}, \quad \begin{bmatrix} X_2 \\ Y_2 \\ Z_2 \end{bmatrix} = R_2 \begin{bmatrix} x_2 \\ y_2 \\ -f \end{bmatrix}$$

(5) 根据给定的初始值，按式(4-31)计算 b_y, b_z，并根据像空间辅助坐标，按式(4-24)计算各点的投影系数 N_1, N_2。

(6) 按式(4-37)和式(4-38)计算每个定向点的误差方程常数项及系数项，组成误差方程式。

(7) 计算法方程系数矩阵及常数项，并解求法方程，求得未知数的改正数。

(8) 求未知数的新值，即初始值加改正数。

(9) 检查未知数的改正数是否大于限差，若大于限差，则重复(3)~(8)步的计算，直到所有改正数都小于限差为止。

4.6　立体模型的解析绝对定向

相对定向建立的立体模型,是一个以相对定向中选定的像空间辅助坐标系为基准的模型,比例尺也是未知的。要确定立体模型在地面测量坐标系中的正确位置,则需要把模型点的摄影测量坐标转化为地面测量坐标,这一工作需要借助于地面测量坐标为已知值的地面控制点来进行,称为立体模型的绝对定向。所以,解析法绝对定向的目的就是将相对定向后求出的摄影测量坐标变换为地面测量坐标。

模型的绝对定向,要求变换前后两坐标系的轴系大致相同。而且地面测量坐标系是左手直角坐标系,摄影测量坐标系是右手直角坐标系,因此,首先应将地面测量坐标系变换为地面摄影测量坐标系。

我们知道,一个像对的两张像片有 12 个外方位元素,相对定向求得 5 个元素后,要恢复像对的绝对位置,还要解求 7 个绝对定向元素,包括模型的平移、旋转和缩放。它需要地面控制点来解求,这种坐标变换,在数学上为一个不同原点的三维空间相似变换,其公式为:

$$\begin{bmatrix} X_{tp} \\ Y_{tp} \\ Z_{tp} \end{bmatrix} = \lambda \begin{bmatrix} a_1 & a_2 & a_3 \\ b_1 & b_2 & b_3 \\ c_1 & c_2 & c_3 \end{bmatrix} \begin{bmatrix} X_P \\ Y_P \\ Z_P \end{bmatrix} + \begin{bmatrix} \Delta X \\ \Delta Y \\ \Delta Z \end{bmatrix} \quad (4-42)$$

式中:(X_{tp}, Y_{tp}, Z_{tp}) 为模型点的地面摄影测量坐标;(X_p, Y_p, Z_p) 为同一模型点的摄影测量坐标,如图 4-10 所示;λ 为模型缩放比例因子;a_i, b_i, c_i 为由角元素 Φ, Ω, K 计算出的方向余弦;$\Delta X, \Delta Y, \Delta Z$ 为坐标原点的平移量。上述 7 个参数 $\Delta X, \Delta Y, \Delta Z, \lambda, \Phi, \Omega, K$ 称为绝对定向元素。

所谓空间相似变换的是比例尺缩放系数 λ,三个旋转量 Φ, Ω, K,三个平移量 $\Delta X, \Delta Y, \Delta Z$。若已知这 7 个参数,就可以进行两个空间直角坐标之间的变换,由于这种变换前后图形的几何形状相似,所以把这种变换称为"相似"变换。下面继续讨论如何确定这 7 个参数。

4.6.1　绝对定向基本公式

式(4-42)即是解析法绝对定向的基本关系式。利用地面控制点解求绝对定向元素时,控制点的地面摄影测量坐标(X_{tp}, Y_{tp}, Z_{tp})为已知值,摄影测量坐标(X_p, Y_p, Z_p)为计算值,式中只有 7 个绝对定向元素为未知数。

式(4-42)为一非线性函数,为便于计算,需要将该式线性化,为此,引入 7 个

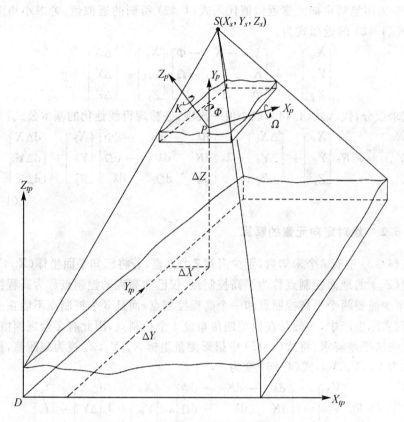

图 4-10 空间相似变换

绝对定向元素的初始值及改正数：

$$\left.\begin{aligned}\Delta X &= X_0 + \mathrm{d}\Delta X \\ \Delta Y &= Y_0 + \mathrm{d}\Delta Y \\ \Delta Z &= Z_0 + \mathrm{d}\Delta Z \\ \Phi &= \Phi_0 + \mathrm{d}\Phi \\ \Omega &= \Omega_0 + \mathrm{d}\Omega \\ K &= K_0 + \mathrm{d}K\end{aligned}\right\} \quad (4\text{-}43)$$

将式(4-43)代入式(4-42)，按泰勒级数展开，取一次项得：

$$\begin{aligned}F = F_0 &+ \frac{\partial F}{\partial \lambda}\mathrm{d}\lambda + \frac{\partial F}{\partial \Phi}\mathrm{d}\Phi + \frac{\partial F}{\partial \Omega}\mathrm{d}\Omega + \frac{\partial F}{\partial K}\mathrm{d}K + \frac{\partial F}{\partial \Delta X}\mathrm{d}\Delta X \\ &+ \frac{\partial F}{\partial \Delta Y}\mathrm{d}\Delta Y + \frac{\partial F}{\partial \Delta Z}\mathrm{d}\Delta Z\end{aligned} \quad (4\text{-}44)$$

式中：F_0 为用绝对定向元素近似值代入式(4-42)得到的近似值。考虑小角度的情况，式(4-42)的近似式为：

$$\begin{bmatrix} X_{tp} \\ Y_{tp} \\ Z_{tp} \end{bmatrix} = \lambda \begin{bmatrix} 1 & -K & -\Phi \\ K & 1 & -\Omega \\ \Phi & \Omega & 1 \end{bmatrix} \begin{bmatrix} X_P \\ Y_P \\ Z_P \end{bmatrix} + \begin{bmatrix} \Delta X \\ \Delta Y \\ \Delta Z \end{bmatrix}$$

对上式求微分，代入式(4-44)，取小值一次项，经整理得线性化的基本公式：

$$\begin{bmatrix} X_{tp} \\ Y_{tp} \\ Z_{tp} \end{bmatrix} = \lambda_0 R_0 \begin{bmatrix} X_P \\ Y_P \\ Z_P \end{bmatrix} + \begin{bmatrix} \Delta X_0 \\ \Delta Y_0 \\ \Delta Z_0 \end{bmatrix} + \lambda_0 \begin{bmatrix} d\lambda & -dK & -d\Phi \\ dK & d\lambda & -d\Omega \\ d\Phi & d\Omega & d\lambda \end{bmatrix} \begin{bmatrix} X_P \\ Y_P \\ Z_P \end{bmatrix} + \begin{bmatrix} d\Delta X \\ d\Delta Y \\ d\Delta Z \end{bmatrix}$$

(4-45)

4.6.2 绝对定向元素的解算

式(4-45)中有 7 个未知数，至少需列 7 个方程，若将已知平面坐标(X_{tp}, Y_{tp})和高程(Z_{tp})的地面控制点称为平高控制点，仅已知高程的控制点称为高程控制点，则至少需要两个平高控制点和一个高程控制点，而且 3 个控制点不能在一条直线上。实际生产中，一般是在模型四角布设 4 个控制点，因此有多余观测值，按最小二乘法平差求解。将式(4-45)中摄影测量坐标 X_p, Y_p, Z_p 视为观测值，相应改正数为 V_X, V_Y, V_Z，式(4-45)变为：

$$-\lambda_0 R_0 \begin{bmatrix} V_X \\ V_Y \\ V_Z \end{bmatrix} = \begin{bmatrix} d\lambda & -dK & -d\Phi \\ dK & d\lambda & -d\Omega \\ d\Phi & d\Omega & d\lambda \end{bmatrix} \lambda_0 \begin{bmatrix} X_P \\ Y_P \\ Z_P \end{bmatrix} + \begin{bmatrix} d\Delta X \\ d\Delta Y \\ d\Delta Z \end{bmatrix} - \begin{bmatrix} l_x \\ l_y \\ l_z \end{bmatrix}$$

将 $\lambda_0 R_0 \begin{bmatrix} V_X \\ V_Y \\ V_Z \end{bmatrix}$ 写成 $\begin{bmatrix} V_X \\ V_Y \\ V_Z \end{bmatrix}$，$\lambda_0 \begin{bmatrix} X_P \\ Y_P \\ Z_P \end{bmatrix}$ 写成 $\begin{bmatrix} X_P \\ Y_P \\ Z_P \end{bmatrix}$ 代入上式，并写成列常的误差方程形式，得

$$\begin{bmatrix} V_X \\ V_Y \\ V_Z \end{bmatrix} = \begin{bmatrix} 1 & 0 & 0 & X_P & -Z_P & 0 & -Y_P \\ 0 & 1 & 0 & Y_P & 0 & -Z_P & Z_P \\ 0 & 0 & 1 & Z_P & X_P & Y_P & 0 \end{bmatrix} \begin{bmatrix} d\Delta X \\ d\Delta Y \\ d\Delta Z \\ d\lambda \\ d\Phi \\ d\Omega \\ dK \end{bmatrix} - \begin{bmatrix} l_x \\ l_y \\ l_z \end{bmatrix} \quad (4-46)$$

式中：

$$\begin{bmatrix} l_X \\ l_Y \\ l_Z \end{bmatrix} = \begin{bmatrix} X_{tp} \\ Y_{tp} \\ Z_{tp} \end{bmatrix} - \lambda_0 R_0 \begin{bmatrix} X_P \\ Y_P \\ Z_P \end{bmatrix} - \begin{bmatrix} \Delta X_0 \\ \Delta Y_0 \\ \Delta Z_0 \end{bmatrix} \tag{4-47}$$

对每一个平高控制点,按式(4-46)和式(4-47)列出一组误差方程式。如有 n 个平高控制点,可列出 n 组误差方程式,组成总误差方程并法化,得到法方程式,经解算后得到初始值的改正数 $d\Delta X,dΔy,dΔZ,d\lambda,d\Phi,d\Omega,dK$,加到初始值上得到新的近似值。将此近似值再次作为初始值,重新建立误差方程式并法化,再次解求改正数。如此循环反复,直到改正数小于规定的限差为止。由此得出绝对定向元素:

$$\Delta X = X_0 + d\Delta X_1 + d\Delta X_2 + \cdots$$
$$\Delta Y = Y_0 + d\Delta Y_1 + d\Delta Y_2 + \cdots$$
$$\Delta Z = Z_0 + d\Delta Z_1 + d\Delta Z_2 + \cdots$$
$$\lambda = \lambda_0 + d\lambda_1 + d\lambda_2 + \cdots$$
$$\Phi = \Phi_0 + d\Phi_1 + d\lambda_2 + \cdots$$
$$\Omega = \Omega_0 + d\Omega_1 + d\Omega_2 + \cdots$$
$$K = K_0 + dK_1 + dK_2 + \cdots$$

求出绝对定向元素以后,代入式(4-42),求出地面摄影测量坐标 (X_{tp}, Y_{tp}, Z_{tp})。最后,还需将地面摄影测量坐标转换回到地面测量坐标,并提交成果。

4.7 解析空中三角测量简介

4.7.1 解析空中三角测量的目的和意义

解析空中三角测量指的是用摄影测量解析法确定区域内所有影像的外方位元素及待定点的地面坐标。在双像解析摄影测量中,为了绝对定向的需要,每个像对都要在野外测求 4 个地面控制点,这样外业工作量太大,效率不高。能否在由很多像对所构成的一条航带中,或由几条航带所构成的一个区域网中,仅测少量的外业控制点,而在内业用解析摄影测量的方法加密出每像对所要求的控制点,然后进行测图呢?回答是肯定的,解析法空中三角测量就是为解决这个问题而提出的方法,因而解析空中三角测量也称摄影测量加密。

采用大地测量测定地面点三维坐标的方法历史悠久,至今仍有十分重要的地位。但随着摄影测量与遥感技术的发展和电子计算机技术的进步,用摄影测量方法进行点位测定的精度有了很大提高,其应用领域不断扩大,而且某些任务只能用摄影测量方法才能使问题得到有效解决。

摄影测量方法测定(或加密)点位坐标的意义在于:

(1) 不需直接接触被量测的目标物体。凡是在影像上可以看到的目标,不受地面通视条件限制,均可以测定其位置和几何形状。

(2) 可以快速地在大范围内同时进行点位测定,从而节省大量的野外测量工作。

(3) 摄影测量平差计算时,加密区域内部精度均匀,且很少受区域大小的影响。

所以,摄影测量加密方法已成为一种十分重要的点位测定方法,它的应用主要包括以下几个方面:

(1) 为立体测绘地形图、制作影像平面图和正射影像图提供定向控制点(图上精度要求在 0.1 mm 以内)和内、外方位元素。

(2) 取代大地测量方法,进行三、四等或等外三角测量的点位测定(要求精度为厘米级)。

(3) 用于地籍测量以测定大范围内界址点的国家统一坐标,称为地籍摄影测量,以建立坐标地籍(要求精度为厘米级)。

(4) 解析计算大量点的地面坐标,用于生成诸如数字高程模型或数字表面模型。

(5) 解析法地面摄影测量,例如各类建筑物变形测量、工业测量,以及用影像重建物方目标,等等。此时,所要求的精度往往较高。

概括起来讲,解析空中三角测量的目的可以区分为两个方面:一是用于地形测图的摄影测量加密;二是高精度摄影测量加密,用于各种不同的应用目的。

4.7.2 解析空中三角测量的分类

利用电子计算机进行解析空中三角测量可以采用各种不同的方法。从传统方法上讲,根据平差中采用的数学模型可分为航带法、独立模型法和光束法。根据平差范围的大小,解析空中三角测量又可分为单模型法、单航带法和区域网法。下面从解析空中三角测量所采用的数学模型角度简单介绍三种方法的基本原理。

1. 航带法解析空中三角测量

航带法空中三角测量研究的对象是一条航带的模型,即首先要把许多立体像对所构成的单个模型连接成航带模型,然后把一个航带模型视为一个单元模型进行解析处理。由于在单个模型连成航带模型的过程中,各单个模型中的偶然误差和残余的系统误差将传递到下一个模型中去,这些误差传递累积的结果会使航带模型产生扭曲变形,所以航带模型经绝对定向以后还需作模型的非线性改正,才能得到较为满意的结果。这便是航带法空中三角测量的基本思想。

航带法空中三角测量的主要工作流程如下:

(1) 对航带中每个像对进行连续法相对定向,建立立体模型。此时,每个像对相对定向以左像片为基准,求右像片相对于左像片的相对定向元素,以航带中第一张像片的像空间坐标系作为像空间辅助坐标系,对第一个像对进行相对定向。之后,保持左像片不动,即以第一个像对右片的相对角方位元素作为第二像对左片的相对角方位元素,为已知值,对第二个像对进行连续法相对定向,求出第三张像片相对于第二张像片的相对定向元素,如此下去,直到完成所有像对的相对定向。这时整条航带的像空间辅助坐标系均化为统一的像空间辅助坐标系。但由于各像对的基线是任意给定的,因此,各模型的比例尺不一致,为此,利用相邻模型公共点的像空间辅助坐标应相等为条件,进行模型连接,构成航带模型。用同样的方法建立其他航带模型。

(2) 用航带内 4 个已知控制点或相邻航带公共点,进行航带模型的绝对定向,将各航带模型连接成区域网,并得到所有模型点在统一的地面摄影测量坐标系中的坐标。

(3) 进行航带或区域网的非线性改正。由于在建立航带模型的过程中,不可避免地有误差存在,同时还要受到误差累积的影响,致使航带或区域网产生非线性变形。为此,需要根据地面控制点按变形规律进行改正。通常,用于非线性变形的数学模型为二次或三次多项式。改正的方法是,认为每条航带有各自的一组多项式系数值,然后以控制点的计算坐标与实测坐标应相等以及相邻航带公共点坐标应相等为条件,在误差平方和为最小的条件下,求出各航带的多项式系数,进行坐标改正,最终求出加密点的地面坐标。

航带法空中三角测量是通过一个个像对的相对定向和模型连接构建自由航带,以各条自由航带为平差的基本单元,各航带中点的摄测坐标作为平差的观测值。由于这种方法构建自由航带时,是以前一步计算结果作为下一步计算的依据,所以误差累积得很快,甚至偶然误差也会产生二次和的累积作用。这是航带法平差的主要缺点和不严密之处。

2. 独立模型法解析空中三角测量

为了避免误差累积,可以单模型(或双模型)作为平差计算单元。由一个个相互连接的单模型既可以构成一条航带网,也可以组成一个区域网,但构网过程中的误差却被限制在单个模型范围内,而不会发生传递累积,这样就可克服航带法空中三角测量的不足,有利于加密精度的提高。

独立模型法区域网空中三角测量的基本思想是:把一个单元模型(可以由一个立体像对或两个立体像对,甚至三个立体像对组成)视为刚体,利用各单元模型彼此间的公共点连成一个区域。在连接过程中,每个单元模型只能作平移、缩放、旋转(因为它们是刚体),这样的要求只有通过单元模型的三维线性变换(空间相似变换)来完成。在变换中要使模型间公共点的坐标尽可能一致,控制点的摄测坐标应与其地面摄测坐标尽可能一致(即它们的差值尽可能小),同时观测值改正数的平方和为最小。在满足这些条件的情况下,按最小二乘法原理求得待定点的地面摄测坐标。图4-11为独立模型法空中三角测量原理示意图。

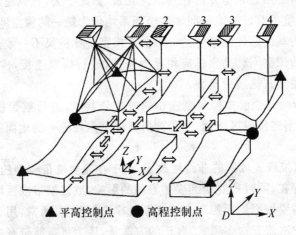

图4-11 独立模型法空中三角测量示意图

独立模型法较航带法严密,但计算较航带法费时,对计算机容量要求高,而且只适用于对偶然误差的平差,有系统误差时则需另加系统误差消除的方法。该方法对粗差有较好的抵抗能力。

3. 光束法解析空中三角测量

光束法区域网空中三角测量是以一幅影像所组成的一束光线作为平差的基本单元,以中心投影的共线方程作为平差的基础方程而进行的解析计算方法。相对于前两种平差方法而言,光束法解析空中三角测量理论严密,精度最高,但计算机要求容量大,计算时间比其他两种方法长。随着计算机技术的发展,计算机的容量、速度均已大大提高,而价格不断降低,使得光束法解析空中三角测量成为最有生命力的方法。特别是在该方法中加入粗差检测、自检校法消除系统误差等措施，使其精度更高，可得到厘米级的加密点位精度。鉴于此，在下一节中专门对该方法进行详细介绍。

4.8 光束法区域网空中三角测量

4.8.1 光束法空中三角测量的基本思想

光束法区域网空中三角测量是以一幅影像所组成的一束光线作为平差的基本单元，以中心投影的共线方程作为平差的基础方程。通过各个光线束在空间的旋转和平移，使模型之间公共点的光线实现最佳的交会，并使整个区域最佳地纳入到已知的控制点坐标系统中去。这里的旋转相当于光线束的外方位角元素，而平移相当于摄站点的空间坐标。在具有多余观测的情况下，由于存在着像点坐标量测误差，所谓的相邻影像公共交会点坐标应相等和控制点的加密坐标与地面测量坐标应一致，均是在保证$[pvv]$最小的意义下的一致。这便是光束法区域网空中三角测量的基本思想，如图4-12所示。

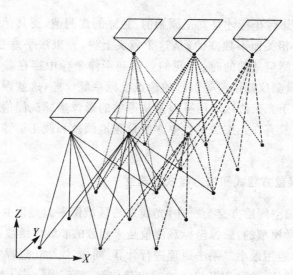

图 4-12　光束法空中三角测量示意图

光束法区域网空中三角测量的基本内容有：

(1) 各影像外方位元素和地面点坐标近似值的确定。可以利用航带法区域网空中三角测量方法提供影像外方位元素和地面点坐标的近似值,在竖直摄影情况下,也可以设 $\varphi=\omega=0$,κ 角值和地面点坐标近似值则可以在旧地形图上读出。

(2) 从每幅影像上的控制点和待定点的像点坐标出发,按每条摄影光线的共线条件方程列出误差方程式。

(3) 逐点法化,建立改化法方程式,按循环分块的求解方法先求出其中的一类未知数,通常是先求得每幅影像的外方位元素。

(4) 空间前方交会求得待定点的地面坐标,对于相邻影像公共交会点应取其均值作为最后结果。

在上述第(3)步中,在某些特定情况下,也可以先消去每幅影像的外方位元素未知数而建立只含坐标未知数的改化法方程式,直接求解待定点的地面坐标。

如果我们分析一下各种空中三角测量平差方法的平差基本单元就会发现:航带法区域网平差是以每条航带为平差单元,将单航带的摄影测量坐标视为"观测值"。独立模型法区域网平差则以单元模型为平差单元,将点的模型坐标作为观测值。而光束法区域网平差则以单张影像为平差单元,将影像坐标量测值作为观测值。

显然,只有影像坐标才是真正原始的、独立的观测值,而其他两种方法下的观测值,往往是相关而不独立的。从这个意义上讲,光束法平差是最严密的。此外,在介绍摄影测量基础的时候,我们曾讲到影像坐标中存在着由于诸物理因素、底片变形、量测仪器误差等引起的像点坐标系统误差,这些误差项均是影像坐标的函数。由于光束法区域网平差是从原始的影像坐标观测值出发建立平差数学模型,所以只有在光束法平差中才能最佳地顾及和改正影像系统误差的影响。

4.8.2 误差方程式和法方程式的建立

同单张影像空间后方交会一样,光线束法区域网平差是以共线条件方程式作为其基本数学模型的。影像坐标观测值是未知数的非线性函数,因此需经过线性化处理后,才能用最小二乘法原理进行计算。同样,线性化过程中,需要给未知数提供一套初始值,然后逐渐趋近地求出最佳解,即使得 $[pvv]$ 最小。所提供的初始值愈接近最佳解,收敛速度愈快。不合理的初始值不仅会影响收敛速度,甚至可能造成不收敛。

在对共线方程进行线性化过程中,与单像空间后方交会不同的是,这里对

X,Y,Z 也要进行偏微分。在内方位元素视为已知的情况下,其误差方程式可表示为:

$$\left.\begin{aligned}v_x &= a_{11}\Delta X_S + a_{12}\Delta Y_S + a_{13}\Delta Z_S + a_{14}\Delta \varphi + a_{15}\Delta \omega + a_{16}\Delta \kappa - \\ &\quad a_{11}\Delta X - a_{12}\Delta Y - a_{13}\Delta Z - l_x \\ v_y &= a_{21}\Delta X_S + a_{22}\Delta Y_S + a_{23}\Delta Z_S + a_{24}\Delta \varphi + a_{25}\Delta \omega + a_{26}\Delta \kappa - \\ &\quad a_{21}\Delta X - a_{22}\Delta Y - a_{23}\Delta Z - l_y\end{aligned}\right\} \quad (4\text{-}48)$$

式中各系数值详见 4.2 节,此处略去了其中的内方位元素 f,x_0,y_0。常数项 $l_x = x-(x), l_y = y-(y); (x)$ 和 (y) 是把未知数的初始值代入共线方程式计算得到的。当影像上每点的 l_x, l_y 小于某一限差时,迭代计算结束。

若把误差方程式写成矩阵的形式:

$$\boldsymbol{V} = \begin{bmatrix} A & B \end{bmatrix} \begin{bmatrix} t \\ X \end{bmatrix} - \boldsymbol{L} \quad (4\text{-}49)$$

式中:

$$\boldsymbol{V} = \begin{bmatrix} v_x & v_y \end{bmatrix}^\mathrm{T}, \quad \boldsymbol{L} = \begin{bmatrix} x-(x) & y-(y) \end{bmatrix}^\mathrm{T} = \begin{bmatrix} l_x & l_y \end{bmatrix}^\mathrm{T}$$

$$A = \begin{bmatrix} a_{11} & a_{12} & a_{13} & a_{14} & a_{15} & a_{16} \\ a_{21} & a_{22} & a_{23} & a_{24} & a_{25} & a_{26} \end{bmatrix}$$

$$B = \begin{bmatrix} -a_{11} & -a_{12} & -a_{13} \\ -a_{21} & -a_{22} & -a_{23} \end{bmatrix}$$

$$t = \begin{bmatrix} \Delta X_S & \Delta Y_S & \Delta Z_S & \Delta \varphi & \Delta \omega & \Delta \kappa \end{bmatrix}^\mathrm{T}$$

$$X = \begin{bmatrix} \Delta X & \Delta Y & \Delta Z \end{bmatrix}^\mathrm{T}$$

对每一个像点可以列出一组式(4-49)的误差方程式。这类误差方程式中含有两类未知数 t 和 X。其中 t 对应于所有影像(每幅影像为 6 个)外方位元素的总和,X 对应于所有待定点的坐标。相应的法方程式为:

$$\begin{bmatrix} A^\mathrm{T}A & A^\mathrm{T}B \\ B^\mathrm{T}A & B^\mathrm{T}B \end{bmatrix} \begin{bmatrix} t \\ X \end{bmatrix} = \begin{bmatrix} A^\mathrm{T}L \\ B^\mathrm{T}L \end{bmatrix} \quad (4\text{-}50)$$

对于区域网空中三角测量而言,由于所涉及的航线数、每条航线的影像数和每幅影像的量测像点数(即光束数)有时会很多,此时误差方程式的总数是十分可观的。在解算过程中可先消去其中的一类未知数而只求另一类未知数。一般情况下待定点坐标未知数 X 的个数要远远大于定向未知数 t 的个数,因此式(4-50)中消去未知数 X 以后,可得 t 未知数的解为:

$$t = \begin{bmatrix} A^\mathrm{T}A - A^\mathrm{T}B(B^\mathrm{T}B)^{-1}B^\mathrm{T}A \end{bmatrix}^{-1} \cdot \begin{bmatrix} A^\mathrm{T}L - A^\mathrm{T}B(B^\mathrm{T}B)^{-1}B^\mathrm{T}L \end{bmatrix} \quad (4\text{-}51)$$

利用式(4-51)求出每幅影像的外方位元素后,再利用空间前方交会方法,即可求得全部待定点的地面坐标。

4.8.3 两类未知数交替趋近解法

交替趋近法的基本思想源于后交－前交解法。共线条件方程经线性化以后的误差方程式为式(4-48)。如果已知地面点的坐标,式(4-48)就变成了解算空间后方交会的误差方程式：

$$\left.\begin{array}{l} v_x = a_{11}\Delta X_S + a_{12}\Delta Y_S + a_{13}\Delta Z_S + a_{14}\Delta\varphi + a_{15}\Delta\omega + a_{16}\Delta\kappa - l'_x \\ v_y = a_{21}\Delta X_S + a_{22}\Delta Y_S + a_{23}\Delta Z_S + a_{24}\Delta\varphi + a_{25}\Delta\omega + a_{26}\Delta\kappa - l'_y \end{array}\right\} \quad (4\text{-}52)$$

反过来,如果每幅影像的外方位元素为已知,则由式(4-48)可得空间前方交会的误差方程式：

$$\left.\begin{array}{l} v_x = -a_{11}\Delta X - a_{12}\Delta Y - a_{13}\Delta Z - l''_x \\ v_y = -a_{21}\Delta X - a_{22}\Delta Y - a_{23}\Delta Z - l''_y \end{array}\right\} \quad (4\text{-}53)$$

实际上,在光束法区域网平差中,地面待定点坐标和每幅影像的外方位元素均是未知的,采用交替趋近法时,则依次认为它们均为已知。首先利用地面点的近似坐标作为已知值,则可按式(4-52)求出每幅影像的外方位元素；然后,再用外方位元素的新值代入式(4-53)中计算每点的地面坐标。如此反复趋近,直至每幅影像外方位元素的改正值和待定点坐标的改正值均小于某个限值时为止,迭代结束。这就是交替趋近法的基本思想。

这种解法的优点是对计算机容量的要求不高,缺点是迭代趋近的次数较多,计算时间长。此外,若未知数初始值不好,有时还会发生不收敛的情况。

4.8.4 光束法平差方法的优缺点

光束法区域网平差是从实现摄影过程的几何反转出发,基于摄影成像时像点、物点和摄影中心三点共线的特点而提出的。这种方法最初提出时,由于受当时计算机水平和计算技术的限制,未能广泛应用。但随着摄影测量技术的发展和计算机水平的提高,这种最严密的平差方法日益得到广泛应用,并已成为解析空中三角测量方法的主流。

光束法区域网平差的数学模型是共线条件方程式,平差单元是单个光束,每幅影像的像点坐标为原始观测值,未知数是各影像的外方位元素(在某些特定条件下也包含内方位元素)和所有待求点的地面坐标。通过各个光束在空间的旋转和平移(6个定向参数)使同名光线最佳地交会,并最佳地纳入到地面控制系统中。它是最严密的一步解法,误差方程式直接对原始观测值列出,能最方便地顾及影像系统误差的影响,最便于引入非摄影测量附加观测值,如导航数据和地面测量观测值。它还可以严密地处理非常规摄影以及非量测相机的影像数据。目前光束法区域网平差已广泛应用于各种高精度的解析空中三角测量和点位测定实际生产中。

当然,与航带法和独立模型法区域网平差方法相比,光束法区域网平差也有其缺点。首先,由于共线方程所描述的像点坐标与各未知参数之关系是非线性的,因此必须建立线性化误差方程式和提供各未知数初始值。而这对于航带法区域网平差是不必要的,对于平面独立模型法平差也不需要。其次,光束法区域网平差未知数多、计算量大,计算速度也相对较慢。此外,对于光束法平差,它不能像前两种方法那样,可将平面高程分开处理,而只能是三维网平差。

三种摄影测量区域网平差方法的比较可以用图4-13来简单表示。

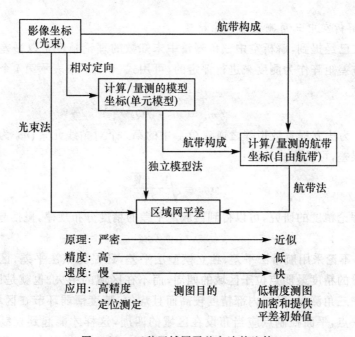

图4-13 三种区域网平差方法的比较

4.8.5 解析空中三角测量的精度分析

解析空中三角测量的任务是解决目标点的空间定位问题,定位精度如何,这是在解决实际问题时,用户很关心的指标。明确了不同方法所能达到的精度,才能根据需要选择方法。

解析空中三角测量的精度一方面可从理论上进行分析,把待定点的坐标改正数视为随机变量,在最小二乘平差计算中,求出坐标改正数的方差——协方差矩阵。另一种方法则是利用大量的野外实测控制点作为解析空中三角测量的多余检查点,将平差计算所得该点的坐标与野外实测坐标比较,其差值视为真误差,由这些真误差计算出点位坐标精度。通常我们把前一种方法得到的精度称为理论精度,通过对理论精度的分析,我们能了解和掌握区域网平差后误差的分布规律,根据这些误差分布规律,我们可以对控制点进行合理的分布设计。后一种方法得到的精度估计称为实际精度,这是评定解析空中三角测量精度的比较客观的方法。实际精度与理论精度的差异往往有助于我们发现观测数据或平差模型中存在的误差,因此,在实际工作中提供足够多的多余控制点数是非常必要的。

1. 解析空中三角测量的理论精度

上文已经提到,解析空中三角测量中未知数的理论精度是以平差获得的未知数协方差矩阵作为测度来进行评定的,可用式(4-54)来表示第 i 个未知数的理论精度。

$$m_i = m_0 \cdot \sqrt{Q_{ii}} \qquad (4-54)$$

式中:Q_{ii} 为法方程系数矩阵之逆阵 Q_{xx} 中的第 i 个对角线元素;m_0 为单位权观测值中误差,可按下式计算:

$$m_0 = \sqrt{\frac{V^T P V}{r}} \qquad (4-55)$$

对理论精度的研究,可以得到区域网平差的精度分布规律,概括起来有以下几点:

(1) 不论采用航带法平差、独立模型法平差,还是光束法平差,区域网空中三角测量的精度最弱点位于区域的四周,而不在区域的中央。也就是说,对于区域网空中三角测量,区域内部精度较高而且均匀,精度薄弱环节在区域的四周。根据这一点,平面控制点应当布设在区域的四周,这样才能起到控制精度的作用。

(2) 当密集周边布点时,区域网的理论精度,对于航带法而言小于一条航带的测点精度;对于独立模型法而言相当于一个单元模型的测点精度;而光束法区域网的理论精度不随区域大小而改变,它是个常数。

(3) 当控制点稀疏分布时,区域网的理论精度会随着区域的增大而降低。但若增大旁向重叠,则可以提高区域网平面坐标的理论精度。

(4) 区域网平差的高程理论精度取决于控制点间的跨度而与区域大小无关。即只要高程控制点间的跨度相同,即使区域大小不一样,它们的高程理论精度还是相等的。

从理论上讲,光束法平差最符合最小二乘法原理,精度最好。因为光束法平差中使用的观测值是真正的观测值,而其他两种方法在平差中的观测值均为真正观测值的函数。不过,如果系统误差没有得到很好的补偿,光束法的优点也就反映不出来,而三种方法的精度也就没有显著的差异。

2. 解析空中三角测量控制点布设的原则

通过上述对理论精度的分析和讨论,可以对区域网平差的控制点布设提出下列原则:

(1) 平面控制点应采用周边布点。高精度加密点位时宜采用跨度 $i=2b$(b 为摄影基线)的密周边布点,区域愈大愈有利。一般测图时不一定采用密周边布点,平面控制点间距视成图精度要求和区域大小而定。

(2) 高程控制点应布成锁形。高程控制点沿旁向间距为 $2b$,沿航向间距则根据要求的精度而定。在高精度加密平面点位时,仍需要布设适当的高程控制点,以保证模型的变形不致对平面坐标产生影响,在旁向重叠为 20% 时,每条航线两端必须各有一对高程控制点。

(3) 当信噪比较大时($\sigma_s/\sigma_n > 0.70$),光束法区域网平差可利用附加参数的自检校平差来补偿影像系统误差。此时地面控制应当有足够的强度,以避免附加参数与坐标未知数间的强相关。

(4) 在区域网平差中可用来代替地面控制点的非摄影测量观测值主要是导航数据,如 GPS 定位系统提供的摄站坐标,只要记录齐全、无失锁现象,就可以只在每个区域四角各布设一个平高控制点。如果用地面测量观测值代替或加强区域网的控制点,则有关平面的观测值(如距离、水平角、方位角等)最好布在区域周边或四角。有关高程的相对观测值(如高差、高度角等)应平行于航带方向布设。

(5) 为了提高区域网的可靠性,控制点可布成点组。

(6) 在不增加控制点的情况下,通过扩大平差区域范围(上、下各增加一条航线,左、右各增加一个模型)可以提高加密精度和可靠性。

当然,作业中实际的布点要求,应根据相应的规范执行。

3. 解析空中三角测量的实际精度

上面介绍了区域网空中三角测量的理论精度,它反映了量测中偶然误差的影响(并与点位的分布有关)。而实际情况是复杂的,往往要受到偶然误差和残余系统误差的综合影响,这就意味着实际精度与理论精度可能有一定的差异。因此有必要研究一下如何估计区域网空中三角测量的实际精度。

利用摄影测量的试验场是研究区域网空中三角测量实际精度的最有效方法。在这个试验场中布设有大量等间隔的地面控制点,这些点上均布有标志,并用高精度的大地测量方法测得这些标志点的地面测量坐标,这些地面标志点在影像上均有相应的构像,避免了像点的辨认误差,因此这些地面控制点的地面测量坐标可以认为是真值,经区域网平差后得到这些点的摄影测量坐标,与相应的地面测量坐标之差可以看做"真差",被用来衡量区域网空中三角测量的实际精度。

$$\mu_X = \sqrt{\frac{\sum(X_{控} - X_{摄})^2}{n_X}}$$

$$\mu_Y = \sqrt{\frac{\sum(Y_{控} - Y_{摄})^2}{n_Y}} \tag{4-56}$$

$$\mu_Z = \sqrt{\frac{\sum(Z_{控} - Z_{摄})^2}{n_Z}}$$

式(4-56)便是解析空中三角测量实际精度估算公式。

4.9 系统误差补偿与自检校光束法区域网平差

对于解析空中三角测量而言,从航空摄影开始,直至获得影像或模型坐标的整个数据获取过程中,都会带来许多系统误差。熟知的系统误差有摄影物镜的畸变差、摄影材料的变形、软片的压平误差、地球曲率和大气折光、量测系统的误差以及作业员的系统误差,等等。从理论上讲,如果能获得上述各种系统误差的有关参数(如通过实验室检校等),就可以在解析空中三角测量平差之前,预先消除这些系统误差的影响。

然而,区域网平差的实际结果表明,即使引入系统误差的预改正,平差后的结果仍然存在一定的系统误差,从而使最严密的平差方法(如光束法),也不能获得最精确的结果,实际精度与理论预期精度之间仍存在明显的差异。

为什么最严密的平差方法得不到最精确的结果?这只能表明,所建立的数学模型并未真正反映客观实际,可能还存在某种未被考虑的模型误差。经过长期的研究,人们找到了问题的根源,即存在着难以预先估计和测定的影像系统误差。

4.9.1 影像坐标系统误差的特性

所谓系统误差应当理解为由于某种物理原因造成的有一定规律而又不可避

免的误差。摄影测量观测值的系统误差主要来自以下几个方面：

(1) 摄影机的系统误差，如物镜畸变差、软片压平误差、滤光片或窗口保护玻璃不平引起的光学误差。不同的暗匣也可能带来不同的系统误差。

(2) 航摄飞机带来的系统误差，如在飞行中引起的大气振动，发动机排出的气流通过摄影窗口均可引起系统性的构像误差。

(3) 底片变形。片基本身总是有一定的系统变形的，而且在航摄、摄影处理、量测或数字化(扫描)过程中，都可能受到某种应变力的作用而造成动态的几何变形。

(4) 大气折光也是一个误差源，而且实际气象条件下的大气折光与标准大气条件下的计算结果会有出入，尤其是物镜附近的大气层条件将对折光误差产生影响。

(5) 地球曲率问题如果按严格方法进行处理，将不是系统误差源，但是，倘若用近似处理方法，它也成为一种系统误差源。

(6) 观测设备及观测员本身的系统误差也将引起量测的影像坐标的某种系统误差。

系统误差除了具有系统特性外，还具有随机性的一面。即随着外界条件的变化，像点坐标系统误差存在着随机变化的特性。

许多类影像系统误差是在实验室中测定的，是在静止状态下进行的，而实际数据获取过程是一个动态过程。例如摄影飞行时，飞机加速度、气压差和温度差均作用于摄影机上，软片传输装置和压平吸附装置的马达引起的升温也将作用于摄影机壳体和物镜支撑点。更换滤光片、更换暗匣，物镜的成像性能也将直接受到影响。

许多学者通过研究认为，只有在同一天用同一软片暗匣和相同的滤光片摄得的航摄资料才具有相同的系统误差。

4.9.2 系统误差补偿的方法

除了通过实验室手段测定各种系统误差参数外，在平差前后还可采用下列几种方法来补偿影像的系统误差。

1. 试验场检校法

它是一种直接补偿方法，由德国 Kupfer 教授提出。考虑到常规的实验室检校不能完全代表获取影像数据的实际过程，Kupfer 提出利用真实摄影飞行条件下的试验场检校法，由大量地面控制点求得补偿系统误差的参数。在保证摄影测量条件(即摄影机、摄影期、大气条件、摄影材料、摄影处理条件、观测设备及观测员等)基本不变的情况下,用这组参数来补偿和改正实际区域网平差中的系统误差。

2. 验后补偿法

这种补偿系统误差的方法最先由法国学者 Masson D'Autuml 提出。该方法不改变原来的平差程序,而是通过对平差后残差大小及方向的分析来推算影像系统误差的大小及特征。然后在观测值上引入系统误差改正。利用改正后的影像坐标重新去计算一遍,从而使平差结果得到改善。

广义的验后补偿法还包括根据控制点在平差后的坐标残差,进行最小二乘配置法的滤波和推估,从而消除和补偿地面控制网中产生的所谓应力,使摄影测量网更好地纳入到大地坐标系统。

3. 自检校法

在摄影测量中最常用的补偿系统误差方法是自检校法,或称利用附加参数的整体平差法。它选用若干附加参数组成系统误差模型,将这些附加参数作为未知数或带权观测值,与区域网的其他未知参数一起解求,从而在平差过程中自行检定和消除系统误差的影响。

另一种简单的补偿方法是自抵消法。它通过对同一测区进行相互垂直的两次航摄飞行,航向与旁向重叠均为60%,从而获得同一测区的四组摄影测量数据(即四次覆盖测区)。将这四组数据同时进行区域网平差,此时各组数据之间的系统变形将会相互抵消或减弱,使系统误差成了"偶然误差"。在四组数据整体平差结果中,也可能部分地顾及系统误差的影响。

上述各种方法可以组合起来使用,如自检校平差加验后补偿法,试验场检校与自检校平差同时采用,通过这些组合可获得最佳效果。

需要强调指出的是,像点坐标中包含的系统误差通常总是与偶然误差混在一起的。在这种情况下,系统误差相当于某种信号,而偶然误差则是噪声。当偶然误差很大时,信噪比将很小。此时,系统误差很难测出和加以补偿,而且改正系统误差也不会对结果有明显的改善。因此,只有尽力减小影像坐标的偶然误差,才有必要和可能来补偿影像系统误差。此外,像点坐标或控制点坐标上的粗差也会干扰对系统误差的补偿,因此,只有利用适当的方法剔除数据中的粗差,才能有效地补偿影像系统误差。

4.9.3 利用附加参数的自检校光束法平差

利用附加参数自检校法的基本思想是,采用一个用若干附加参数描述的系统误差模型,在区域网平差的同时解求这些附加参数,进而达到自动测定和消除系统误差的目的,故其称为利用附加参数的自检校法。

由于系统误差可以方便地表示为影像坐标的函数,所以通常只在以影像坐标为观测值的光束法区域网平差中进行附加参数的自检校平差。

1. 基本解算过程

由于影像系统误差通常并不很大,因此描述系统误差的附加参数也不会很大。一般不宜将附加参数处理成自由未知数,而是把它们视为带权观测值。如果将外业控制点也处理成带权观测值的话,则平差的基本误差方程式为:

$$V_1 = A_1 X_1 + A_2 X_2 + A_3 X_3 - L_1 \qquad 权矩阵 \ P_1$$
$$V_2 = \quad\quad\quad\quad I_2 X_2 \quad\quad\quad - L_2 \qquad 权矩阵 \ P_2 \qquad (4\text{-}57)$$
$$V_3 = \quad\quad\quad\quad\quad\quad\quad I_3 X_3 - L_3 \qquad 权矩阵 \ P_3$$

式中:X_1 为外方位元素和坐标未知数改正数向量;

A_1 为相应的误差方程式系数矩阵;

L_1 为像点(或模型点)坐标的观测值向量;

P_1 为像点(或模型点)坐标的权矩阵;

X_2 为控制点坐标的改正数向量;

A_2 为相应的误差方程式系数矩阵;

L_2 为控制点坐标改正数的观测值向量(取控制点坐标为初值时,$L_2 = 0$);

P_2 为控制点坐标的权矩阵;

X_3 为附加参数向量;

A_3 为相应的系数矩阵,由系统误差模型所决定;

L_3 为附加参数的观测值向量,只有当该参数已预先测出或已知时它才不为零;

P_3 为附加参数的权矩阵,取决于系统误差与偶然误差的信噪比。

$$\boldsymbol{V} = \begin{bmatrix} V_1 \\ V_2 \\ V_3 \end{bmatrix}, \quad \boldsymbol{X} = \begin{bmatrix} X_1 \\ X_2 \\ X_3 \end{bmatrix}, \quad \boldsymbol{L} = \begin{bmatrix} L_1 \\ L_2 \\ L_3 \end{bmatrix}$$

$$\boldsymbol{A} = \begin{bmatrix} A_1 & A_2 & A_3 \\ 0 & I_2 & 0 \\ 0 & 0 & I_3 \end{bmatrix}, \quad \boldsymbol{P} = \begin{bmatrix} P_1 & & \\ & P_2 & \\ & & P_3 \end{bmatrix}$$

则式(4-57)可简写为:

$$\boldsymbol{V} = \boldsymbol{A}\boldsymbol{X} - \boldsymbol{L}, \quad \boldsymbol{P} \qquad (4\text{-}58)$$

法方程式为:

$$(\boldsymbol{A}^T \boldsymbol{P} \boldsymbol{A}) \boldsymbol{X} = \boldsymbol{A}^T \boldsymbol{P} \boldsymbol{L} \qquad (4\text{-}59)$$

即
$$\begin{bmatrix} A_1^T P_1 A_1 & A_1^T P_1 A_2 & A_1^T P_1 A_3 \\ A_2^T P_1 A_1 & A_2^T P_1 A_2 + P_2 & A_2^T P_1 A_3 \\ A_3^T P_1 A_1 & A_3^T P_1 A_2 & A_3^T P_1 A_3 + P_3 \end{bmatrix} \begin{bmatrix} X_1 \\ X_2 \\ X_3 \end{bmatrix} = \begin{bmatrix} A_1^T P_1 L_1 \\ A_2^T P_1 L_1 + P_2 L_2 \\ A_3^T P_1 L_1 + P_3 L_3 \end{bmatrix}$$
(4-60)

这种形式的法方程式导出的改化法方程式是镶边带状结构的形式,可按逐次分块约化法求解。

2. 系统误差模型的选择

从理论上讲,像点坐标系统误差是影像坐标的函数,可以一般地表示为:
$$\left. \begin{array}{l} \Delta x = f_1(x,y) \\ \Delta y = f_2(x,y) \end{array} \right\} \tag{4-61}$$
式中:x,y 为像点在以像主点为原点的影像平面坐标系中的坐标。

由于这种函数关系很难得知,在 1972 年至 1980 年期间,各国学者曾研究过不同的附加参数选择方案。从引起系统误差的物理因素出发,美国的布朗博士提出了包含四类改正项共 21 个参数的模型:

$$\begin{aligned}
\Delta x &= a_1 x + a_2 y + a_3 xy + a_4 y^2 + a_5 x^2 y + a_6 xy^2 + a_7 x^2 y^2 \\
&\quad + \frac{x}{f}[a_{13}(x^2 - y^2) + a_{14} x^2 y^2 + a_{15}(x^4 - y^4)] \\
&\quad + x[a_{16}(x^2 + y^2) + a_{17}(x^2 + y^2)^2 + a_{18}(x^2 + y^2)^3] \\
&\quad + a_{19} + a_{21}\left(\frac{x}{f}\right) \\
\Delta y &= a_8 xy + a_9 x^2 + a_{10} x^2 y + a_{11} xy^2 + a_{12} x^2 y^2 \\
&\quad + \frac{y}{f}[a_{13}(x^2 - y^2) + a_{14} x^2 y^2 + a_{15}(x^4 - y^4)] \\
&\quad + y[a_{16}(x^2 + y^2) + a_{17}(x^2 + y^2)^2 + a_{18}(x^2 + y^2)^3] \\
&\quad + a_{20} + a_{21}\left(\frac{y}{f}\right)
\end{aligned} \tag{4-62}$$

其中:$a_1 \sim a_{12}$ 这一组参数主要反映不可补偿的软片变形和非径向畸变,它们几乎是正交的,而且与 $a_{13} \sim a_{18}$ 也近似正交。$a_{13} \sim a_{15}$ 表示压平板不平引起的附加参数,它并不严格取决于径距,而且还包含了不规则畸变的径向分量。至于压片板不平的非对称影响可用 $a_5 x^2 y$ 和 $a_{11} xy^2$ 两项的组合作用来补偿。$a_{16} \sim a_{18}$ 这 3 个参数表示对称的径向畸变和对称的径向压平误差的影响。系数 $a_{19} \sim a_{21}$ 相当于内方位元素误差,通常不予考虑,只有地形起伏很大时才有必要列入。

在这组附加参数中，$a_{13} \sim a_{18}$ 之间存在着一些强相关，而且它们与地面坐标未知数之间可能也强相关，所以必须通过统计检验和附加参数可靠性分析来适当地选取参数。

也可以从纯数学角度建立系统误差模型，此时不强调附加参数的物理含义，而只关心它们对系统误差的有效补偿。此时可采用一般多项式，包含傅立叶系数的多项式或由球谐函数导出的多项式，但人们更喜欢采用正交多项式的附加参数，因为它能保证附加参数之间相关很小而利于解算。

3. 对自检校区域网平差方法的评价

自检校区域网平差是在解析摄影测量平差中补偿系统误差的最有效方法，其原理也可以用来处理大地测量、重力测量、卫星大地测量以及工程测量控制网中的系统误差。在许多国家中已作为标准方法用于高精度解析空中三角测量中。在武汉大学的 WuCAPS$_{GPS}$ 联合平差软件包中也采用了自检校平差，在高精度地界点坐标测定中取得了成效。

根据研究，只要信噪比大于 0.8，即系统误差与偶然误差相比不是太小，就可用带附加参数的自检校平差。对于一般加密情况，可引入少量几个可测定的附加参数。进行高精度加密时，可引入较多的附加参数。而且，可以将它们处理成带权观测值，或采用程序控制下的自动检验和选择附加参数的方法。

4.10 GPS辅助空中三角测量

4.10.1 联合平差的概念及其发展过程

用摄影测量方法加密点的坐标时，常需要某些非摄影测量信息。为了进行摄影测量网的空间定位，至少需要 7 个独立的大地测量观测值或条件方程来解决空间网的平移、旋转与缩放。通常的摄影测量平差总是利用若干地面控制点将摄影测量坐标变换到规定的大地坐标系中去。有些程序中还可将大地测量坐标处理成带权观测值。但是，人们不认为这种处理方法是联合平差。

所谓的摄影测量与非摄影测量观测值的联合平差，指的是在摄影测量平差中使用了更一般的原始的非摄影测量观测值或条件。

在联合平差中可供利用的非摄影测量信息主要有以下几类：

(1) 物方空间的大地测量观测值。如物方坐标或坐标差、水平距离、空间距离或距离差、方位角、天顶距和水平角以及天文经纬度或重力测量观测值。点在某个局部坐标系中的坐标也可以用于联合平差。

(2) 影像外方位元素观测值或条件。如高差仪记录、断面记录仪记录、地平摄影仪、陀螺仪、全球定位系统(GPS)和惯性导航系统(INS)提供的摄站坐标、坐标差或影像姿态角元素。这些参数可以在航空摄影时获得。对于地面摄影测量,则有固定摄站上的对中和方位条件、立体摄影机条件,以及两个摄站间测出的坐标差或距离等。

(3) 影像内方位元素观测值,即由摄影机检定求得的具有一定精度的主距值和像主点坐标。

(4) 一组摄影测量点应满足的条件。如平静湖面上的点应具有相同的高程,以及位于一条直线、一个平面、某种规则几何形状表面的点,应当满足相应的几何条件等。

在空中三角测量中利用辅助数据由来已久。早在 1960 年前后就提出了在航测中利用测微高差仪、断面记录仪和雷达航测系统。当时是把这些辅助数据直接作为已知值使用,借以控制航带影像连续衔接时误差的传播。但是,由于这些辅助数据本身的误差不容忽略,且各种辅助数据之间又存在矛盾,在当时计算工具还不先进的情况下,难以用严格方法来处理这些矛盾,所以其应用在当时是很有限的。

随着电子计算机和解析空中三角测量的发展,人们可以将各种非摄影测量观测值表示为未知参数的函数,并顾及其包含的系统误差特性,列出误差方程式参与整体平差。因此,在 20 世纪 70 年代之后,这种联合平差就开始出现了。

进入 90 年代后,已有许多较成熟的联合平差程序涌现出来并有相应的试验成果。德国的斯图加特大学等单位对利用导航数据的空中三角测量区域网平差进行了成功的试验。Anderson 研究的摄影测量与多普勒数据的联合平差,是将所测定的多普勒站点的坐标及其全部协方差矩阵引入到摄影测量区域网平差中。直接利用大地测量观测值代替控制点坐标的联合平差,在近景摄影测量中用得比一般航空摄影测量还多。这一方面是因为近景摄影测量中往往只可能或只需要相对控制,另一方面由于在近景摄影测量中采用联合平差较为方便,它不像航空摄影测量平差有那么多的未知数。这类联合平差程序有汉诺威大学的 BINGO 程序、MOR 程序、加拿大的 GEBAT 程序、瑞典斯德哥尔摩大学的 GENTRI 程序等。

如何在卫星空中三角测量中利用卫星的轨道条件,这个问题早已提出。目前,由于全球定位系统(GPS)和惯性测量装置(IMU)的应用,使联合平差出现了前所未有的美好前景。GPS 系统不仅可用来测定野外控制点坐标,而且用差分法动态定位方法可测定摄站坐标 X_S、Y_S、Z_S,达到分米级或厘米级精度,用于空中三角测量可大量节省地面控制点。而惯性导航数据与 GPS 数据组合，可同时测定影像姿态角元素，从而有可能利用外方位元素直接测图，而免去空中三角测量的过程。鉴于 GPS 在空中三角测量中的重要性，下面着重介绍 GPS 辅助空中三角测量的基本思想。

4.10.2 全球定位系统(GPS)简介

GPS 全球定位系统是英文 navigation satellite timing and ranging/global positioning system 的字头缩写词 NAVSTAR/GPS 的简称。它的含义是：导航卫星测时和测距 / 全球定位系统。

通常使用 GPS 的方法来确定野外观测点的位置。GPS 最初是为防卫的目的发展起来的，美国全球定位系统包括一组 24 颗人造卫星，这些人造卫星精确地按已知轨道绕地球旋转，每 4 颗人造卫星为小组运行在 6 个不同的轨道平面中的一个。这些人造卫星一般每 12 小时绕地球旋转一周，它们在大约 20 200 km 的高空工作。鉴于总能精确地知道这些卫星在空中的位置，因此，可以认为它们是一个专门设计用来帮助定位导航的"人造"星座。

这些卫星发射时间编码的无线电信号，并被地面基准接收机记录。卫星的近圆形轨道平面与赤道成大约 60° 角，在经度上每 60° 隔开。这就意味着，在地球表面的任意一点的观察者，任何时间（白天或晚上）都能接收至少 4 颗 GPS 卫星的信号。

通过 GPS 信号决定地面位置的手段叫卫星测距。概念上，这个过程只包括测量信号由指定卫星发出信号到达地面接收器所需要的时间。已知信号以光速传输(3×10^8 m/s)，可以计算卫星和接收器之间的距离。理论上，仅测量来自 3 个卫星的信号就可以确定接收器的三维位置。然而，在卫星上极为精确的原子钟和 GPS 接收器上较便宜、低精度的钟之间缺乏精确的同步，所以需要来自 4 颗卫星的信号来校正钟差。实际上，对许多卫星做重复测量通常是很值得的。

除了钟差，GPS 测量会遇到许多潜在误差来源。其中有：卫星轨道的不确定（已知卫星星历表误差）、大气条件引起的误差（信号速度依赖于一天中的时间、季节和穿过大气的角度方向）、接收器误差（像电噪声和信号匹配误差这样的影响而产生），以及多路径误差（来自目标的部分传输信号在卫星和接收器之间不是直线的传输路径）。使用差分 GPS 测量法能在很大程度上补偿这样的误差。使用这种方法时，一个固定基站接收器（放在一个已知精确位置的点上）和一个（或多个）可以从一个点移动到另一个点的移动接收器同时测量。在基站测得的位置误差用来及时调整同一时刻由移动接收器测得的位置，使其更为精确。这种方法的实现有两种可选方式:一种是在野外观察完成后,用后处理方式从基站和移动接收器一块获得数据;另一种是基准站改正信息通过即时广播传给移动接收器。后一种方法称为实时差分 GPS 定位。

鉴于 GPS 全球定位系统具有高动态精确三维定位的功能,使得在航空摄影测量过程中,利用 GPS 所测得的摄站坐标来辅助空中三角测量的联合平差计算成为可能。

4.10.3 GPS 辅助空中三角测量的兴起与发展

GPS 辅助空中三角测量是利用装在飞机和设在地面的一个或多个基准站上的至少两台 GPS 信号接收机同时而连续地观测 GPS 卫星信号,通过 GPS 载波相位测量差分定位技术的离线数据后处理获取航摄仪曝光时刻摄站的三维坐标,然后将其视为附加观测值引入摄影测量区域网平差中,经采用统一的数学模型和算法以整体确定点位并对其质量进行评定的理论、技术和方法。

实际上从 20 世纪 50 年代初,人们就开始研究在空中三角测量中使用各种辅助数据,如高差仪和地平摄影机数据、空中断面记录仪(APR)数据、计算机控制的像片导航系统(CPNS)数据等。由于受当时技术条件的限制,不但获取数据的成本十分昂贵,而且所获数据的精度也不是很高,未能在摄影测量实践中得到广泛应用。

从 1984 年德国的 Ackermann 教授首次报道了利用 CPNS 数据进行联合平差的模拟试验结果起,国内外很多学者对利用 GPS 数据进行区域网平差的理论和方法进行了广泛和深入的研究及模拟试验,使人们从理论上对 GPS 辅助空中三角测量有了新的认识。研究表明,将 GPS 所确定的摄站位置作为辅助数据用于区域网联合平差,可极大地减少甚至完全免除常规空中三角测量所需的地面控制点,从而达到大量节省像片野外测量工作量、缩短航测成图周期、降低生产成本、提高生产效率的目的。

通过对 GPS 辅助空中三角测量的模拟和实验研究,还可归纳总结出以下几点认识:

(1) 采用基于载波相位差分动态 GPS 定位技术可以厘米级精度确定机载 GPS 接收天线相位中心的三维坐标,但坐标值包含有随时间变化的线性漂移系统误差。

(2) GPS 摄站坐标在区域网联合平差中是极其有效的,只需要中等精度的 GPS 摄站坐标即可满足测图的要求,详见表 4-1。

表 4-1　　　　　　联合平差对 GPS 摄站坐标的精度要求

测图比例尺	摄影比例尺	对空三的精度要求		等高距	对 GPS 的精度要求	
		$\mu_{x,y}$	μ_z		$\sigma_{x,y}$	$\sigma_z^{③}$
1:100000	1:100000	5m	<4m	20m	30m	16m
1:50000	1:70000	2.5m	2m	10m	15m	8m
1:25000	1:50000	1.2m	1.2m	5m	5m	4m
1:10000	1:30000	0.5m	0.4m	2m	1.6m	0.7m
1:5000	1:15000	0.25m	0.2m	1m	0.8m	0.35m
1:1000	1:8000	5cm	10cm	0.5m	0.4m①	0.15m
高精度点位测定	1:4000	1~2cm	6cm	—	0.15m②	0.15m

＊ 设 $\sigma_0 = 15\mu m$，①$\sigma_0 = 6\mu m$，②$\sigma_0 = 3\mu m$，③$\sigma_0 = 5\mu m$。

(3) 外方位线元素的利用一般比角元素更有效。附加的姿态测量数据在其精度很高时可用来改善高程加密精度。

(4) 利用 GPS 数据的光束法区域网平差有较好的可靠性，这包括 GPS 数据自身的可靠性以及像点坐标观测值和少量地面控制点的可靠性。

(5) 从理论上讲，GPS 提供的摄站坐标用于区域网平差可完全取代地面控制点，条件是此时区域网平差是在 GPS 直角坐标系(世界大地基准 WGS84)中进行的。

(6) 为了解决基准问题，即为了获得在国家坐标系(如高斯-克吕格坐标系)中的区域网平差成果，要求有一定数量的地面控制点。若区域网四角各有一个平高控制点，即可达到目的。但是，如果 GPS 坐标必须逐条航带进行变换，则区域的两端还需要布设 2 排高程控制点。或另加飞两条构架垂直航带并且带 GPS 数据。图 4-14 是一种典型的地面控制点布设方案。

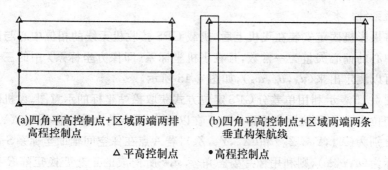

(a)四角平高控制点+区域两端两排　　(b)四角平高控制点+区域两端两条
　　　　高程控制点　　　　　　　　　　　　垂直构架航线

△ 平高控制点　　● 高程控制点

图 4-14　地面控制点布设方案

4.10.4 GPS辅助空中三角测量的基本原理

GPS辅助空中三角测量的作业过程大体上可分为以下四个阶段：

(1) 现行航空摄影系统改造及偏心测定。对现行的航空摄影飞机进行改造，安装GPS接收机天线，并进行GPS接收机天线相位中心到摄影机中心的测定偏心。需要说明的是，对于同一架航空摄影飞机，改造安装GPS接收机天线的工作只需进行一次即可。

(2) 带GPS信号接收机的航空摄影。在航空摄影过程中，以$0.5\sim1.0s$的数据更新率，用至少两台分别设在地面基准站和飞机上的GPS接收机同时而连续地观测GPS卫星信号，以获取GPS载波相位观测量和航摄仪曝光时刻。

(3) 解求GPS摄站坐标。对GPS载波相位观测量进行离线数据后处理，解求航摄仪曝光时刻机载GPS天线相位中心的三维坐标X_A,Y_A,Z_A——GPS摄站坐标及其方差—协方差矩阵。

(4) GPS摄站坐标与摄影测量数据的联合平差。将GPS摄站坐标视为带权观测值与摄影测量数据进行联合区域网平差，以确定待求地面点的位置并评定其质量。

下面主要对GPS辅助光束法区域网平差的基本原理进行简单介绍。

1. GPS摄站坐标与摄影中心坐标的几何关系

由于机载GPS接收机天线的相位中心不可能与航摄仪物镜后节点重合，所以会产生一个偏心矢量。航摄飞行中，为了能够利用GPS动态定位技术获取航摄仪在曝光时刻摄站的三维坐标，必须对传统的航摄系统进行改造。首先应在飞机外表顶部中轴线附近安装一高动态航空GPS信号接收天线，其次必须在航摄仪中加装曝光传感器，然后是将GPS天线通过前置放大器、航摄仪通过外部事件接口(event marker)与机载GPS信号接收机相连构成一个可用于GPS导航的航摄系统。

将摄影机固定安装在飞机上后，机载GPS接收机天线的相位中心与航摄仪投影中心的偏心矢量为一常数，且在飞机坐标系（即像方坐标系）中的三个坐标分量可以测定出来(u_A,v_A,w_A)，如图4-15所示。

图4-15表示利用单差分GPS定位方式获取摄站坐标的示意图。设机载GPS天线相位中心A和航摄仪投影中心S在以M为原点的大地坐标系$M\text{-}XYZ$中的坐标分别为(X_A,Y_A,Z_A)和(X_S,Y_S,Z_S)，若A点在像空间辅助坐标系$S\text{-}uvw$中的坐标为(u,v,w)，则利用像片姿态角φ,ω,κ所构成的正交变换矩阵R就可得到如下关系式：

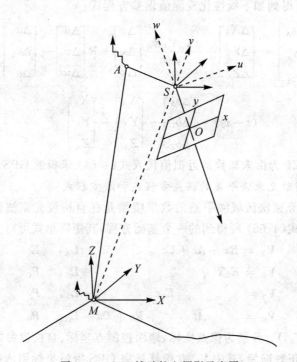

图 4-15 GPS 辅助航空摄影示意图

$$\begin{bmatrix} X_A \\ Y_A \\ Z_A \end{bmatrix} = \begin{bmatrix} X_S \\ Y_S \\ Z_S \end{bmatrix} + \boldsymbol{R} \begin{bmatrix} u \\ v \\ w \end{bmatrix} \tag{4-63}$$

根据 Frieβ 等人的研究,基于载波相位测量的动态 GPS 定位会产生随航摄飞行时间 t 线性变化的漂移系统误差。若在式(4-63)中引入该系统误差改正模型,则有

$$\begin{bmatrix} X_A \\ Y_A \\ Z_A \end{bmatrix} = \begin{bmatrix} X_S \\ Y_S \\ Z_S \end{bmatrix} + \boldsymbol{R} \begin{bmatrix} u \\ v \\ w \end{bmatrix} + \begin{bmatrix} a_X \\ a_Y \\ a_Z \end{bmatrix} + (t-t_0) \begin{bmatrix} b_X \\ b_Y \\ b_Z \end{bmatrix} \tag{4-64}$$

式中:t_0 为参考时刻;$a_X, a_Y, a_Z, b_X, b_Y, b_Z$ 为 GPS 摄站坐标漂移系统误差改正参数。

式(4-64)所表达的机载 GPS 天线相位中心与摄影中心坐标间的严格几何关系是非线性的。为了能将 GPS 所确定的摄站坐标作为带权观测值引入空中三角测量平差中,需对其进行线性化处理。对未知数取偏导数,并按泰勒级数展开

取至一次项,可得到如下线性化观测值误差方程式:

$$\begin{bmatrix} v_{X_A} \\ v_{Y_A} \\ v_{Z_A} \end{bmatrix} = \begin{bmatrix} \Delta X_S \\ \Delta Y_S \\ \Delta Z_S \end{bmatrix} + \frac{\partial X_A Y_A Z_A}{\partial \varphi \omega \kappa} \begin{bmatrix} \Delta \varphi \\ \Delta \omega \\ \Delta \kappa \end{bmatrix} + R \begin{bmatrix} \Delta u \\ \Delta v \\ \Delta w \end{bmatrix} + \begin{bmatrix} \Delta a_X \\ \Delta a_Y \\ \Delta a_Z \end{bmatrix} +$$

$$(t - t_0) \cdot \begin{bmatrix} \Delta b_X \\ \Delta b_Y \\ \Delta b_Z \end{bmatrix} - \begin{bmatrix} X_A \\ Y_A \\ Z_A \end{bmatrix} + \begin{bmatrix} X_A \\ Y_A \\ Z_A \end{bmatrix}^0 \qquad (4\text{-}65)$$

其中: X_A^0, Y_A^0, Z_A^0 为由未知数的近似值代入式(4-64)求得的 GPS 摄站坐标。

2. GPS 辅助光束法平差的误差方程式和法方程式

GPS 辅助光束法区域网平差的数学模型是在自检校光束法区域网平差的基础上联合公式(4-65)所得到的一个基础方程,其矩阵形式可写为:

$$\begin{array}{llll}
V_X = Bx + At + Cc & -L_X, & E \\
V_C = E_X x & -L_C, & P_C \\
V_S = \qquad E_C c & -L_S, & P_S \\
V_G = \qquad \overline{A}t \qquad + Rr + Dd - L_G, & P_G
\end{array} \qquad (4\text{-}66)$$

式中: V_X, V_C, V_S, V_G 分别为像点坐标、地面控制点坐标、自检校参数和 GPS 摄站坐标观测值改正数向量,其中 V_G 方程就是将 GPS 摄站坐标引入摄影测量区域网平差后新增的误差方程式;

$x = \begin{bmatrix} \Delta X & \Delta Y & \Delta Z \end{bmatrix}^T$ 为加密点坐标未知数增量向量;

$t = \begin{bmatrix} \Delta \varphi & \Delta \omega & \Delta \kappa & \Delta X_S & \Delta Y_S & \Delta Z_S \end{bmatrix}^T$ 为像片外方位元素未知数增量向量;

$c = \begin{bmatrix} a_1 & a_2 & a_3 & \cdots \end{bmatrix}^T$ 为自检校参数向量;

$r = \begin{bmatrix} \Delta u & \Delta v & \Delta w \end{bmatrix}^T$ 为机载 GPS 天线相位中心与航摄仪投影中心间偏心分量未知数增量向量;

$d = \begin{bmatrix} a_X & a_Y & a_Z & b_X & b_Y & b_Z \end{bmatrix}^T$ 为漂移误差改正参数向量;

A, B, C 为自检校光束法区域网平差方程式中相应于 t, x, c 未知数的系数矩阵;

$\overline{A}, R, D$ 为 GPS 摄站坐标误差方程式对应于 t, r, d 未知数的系数矩阵;

E, E_X, E_C 为单位矩阵;

L_X, L_C, L_S, L_G 为误差方程式的系数矩阵;

P_C, P_S, P_G 为各类观测值的权矩阵。

根据最小二乘平差原理,由式(4-66)可得到法方程的矩阵形式为:

$$\begin{bmatrix} B^TB+P_c & B^TA & B^TC & 0 & 0 \\ A^TB & A^TA+\overline{A}^TP_GA & A^TC & \overline{A}^TP_GR & \overline{A}^TP_GD \\ C^TB & C^TA & C^TC+P_s & 0 & 0 \\ 0 & R^TP_G\overline{A} & 0 & R^TP_GR & R^TP_GD \\ 0 & D^TP_G\overline{A} & 0 & D^TP_GR & D^TP_GD \end{bmatrix} \begin{bmatrix} x \\ t \\ c \\ r \\ d \end{bmatrix}$$

$$= \begin{bmatrix} B^TL_X+P_cL_c \\ A^TL_X+\overline{A}^TP_GL_G \\ C^TL_X+P_sL_s \\ R^TP_GL_G \\ D^TP_GL_G \end{bmatrix} \quad (4\text{-}67)$$

式(4-67)为 GPS 辅助光束法区域网平差法方程的一般形式。与常规自检校光束法区域网平差相比,主要是增加了两组未知数 r 和 d ,其系数矩阵增加了 5 个非零子矩阵,即镶边带状矩阵的边宽加大了,但法方程式系数矩阵的良好稀疏带状结构并没有破坏,因此,仍然可以用传统的边法化边消元的循环分块方法求解未知数向量 t,c,r 和 d。

4.10.5 GPS 辅助空中三角测量试验举例

自 1986 年以来,美国、德国、荷兰、芬兰等国对 GPS 辅助空中三角测量进行了十分活跃的试验研究。从 20 世纪 90 年代初起,我国学者亦开始了相关的研究工作。1994 年,原武汉测绘科技大学(现武汉大学)与中国航空遥感公司等单位合作,在国家测绘局太原航摄仪综合性能试验场进行了第一次原理性试验,并取得了令人鼓舞的成果。下面仅以此次试验为例作一简单介绍。

此次 GPS 航摄飞行试验采用主距为 303mm 的常角 Wild RC-20 航摄仪,摄影比例尺为 1∶5000,共飞行 4 条航线,其中覆盖试验场的有效影像数为 32 张,面积约为 2.4km×2.4km,航向重叠为 62%~70%,旁向重叠为 40%~56%。区域网平差时包含有 199 个加密点,108 个可用于定向和检查的地面标志点。

利用武汉大学自主开发的联合平差程序 WuCAPS$_{GPS}$ 系统对上述资料进行了 GPS 辅助光束法区域网平差计算,根据 103 个地面标志点进行检查,得到表 4-2 的加密结果。为了与常规光束法区域网平差结果比较,同时进行了密周边布点自检校光束法区域网平差。此时,在测区四周布设了 12 个平高地面控制点,在测区中央布设了 2 个高程地面控制点,计算结果亦列于表 4-2。

表 4-2　　　　　　　　太原试验区光束法区域网平差结果

平差方案	σ_0 (μm)	检查点数		理论精度(平面/高程)		实际精度(平面/高程)	
		平面	高程	(cm)	(σ_0)	(cm)	(σ_0)
密周边布点 光束法区域网平差	10.3	94	91	5.4/22.5	1.0/4.4	5.2/16.0	1.0/3.1
四角布点 GPS 辅助光束法平差	10.4	103	95	6.5/23.3	1.3/4.5	7.9/18.1	1.5/3.5
无地面控制 GPS 辅助光束法平差	9.7	103	95	11.3/24.0	2.3/4.9	23.2/35.2	4.8/7.2

注：密周边布点是指在区域的四周平均约 2 条基线布设 1 个平高地面控制点，在区域的中间大约每隔 4 条基线布设 1 个高程地面控制点。

从表中看出，在四角布设 4 个平高地面控制点的情况下，GPS 辅助光束法区域网平差基本达到了常规密周边布点自检校光束法区域网平差的精度，且实际精度与理论精度基本一致。在无地面控制情况下，GPS 辅助光束法区域网平差的实际精度要略低于其理论精度，试验表明这是由于作为空中控制的 GPS 摄站坐标含有系统误差造成的。尽管如此，无地面控制的 GPS 辅助空中三角测量还是达到了相当高的精度。

GPS 辅助空中三角测量历经了 20 多年的研究和实践探索，其理论和方法已基本成熟，现已步入实用阶段。综观各项研究成果，可以得出如下结论和建议：

（1）用基于 GPS 载波相位测量差分定位技术来确定航空遥感中传感器的三维坐标是可行的，将其用于摄影测量定位可满足各种比例尺地形图航测成图方法对加密成果的精度要求。

（2）GPS 辅助光束法区域网平差可大大减少地面控制点，GPS 摄站坐标作为空中控制能够很好地抑制区域网中的误差传播。由于其在区域网中的分布密集而均匀，使得区域网平差的精度和可靠性非常好。但是，为了进行 GPS 摄站坐标的变换和改正各种系统误差，平差时引入少量地面控制点是必须的。

（3）与经典的光束法区域网平差作业模式相比，GPS 辅助光束法区域网平差可大大减少野外控制工作量。采用 GPS 辅助空中三角测量方法，从航空摄影到完成摄影测量加密的时间较传统方法大大缩短，进而可缩短航测成图周期。

（4）在使用 GPS 辅助空中三角测量技术时，区域的四角应布设 4 个平高地面控制点，这些点子最好简单布标，且于 GPS 航空摄影时进行测定。此外，还应于区域两端加摄两条垂直构架航线或在区域两端垂直于航线方向布设两排高程地面控制点。

(5) GPS 辅助空中三角测量是一种全新的技术,它还涉及诸如 GPS 航摄系统的偏移处理、地球曲率的影响和大地测量坐标系的转换、地面控制点的布设、系统误差的补偿和粗差的检测等许多技术细节。限于篇幅,这里就不详细叙述,有兴趣的读者可参考有关文献。

总之,GPS 辅助空中三角测量是一种经济、快速的高精度摄影测量加密方法,将其应用于测绘生产必将变革现行航空摄影测量的作业模式。

4.11 机载 POS 系统对地定位

定位定向系统 POS(position & orientation system) 集 DGPS(Differential GPS) 技术和惯性导航系统(INS)技术于一体,可以获取移动物体的空间位置和三轴姿态信息,广泛应用于飞机、轮船和导弹的导航定位。POS 主要包括 GPS 信号接收机和惯性测量装置 IMU(inertial measurement unit) 两个部分,亦称 GPS/IMU 集成系统。本节首先简单介绍两种 POS 系统,然后介绍 POS 与航空摄影系统的集成方法与工作原理,并初步分析 POS 系统的主要误差来源,最后介绍 POS 系统数据处理及误差控制方法。

4.11.1 定位定向系统(POS) 简介

目前商用的 POS 系统主要有两种:一种是加拿大 Applanix 公司开发的 POS AV 系统;另一种是德国 IGI 公司开发的 AEROcontrol 系统。

1. POS AV 系统

POS AV 系统是加拿大 Applanix 公司开发的基于 DGPS/IMU 的定位定向系统。它主要由 4 部分组成,如图 4-16 所示。

图 4-16 POS AV 系统组成

(1) 惯性测量装置(IMU)。IMU 由 3 个加速度计、3 个陀螺仪、数字化电路和一个执行信号调节及温度补偿功能的中央处理器组成。经过补偿的加速度计和陀螺仪数据就作为速度和角度的增率,通过一系列界面传送到计算机系统 PCS,典型的传送速率为 200～1000 Hz。然后 PCS 在一个叫做捷联式惯性导航器中组合这些加速度和角度速率,以获取 IMU 相对于地球的位置、速度和方向。

(2) GPS 接收机。GPS 系统由一系列 GPS 导航卫星和 GPS 接收机组成。采用载波相位差分的 GPS 动态定位技术解求 GPS 天线相位中心位置。在多数应用中,POS AV 系统采用内嵌式低噪双频 GPS 接收机来为数据处理软件提供波段和距离信息。

(3) 计算机系统(PCS)。PCS 包含 GPS 接收机、大规模存储系统和一个实时组合导航的计算机。实时组合导航计算的结果作为飞行管理系统的输入信息。

(4) 数据后处理软件 POSPac。POSPac 数据后处理软件通过处理 POS AV 系统在飞行中获得的 IMU 和 GPS 原始数据以及 GPS 基准站数据得到最优的组合导航解。当 POS 系统用于摄影测量时,最后还需要利用 POSPac 软件中的 POSEO 模块解算每张影像在曝光瞬间的外方位元素。

组合惯性导航软件同时装备在实时计算机系统 PCS 和后处理软件 POSPac 中。在这个软件中,GPS 观测量用来辅助 IMU 的导航数据,提供一个姿态与位置混合的解决方案。这种方法保留了 IMU 导航数据的动态精度,但同时能够拥有 GPS 的绝对精度。

2. AEROcontrol 系统

AEROcontrol 系统是德国 IGI 公司开发的高精度机载定位定向系统。主要由 3 个部分组成:导航和管理系统 CCNS4、GPS/IMU 系统 AEROcontrol 以及后处理软件 AEROoffice。其中 AEROcontrol 系统主要由 3 个部分组成:

(1) 惯性测量装置 IMU-IId。IMU 由 3 个加速度计、3 个陀螺仪和信号预处理器组成。IMU-IId 能够进行高精度的转角和加速度的测量。

(2) GPS 接收机。GPS 数据接收。

(3) 计算机装置。采集未经任何处理的 IMU 和 GPS 数据并将它们保存在 PC 卡上用于后处理,协同 GPS、IMU 以及所用的航空传感器的时间同步。计算机装置实时组合导航计算的结果作为 CCNS4 的输入信息。

CCNS4 是用于航空飞行任务的导航、定位和管理的系统。CCNS4 控制管理 AEROcontrol,通过 CCNS4 的一个菜单条目,可以开始和停止 AEROcontrol 系统记录数据。同时 CCNS4 能够监控数据的记录,监测 GPS 接收机运行情况和实时组合导航计算的结果。CCNS4 和 AEROcontrol 可以作为两个独立系统分别运行,也可以作为一个整体来运行。

后处理软件 AEROoffice 提供了处理和评定所采集的数据所需的全部功能。软件除了提供 DGPS/IMU 的组合 Kalman 滤波功能外,还提供用于将外定向参数转化到本地绘图坐标系的工具。

4.11.2 POS 与航空摄影系统的集成方法

将 POS 系统和航摄仪集成在一起,通过 GPS 载波相位差分定位获取航摄仪的位置参数及惯性测量单元 IMU 测定航摄仪的姿态参数,经 IMU、DGPS 数据的联合后处理,可直接获得测图所需的每张像片 6 个外方位元素,从而大大减少乃至无需地面控制直接进行航空影像的空间地理定位,为航空影像的进一步应用提供快速、便捷的技术手段。在崇山峻岭、戈壁荒漠等难以通行的地区,如国界、沼泽滩涂等作业员根本无法到达的地区,采用 POS 系统和航空摄影系统集成进行空间直接对地定位(direct georeferencing),快速高效地编绘基础地理图件将是非常行之有效的方法。目前,机载 POS 系统直接对地定位技术已逐步应用于生产实践。

直接对地定位系统由惯性测量装置、航摄仪、机载 GPS 接收机和地面基准站 GPS 接收机 4 部分构成,其中前 3 者必须稳固安装在飞机上,保证在航空摄影过程中三者之间的相对位置关系不变,如图 4-17 所示。

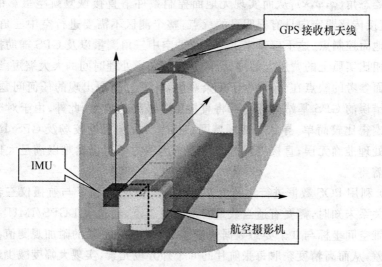

图 4-17 POS 和航空摄影系统的集成

航摄仪、GPS天线和IMU三者之间的空间坐标变换可以通过坐标变换实现。为了保证获取航摄仪曝光瞬间摄影中心的空间位置和姿态信息,航摄仪应该提供或加装曝光传感器及脉冲输出装置。

目前,Leica公司的RC-20、RC-30和Zeiss厂的RMK-TOP等现代航摄仪已带有此脉冲信号输出装置,而IMU和机载GPS接收机则有对应的外部事件输入装置。机载GPS接收机必须是能在高速飞行条件下工作的动态GPS信号接收机,数据更新频率要优于1次/s。机载GPS天线应安装在飞机顶部外表中轴线附近,尽量靠近飞机重心和摄影中心的位置上。除安装在飞机上的设备外,还应在测区内或周边地区设定至少一个基准站,并安装静态GPS信号接收机,要求地面GPS接收机的数据更新频率不低于机载接收机的更新频率,以相对GPS动态定位方式来同步观测GPS卫星信号。

4.11.3 POS系统在航空摄影测量中的应用

1. 机载POS系统的应用方式

(1) 利用POS数据进行直接传感器定向。在已知GPS天线相位中心、IMU及航摄仪三者之间空间关系的前提下,可直接对POS系统获取的GPS天线相位中心的空间坐标(X,Y,Z)及IMU系统获取的侧滚角、俯仰角、航偏角进行数据处理,获取航空影像曝光瞬间的摄站中心三维空间坐标(X_S,Y_S,Z_S)及其航摄仪三个姿态角(φ,ω,κ),从而实现无地面控制条件下直接恢复航空摄影的成像过程。直接传感器定向具有很明显的优点:整个测区不需要进行空中三角测量,不需要地面控制点。这不仅带来了与传统的空中三角测量以及GPS辅助控制三角测量相比实质上的费用上的降低,同时还带来了处理时间的大大缩短。纯粹的直接地面参考的缺点在于:缺少了多余观测,计算过程中出现的任何问题(例如采用了错误的GPS基站坐标),都将直接影响最终的结果。此外,由于对于几何模型考虑得比较简单,导致即使区域网结构十分完美且检校场及GPS/IMU数据联合处理准确无误,直接传感器定向所能达到的精度仍然难以满足大比例尺测图的需要。

(2) 利用POS数据进行集成传感器定向。当GPS、IMU与航摄仪三者之间的空间关系未知时,需要有适当数量的地面控制点,通过将DGPS/IMU系统获取的三维空间坐标与3个姿态数据直接作为空中三角测量的附加观测值参与区域网平差,从而高精度获取每张航片的6个外方位元素,实现大幅度减少地面控制点的数量。在集成传感器定向的过程中,虽然不可避免空中三角测量和加密点量测,但是也随之带来了更好的容错能力和更精确的定向结果。集成传感器定向不需要进行预先的系统校正,因为校正参数能够在空中三角测量的过程中解算出来。利用直接传感器定向,能够大大地减少所需要的控制点的数目。

比较上述两种方法可以发现:由于集成传感器定向是将 DGPS 和 IMU 数据直接纳入区域网,用地面控制点进行联合平差,因此理论上集成传感器定向较直接传感器定向具有可靠的精度和稳定性。但直接传感器定向具有更好的适应性:对自然灾害频发区、国界及争议区、自然条件恶劣区等难以开展地面控制测量工作的地区,采用直接传感器定向则是唯一可行的方法。

2. GPS、IMU 及航摄仪三者之间空间关系的确定

(1) 摄影中心空间位置的确定。集成系统利用安设在航摄飞机和一个或多个地面基准站上的 GPS 接收机,采用差分动态 GPS 定位方法来联合测定摄影中心的空间位置。航空摄影完成后,对机载和地面 GPS 信号接收机所记录的载波相位观测量进行测后数据处理,便可得到每一个观测历元时刻机载 GPS 天线相位中心的空间位置。在机载 POS 系统和航摄仪集成安装时,GPS 天线相位中心 A 和航摄仪投影中心 S 有一个固定的空间距离,如图 4-15 所示。在航空摄影过程中,点 A 和点 S 的相对位置关系保持不变,即点 A 在像空间辅助坐标系 $S\text{-}UVW$ 中的坐标(u,v,w)是常数。假设点 A 和点 S 在大地坐标系中的坐标分别为(X_A,Y_A,Z_A) 和 (X_S,Y_S,Z_S),则它们满足式(4-68),现重新表示如下:

$$\begin{bmatrix} X_A \\ Y_A \\ Z_A \end{bmatrix} = \begin{bmatrix} X_S \\ Y_S \\ Z_S \end{bmatrix} + R_{\varphi\omega\kappa} \cdot \begin{bmatrix} u \\ v \\ w \end{bmatrix} \tag{4-68}$$

式(4-68)是通过机载 POS 系统获取摄站空间位置的理论公式,通常应根据具体应用,引入特定的误差改正模型。

(2) 航摄仪姿态参数的确定。从式(4-68)可以看出,机载 GPS 天线相位中心的空间位置与航摄像片的 3 个姿态角(φ,ω,κ)相关。也即利用机载 GPS 观测值解算投影中心的空间位置离不开航摄仪的姿态参数。POS 系统中的惯性测量装置(IMU)即三轴陀螺和三轴加速度表,是用来获取航摄仪姿态信息的。如 POS AV510 系列的 IMU 具有很高的精确度,而且数据更新频率远高于 GPS 接收机,但长时间持续测量会使精确度有所降低。运用动态 GPS 观测数据可以进行误差的补偿并归零。

IMU 获取的是惯导系统的侧滚角(φ)、俯仰角(ω)和航偏角(κ)。由于系统集成时 IMU 三轴陀螺坐标系和航摄仪像空间辅助坐标系之间总存在角度偏差$(\Delta\varphi,\Delta\omega,\Delta\kappa)$,因此,航摄像片的姿态参数需要通过转角变换计算得到。航摄像片的 3 个姿态角所构成的正交变换矩阵 R 满足如下关系式:

$$R = R_I^G(\varphi,\omega,\kappa) \cdot \Delta R_P^I(\Delta\varphi,\Delta\omega,\Delta\kappa) \quad (4\text{-}69)$$

式中：$R_I^G(\varphi,\omega,\kappa)$ 为 IMU 坐标系到物方空间坐标系之间的变换矩阵；$\Delta R_P^I(\Delta\varphi,\Delta\omega,\Delta\kappa)$ 为像空间坐标系到 IMU 坐标系之间的变换矩阵；φ,ω,κ 为 IMU 获取的姿态参数；$\Delta\varphi,\Delta\omega,\Delta\kappa$ 为 IMU 坐标系与像空间辅助坐标系之间的偏差。

在测算出航摄仪的 3 个姿态参数后，根据式(4-68)即可解算出摄站的空间位置信息，从而得到航摄像片的 6 个外方位元素。

4.11.4 POS 系统对地定位的主要误差源

利用 POS 系统进行传感器对地定位时，其精度主要由以下几个因素决定：传感器位置、时间同步、初始校正、系统检校。下面对这几个影响精度的因素进行简单说明。

1. 传感器位置

如何将传感器最佳地安放在航空载体上是一项重要的工作。因为一个低劣的传感器底座很可能改变整个系统的性能，而且这种情况引起的误差将很难改正。传感器的放置通常要符合下述两个条件：

（1）使检校误差对传感器间偏移改正的影响最小。

（2）传感器之间不能有任何微小移动。

对于第一个条件，缩短传感器之间的距离就可以减小空间偏移改正的误差。这一点对于直接地理参考中定位元素的影响尤为明显。另一方面，传感器间的微小移动将对姿态测定产生影响。对于空间偏移改正和传感器间的微小移动来说，后者更难克服。

2. 时间同步

尽管 GPS 与 IMU 组合使用可以提高二者的性能，高精度 GPS 信息作为外部量测输入，在运动过程中频繁地修正 IMU，以控制其误差随时间的累积；而短时间内高精度的 IMU 信息，可以很好地解决 GPS 动态环境中的信号失锁和周跳问题，同时还可以辅助 GPS 接收机增强其抗干扰能力，提高捕获和跟踪卫星信号的能力。但是，通常我们很难实现实时的 DGPS/IMU 组合导航系统。其中最根本的问题就在于很难做到同步地使用 GPS 和 IMU 数据。IMU、GPS 以及影像数据流之间的时间同步性要求随着精度要求及载体动态性的提高而提高。如果不能恰当地处理这个问题，它将成为一个严重的误差源，因为它直接影响载体的运行轨迹，从而影响影像外方位元素的确定。

3. 初始校正

初始校正处理用来确定惯性系统从本体系转换到当地面水平系的旋转矩

阵。这项工作是在测量之前完成的,通常分为两个阶段:粗校正和精确校正。粗校正是使用传感器的原始输出数据和只考虑地球旋转及重力场假设模型来近似估计姿态参数。而精确校正是考虑到低精度的惯性系统不能够在静态环境中校正,从而引入飞机运动来获取更高的对准精度。如果飞机的运动能够引起足够大的水平加速度,那么未对准误差的不确定性将可以通过速度误差迅速观测出来,并且能够根据DGPS的速度更新利用Kalman滤波估计出其大小。

4. 系统检校

由于直接传感器定向不利用地面控制点,而仅仅是通过投影中心外推获得地面点坐标,因此系统校正是进行传感器定向不可缺少的一项主要工作。系统校正的精确程度将极大地影响所获得的地面点坐标精度,由此,在实际作业中,对于系统校正必须给予充分的重视。系统校正分成两个部分:单传感器的校正和传感器之间的校正。单传感器校正包括内定向参数、IMU常量漂移、倾斜和比例因子,GPS天线多通道校正,等等。传感器间的校正包含确定航摄仪与导航传感器之间的相对位置和旋转参数,由数据传输和内在的硬件延迟引起的传感器时间不同步的问题。

在利用POS系统提供的外方位元素直接进行传感器定向前必须进行检校,确定和改正这些误差。检校的正确与否将直接影响后续的数据处理。因此,在实际应用中对检校的要求是相当严格的,任何微小的错误都可能导致其所确定的目标点位存在很大的误差。直接传感器定向首先应布设理想的检校场,进行严格的系统检校,保证测定的定向参数具有很高的精度。集成传感器定向无需布设检校场,但需要根据测图精度要求,在全区布设一定数量的地面控制点,进行像点坐标量测和空三解算,才能获得摄影瞬间像片的6个外方位元素。

本章思考题

1. 像点坐标观测值中的系统误差主要包括哪些内容?如何改正?
2. 单像空间后方交会的目的是什么?解求中有多少未知数?至少需要测求几个地面控制点?为什么?
3. 立体像对前方交会的目的是什么?
4. 试述空间后交一前交计算地面点三维坐标的基本过程。
5. 内定向的基本含义是什么?如何进行内定向?
6. 解析相对定向的目的是什么?有哪两种方法?各种方法的定向元素是哪5个?

7. 相对定向要不要外业控制点?为什么?试述连续法相对定向计算的基本过程。

8. 怎样求模型点的坐标?为什么每点的投影系数不同?

9. 解析法绝对定向的目的是什么?定向元素有哪些?如何解求绝对定向元素?解求中至少需要几个地面控制点?

10. 解析空中三角测量的目的和意义是什么?解析空中三角测量有哪些方法?

11. 试说明航带法解析空中三角测量的基本思想及基本作业过程。

12. 试说明独立模型法区域网平差的基本思想。

13. 试说明光束法区域网平差方法的基本思想。为什么说它是最严密的解析空中三角测量方法?

14. 如何进行空中三角测量结果的精度评定?

15. 自检校光束法区域网平差的主要目的是什么?

16. 为什么要引入非摄影测量观测值与摄影测量观测值一起进行联合平差?

17. 简述 GPS 辅助空中三角测量的基本原理,它较常规空中三角测量有何优越性?

18. 简述 POS 直接对地定位的基本原理与方法。机载 POS 对地定位系统有哪些主要应用?

第 5 章　　数字摄影测量及其发展

顾名思义，数字摄影测量即用计算机对摄影测量的数据进行数字处理和加工，以得到用户所需要的产品或数字信息。数字摄影测量与摄影测量学 170 多年的发展历史相比，它还相对年轻。随着计算机科学、数字图像处理、计算机图形学和计算机视觉等相关学科的发展，数字摄影测量在其短短的历史发展中，却以程度不同的成功被应用于几乎所有与成像有关的领域，特别是在测绘相关领域，它已经绝对占领了生产方式的主导地位。本章主要围绕数字摄影测量在测绘领域的应用，首先介绍一些与数字图像处理有关的基础知识，然后介绍影像数字化和重采样的方法，重点介绍数字摄影测量的核心内容——影像匹配的理论和方法，最后简单介绍数字摄影测量发展中所存在的若干典型问题。

5.1　　数字图像处理概述

数字摄影测量处理的原始资料是数字影像。数字摄影测量的数据处理算法，特别是对影像的预处理与数字图像处理有很大的内在联系。因此，在介绍数字摄影测量特有的方法和算法前，有必要先简单介绍有关数字图像处理的基本知识。

5.1.1　数字图像基本概念

数字图像处理系统最基本的 3 个部件是：处理图像的计算机、图像数字化仪和图像显示设备。在其自然的形式下，图像并不能直接由计算机进行处理和分析，因为计算机只能处理数字而不是图片，所以一幅图像在用计算机进行处理前必须先转化为数字形式。

图 5-1 表明如何用一个数字阵列来表示一个物理图像。物理图像被划分为一个个称做图像元素（picture element）的小区域，图像元素简称为像素（pixel）。最常见的划分方案是图中所示的方形采样网格，图像被分割成由相邻像素组成的许多水平线，赋予每个像素位置的数值反映了物理图像上对应点的亮度。

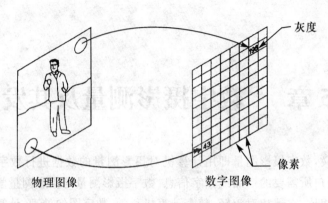

图 5-1 物理图像及对应的数字图像

数字图像可以由以下 3 种途径得到：

（1）将传统的可见光图像经过数字化处理转换为数字图像。例如将一幅照片通过扫描仪输入到计算机中，扫描的过程实质上就是一个数字化的过程。

（2）应用各种数字相机或光电转换设备直接得到数字图像，例如数字航空摄影机、卫星上搭载的推帚式扫描仪、光机扫描仪和侧视雷达等均可以直接获取地表物体的数字图像，并实时存入存储器中。

（3）直接由二维离散数学函数生成数字图像。

需要指出的是，无论采用哪种方式，最终得到的数字图像都是一个二维矩阵。

5.1.2 数字图像处理的基本算法

数字图像处理的研究内容主要有以下几个方面：数字图像的获取、存储和传输，数字图像的处理，以及数字图像的输出和显示。其中，数字图像的处理是关键，具体内容包括代数运算和几何运算、图像变换、图像增强、图像复原、图像编码、模式识别和图像融合等内容。数字摄影测量数据处理的很多方面与上述内容有很大的关系，下面对相关内容再作进一步的简单说明。

1. 代数运算

代数运算指对两幅图像进行点对点的加、减、乘、除运算。代数运算的算法虽然简单，但其用途非常广泛。加法运算可用于降低图像中加性随机噪声的污染；减法运算则可以检测图像中物体的运动变化；乘法运算可用于标记图像中的感兴趣区域（掩膜处理）；除法运算则经常用于多光谱遥感图像的分析处理，以扩大不同地物之间的差异。

2. 几何运算

几何运算用于改变图像中物体的空间位置关系，主要包括图像的平移、缩放、旋转和坐标变换，以及多幅图像的空间配准及镶嵌。

3. 图像变换

图像变换是将图像从空间域变换到变换域（例如频率域），在变换域对图像进行处理和分析。图像变换作为图像增强和图像复原的基本工具，或者作为图像特征为图像分析提供基本依据。其主要内容包括离散傅里叶变换、离散余弦变换、沃尔什－哈达玛变换、主成分变换和小波变换等。

4. 图像增强

图像增强主要是突出图像中的某些"有用"信息，扩大图像中不同物体特征之间的差别。图像增强会改善图像的视觉效果，并增强某些特定的信息。图像增强的主要算法包括直方图增强、空域滤波增强、频域滤波增强和彩色增强等。

5. 图像编码

数字图像的数据量是非常大的，然而数字图像实际上又具有很大的压缩潜力。这是因为数字图像中像素与像素之间存在很大的相关性，而且人类的视觉特性对彩色的敏感程度存在着局限性，对图像中颜色的细微变化是观察不到的。图像编码的研究就是利用像素间的相关性及人类的视觉特性对图像进行高效编码，即研究数据压缩技术。图像编码的主要算法包括哈夫曼编码、行程长度编码、变换编码和 MPEG 视频压缩中的帧间编码等。

6. 图像复原

在图像的获取和传输过程中，由于各种原因不可避免地会造成图像质量的下降（退化）。图像的复原就是根据事先建立起来的系统退化模型，将降质了的图像以最大的保真度恢复成真实的景物。图像复原的主要内容包括系统退化模型、线性代数复原法和滤波复原法等。

7. 模式识别

模式识别作为一门学科有其系统的理论基础和技术方法。在数字图像处理中，模式识别是指在图像增强等预处理的基础上，提取图像的有关特征，进而对图像中的物体进行分类，或者可以说是找出图像中有哪些物体。模式识别的主要算法包括统计模式识别法、模糊模式识别法、人工神经网络模式识别法和句法结构模式识别法等。

8. 图像融合

图像融合是通过一定的算法将两个以上的图像结合在一起生成一个新的图像。新图像与原始图像相比，应有更好的质量和可靠性。数据融合按融合所在的阶段不同,可分为像元级、特征级和决策级三个层次。图像融合所采用的算法与图像间的代数运算有着本质的差别。

需要说明的是,数字图像处理的内容非常丰富,在此不可能进行详细介绍。读者若对数字图像处理的具体内容和方法感兴趣,或在学习本教材过程中遇到相关的问题,可查阅数字图像处理方面的有关教材。

5.2 影像数字化与影像重采样

数字摄影测量处理的原始资料是数字影像,数字影像可以直接用数字式传感器得到,也可以利用影像数字化器对摄取的像片通过影像数字化过程获得。

5.2.1 影像数字化器

影像数字化器有多种,主要有电子－光学扫描器和固体阵列式数字化器等。

1. 电子－光学扫描器

电子－光学扫描器有很高的分解力和大的扫描面积,主要分为滚筒式和平台式两类。后者扫描速度较慢但分解力很高(可达 $1\mu m$)。在数字摄影测量发展之初,滚筒式电子-光学扫描器是较为常用的一种,如英国的 Scandig3 扫描仪就属于这一类型。图 5-2 为滚筒式电子－光学扫描器的结构示意图。将透明正片(或负片)紧贴在透明滚筒的表面,光源和光敏元件都安装在同一个光学车架上,当进行数字化时,滚筒旋转,光源和光敏元件等一起在光学车架上作平移运动,滚筒旋转一周,即

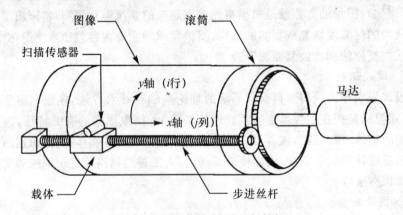

图 5-2　滚筒式电子-光学扫描仪

构成一条扫描行(x方向)。旋转一周后,光源和光敏元件沿垂直扫描行的方向(y方向)平移一个步距。这样就能将整张像片的像点(像元素)的灰度值数字化,并记录在磁盘或光盘上。像元素之间的间隔称为采样间隔。一般的影像数字化器都有几种采样间隔供选择,如:12.5 μm,25 μm,50 μm,100 μm 和 200 μm 等。

2. 固体阵列式数字化器

固体阵列式数字化器是使用在一条线上或者是在一个面积上排列的半导体传感器(电荷耦合装置CCD),对像片进行数字化,而无需使用扫描头的移动。在一条线上可以排列 2048 个传感器,亦可由多组 2048 个传感器串联成更长的线阵列。而在一个面积上可以排列成面阵列式传感器,如 380×488 个传感器或 512×512 个传感器,甚至更多。线阵列式数字化器主要应用于空间飞行器上,直接获取地面的数字影像。面阵列式数字化器在像片数字化中越来越得到广泛的应用。如应用于计算机视觉系统,或在解析测图仪上配备 CCD 面阵列式数字化器,构成混合式数字摄影测量系统,等等。为了满足自动空中三角测量的需要,现有的很多影像扫描仪可以对成卷软片进行扫描数字化。图 5-3 为 LH System 公司的 DSW 500 扫描仪,图 5-4 为我国自行研制的 Imatizer 2305 航片扫描仪。

图 5-3 LH System DSW 500 扫描仪

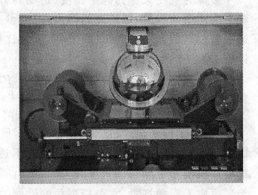
图 5-4 Imatizer 2305 航片扫描仪

5.2.2 影像数字化过程

将透明正片(或负片)放在影像数字化器上,把像片上像点的灰度值用数字形式记录下来,此过程称为影像数字化。影像数字化的过程可用图 5-5 来表示。在每个像素位置,图像的亮度被采样和量化,从而得到图像对应点上表示其明暗程度的一个整数值。对所有的像素都完成上述转化后,图像就被表示成一个整数矩阵。每个像素具有两个属性:位置和灰度。位置(或称地址)由扫描线内采样点的两个坐标(i,j)来决定,它们又称为行和列。表示该像素位置上明暗程度的整数称为灰度,所有扫描像素的灰度用一个二维数字矩阵来表示,此数字矩阵就作为计算机处理的对象了。

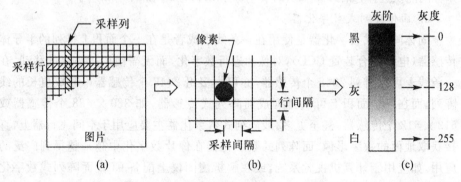

图 5-5　影像数字化过程

1. 影像的灰度

影像的灰度又称为光学密度。透明像片(正片或负片)上影像的灰度值,反映了它透明的程度,即透光的能力。设投影在透明像片上的光通量为F_0,而透过透明像片后的光通量为F,则F与F_0之比称为透过率T,F_0与F之比称为不透过率O:

$$\left. \begin{array}{l} T = \dfrac{F}{F_0} \\ O = \dfrac{F_0}{F} \end{array} \right\} \tag{5-1}$$

因此,像点愈黑,则透过的光通量愈小,不透过率愈大,所以,透过率和不透过率都可以说明影像黑白的程度。但是人眼对明暗程度的感觉是按对数关系变化的。为了适应人眼的视觉,在分析影像的性能时,不直接用透过率或不透过率表示其黑白程度,而用不透过率的对数值表示:

$$D = \log O = \log \dfrac{1}{T} \tag{5-2}$$

式中:D称为影像的灰度,当光线全部透过时,即透过率等于1,则影像的灰度等于0;当光通量仅透过百分之一,即不透过率是100时,则影像的灰度是2,实际的航空底片的灰度一般在0.3到1.8范围之内。

2. 采样与量化

影像数字化过程包括采样与量化两项内容。

像片上像点是连续分布的,但在影像数字化过程中不可能将每一个连续的像点全部数字化,而只能每隔一个间隔(Δ)读一个点的灰度值,这个过程称为采样,Δ 称为采样间隔。采样后是不连续的等间隔序列,采样过程会给影像的灰度带来误差。例如相邻两个点的影像被丢失,亦即影像的细部受到损失,若要减少损失,则采样间隔越小越好。但是采样间隔越小,数据量越大,增加了运算工作量和提高了对设备的要求。究竟如何确定采样间隔,应根据精度要求和影像分解力,另外还要考虑到数据量和存贮设备的容量。

通过上述采样过程得到每个点的灰度值不是整数,这对于计算很不方便,为此,应将各点的灰度值取为整数,这一过程称为影像灰度的量化。其方法是将透明像片有可能出现的最大灰度变化范围进行等分,等分的数目称为"灰度等级",然后将每个点的灰度值在其相应的灰度等级内取整,取整的原则是四舍五入。由于数字计算机中数字均用二进制表示,因此灰度等级一般都取为 2^m(m 是正整数)。当 $m=1$ 时,灰度只有黑白两级,当 $m=8$ 时,则得 256 个灰度级,其级数是介于 0 与 255 之间的一个整数,0 为黑,255 为白,每个像元素的灰度值占 8bit,即一个字节。量化过程会给影像的灰度带来"四舍五入"的凑整误差,其最大误差为 ± 0.5 个密度单位,例如将最大密度范围 $0\sim 3$ 划分成 64 级,最大量化误差为

$$0.5 \times \frac{3}{64} = 0.02$$

由此可以看出,量化误差与密度等级有关,密度等级越大,量化误差越小,但会增大数据量。

3. 扫描数字化结果

胶片影像经扫描数字化以后得到的数字影像是一个二维的数字矩阵:

$$\begin{bmatrix} g(1,1) & g(1,2) & \cdots & g(1,N) \\ g(2,1) & g(2,2) & \cdots & g(2,N) \\ \vdots & & & \vdots \\ g(M,1) & g(M,2) & \cdots & g(M,N) \end{bmatrix} \tag{5-3}$$

矩阵中的每个元素对应着一个像元素的灰度值。各像元素所赋予的灰度值 $g(r,c)$ 一般是 $0\sim 255$ 之间的某个整数,灰度值的大小代表了像元素的黑白程度。矩阵的每一行对应于一个扫描行。数字化像元素在原始影像中的点位坐标 (x,y) 可通过像元素在矩阵中的行、列号 r,c 来计算:

$$\left. \begin{array}{l} x = x_0 + (r-1)\Delta x \\ y = y_0 + (c-1)\Delta y \end{array} \right\} \tag{5-4}$$

式中:$r=1,2,\cdots,M$;$c=1,2,\cdots,N$;M,N 为数字影像总的行列数,(r,c) 通常称

为扫描坐标；(x_0, y_0) 为矩阵中第1行、第1列元素对应的点位坐标；而 $\Delta x, \Delta y$ 则是扫描像元在 x 和 y 方向的尺寸大小。

　　胶片影像的扫描数字化结果还可用图 5-6 来表示。其中，图 5-6(a) 是一幅航空影像的局部。图 5-6(b) 则是对应图(a)中白色方框所标记部分的灰度二维矩阵，其元素的值表示相应像素的灰度值。

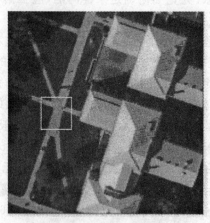

(a)　原始航空影像局部

```
102 101  82  84  79  83  94  96  89 153 178 181 141 120 164 175 181 182 184 182 185 191 177  97  81  83  83
148 129 106  86  74  76  96 106  95 147 171 176 182 158 174 178 176 177 177 184 187 186 164  85  80  86  78
163 167 168 152 120  95  91  97  98 154 176 183 178 172 175 180 180 187 186 184 190 186 127  80  75  67  69
167 165 169 172 184 200 180 135 108 169 179 186 184 189 184 175 181 183 188 191 186 185 101  76  83  78  71
168 167 165 164 195 210 204 194 183 175 181 187 184 191 187 181 186 193 192 169  93  84  80  77  94
136 167 173 173 199 200 193 203 203 197 197 199 194 195 198 185 187 191 186 184 134  86  82  83  80  83
 89  86 102 154 196 202 194 198 206 199 202 200 184 194 195 186 188 177 185 183 178 109  84 103  94  83  77
 71  87  83  85  85 116 179 199 199 198 195 187 184 188 183 185 189 190 188 159  88  77  87  86  75  79
 85  83  81  87  83  76  82  87 131 183 194 188 190 192 186 187 188 195 185 192 187 147  87  90  75  89  81
 76  71  67  76  78  74  92  83  86 108 165 189 190 187 188 178 127  98  91 132 179 180 137  91  80
 78  77  70  69  76  68  80 107 105  88 135 184 184 185 187 191 185 172  92 189 181 177 190 188 189 184 181
 68  76  72  67  74  80  77  78  94  91 131 185 187 180 182 187 178 173 187 191 193 187 186 181 192 187 184 191
 74  68  77  78  73  72  84  77  85  88 146 187 189 190 187 184 178 189 165  95 128 170 180 185 191 190 185
 71  70  72  82  86  80  80  88  87  98 169 181 192 189 184 173 176 181 156  94  84 104 131 177 184 187
 73  73  66  73  77  79  86  95  93 127 179 183 174 178 180 179 186 119  94  87 102 100  92  86  88 130
 71  71  64  66  74  76  90  91  89 150 167 177 179 183 188 174 173  98  84  88  81  95  89  93  91
 68  71  67  68  75  71  87  91 107 164 167 169 175 176 182 182 158 112  88  81  76  77  82  79  81  79
 69  68  68  65  76  77  80  93 121 163 172 169 172 181 175 181 180 142  99  82  74  68  72  70  80  87  81
 69  65  69  66  70  76  92  93 141 162 162 168 170 175 183 174 169 107  99  82  67  71  73  70  72  78  72
 79  60  61  69  74  92  92 187 173 169 168 176 175 185 175 118 109  76  72  71  80  68  64  70  71
 65  60  65  66  70  76 103 114 172 181 172 174 172 180 177 182 161 108  90  72  90  86  69  74  75  73  70
 58  57  64  75  74  94  92 151 182 176 174 178 181 180 179 162 113  92  79  70  81  67  65  74  74  69
 61  63  68  72  76  83  94 167 169 171 172 175 176 178 174 183 142 103  87  75  83  77  78  73  70  68
 61  67  75  79  85  80 108 170 178 182 182 176 172 181 180 183 144 102  83  78  85  80  74  84  79  71  66
 65  61  74  76  85  90 138 176 172 176 176 178 184 174 172 123 103  89  79  75  82  71  84  74  71  80
 70  71  82  89  83  76 154 176 172 175 179 179 175 183 177 122  82  88  84  90  75  81  84  70  76
 64  77  74  88  86 117 168 171 177 175 187 179 186 179 132 114  68  89  82  75  80  87  75  78  74  68  75
 69  73  76  90  84 139 174 176 166 175 184 177 177 183 154 173 115  99  89  92  87  83  81  82  74  68  72
```

(b)　对应(a)中白色方框内像元的灰度值

图 5-6　胶片影像的扫描数字化结果

5.2.3 数字影像的重采样

当欲知不位于矩阵（采样）点上的原始函数 $g(x,y)$ 的数值时就需进行内插,此时称为重采样(resampling)。意即在原采样的基础上再一次采样。每当对数字影像进行几何处理时总会产生这一问题,其典型的例子为影像的旋转、核线排列与数字纠正等。显然,在数字影像处理的摄影测量应用中常常会遇到一种或多种这样的几何变换,因此重采样技术对摄影测量学是很重要的。下面简单介绍两种较常用的数字影像重采样方法。

1. 双线性插值法

如图 5-7 所示,图(a)表示用像元的中心点代表该像元的灰度,图(b)中,Δ 为原始像片数字化时的采样间隔,待求像元素的灰度 g 可由其周围 4 个像元的灰度值 g_1, g_2, g_3, g_4 经双线性内插求得：

$$g = \frac{1}{\Delta^2}[(\Delta - x_1)(\Delta - y_1)g_1 + (\Delta - y_1)x_1 g_2 + x_1 y_1 g_3 + (\Delta - x_1)y_1 g_4] \tag{5-5}$$

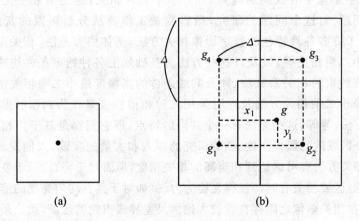

图 5-7 双线性灰度内插

2. 最邻近像元法

直接取与 $P(x,y)$ 点位置最邻近像元 N 的灰度值作为该点的灰度,即

$$g(P) = g(N)$$

N 为最邻近点,其影像坐标值为：

$$x_N = \text{INT}(x+0.5)$$
$$y_N = \text{INT}(y+0.5) \tag{5-6}$$

INT 表示取整。

最邻近像元法重采样方法简单,计算速度快且不会破坏原始影像的灰度信息,但其几何精度较差,最大可达到 0.5 像元。一般情况下用双线性插值法较合适。

5.3 基于灰度的影像相关

立体测图的关键是要已知同名像点在左、右像片上的位置,无论是在模拟测图仪上还是在解析测图仪上作业,都需要作业员通过人眼的立体观测,不断地从左、右像片上搜索同名像点,也就是探求影像的相关。例如,在相对定向过程中,作业员主要消除 y 视差(即左、右影像 y 方向的差异),建立立体模型;在测图或测点时,作业员主要是消除 x 视差(即左、右影像在 x 方向的差异),测绘地物地貌。对于全数字化摄影测量,在没有人眼的立体观测的情况下,如何从左、右数字影像中寻找同名像点,亦即数字影像相关,这是全数字化摄影测量的核心问题。对这个问题的研究,摄影测量工作者从分析影像的灰度特性入手,提出了许多各具特色的数字影像相关方法,例如协方差法、相关系数法、高精度最小二乘相关等,以及以这些方法为基础加上各种约束条件构成的方法,如带核线约束的相关系数法、顾及共线条件的高精度最小二乘相关法、多点乃至多片最小二乘相关方法及同时采用几种相似性度量作为判据的多重信息多重判据方法,等等。这些方法有一个共同的特点,即它们都是基于待相关点所在的一个小区域内的影像灰度。随着研究的深入和大量的实践,人们发现,尽管某些区域相关方法有可能达到相当高的相关精度,但面对千姿百态、千变万化的自然界图像,区域相关有时却显得无能为力。例如对于具有均匀亮度的信息贫乏区域,或者在相关影像之间存在着较大比例尺差异或扭曲的区域,无论采取何种区域相关方法,都难以得到正确的相关结果。然而根据人类视觉系统观察事物的经验,往往是先整体后局部,先轮廓后细节,从而启迪了人们从提取图像的特征入手,进行所谓基于特征的影像匹配的研究,并已提出了有效的基于特征的影像匹配算法。

本节主要介绍几种基本的基于灰度的影像相关方法(gray based image matching),而基于特征的匹配算法详见本章 5.5 节。

5.3.1 相关系数法影像相关

假设在左片上有一个目标点，为了搜索它在右片上的同名点，须以它为中心取其周围 $n \times n$ 个像元素的灰度序列组成一个目标区，如图 5-8 所示。在目标区中任意一个像元素的灰度值设为 $g_{ij}(i,j=1,2,\cdots,n)$，一般取 n 为奇数，其中心点即为目标点。根据左片上目标点的坐标概略地估计出它在右片上的近似点位，并以此为中心取其周围 $l \times m$ 个影像灰度序列($l,m > n$)，组成一个搜索区。在搜索区内有 $(l-n+1) \times (m-n+1)$ 个与目标区等大的区域，称为相关窗口，窗口内任意一点的灰度值设为 $g'_{i+k,j+h}(k=0,1,\cdots,l-n;h=0,1,\cdots,m-n)$。

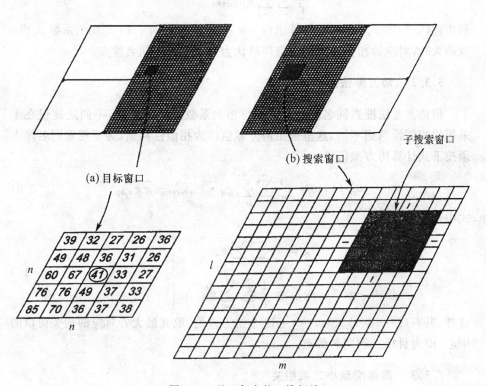

图 5-8 基于灰度的二维相关

为了在右像片上的搜索区内寻找同名点，须按下式计算相关系数值：

$$\rho_{kh} = \frac{\sigma_{gg'}}{\sqrt{\sigma_{gg} \cdot \sigma_{g'g'}}} \tag{5-7}$$

式中：$k=0,1,\cdots,m-n,h=0,1,\cdots,l-n$，而

$$\left.\begin{aligned}\sigma_{gg'} &= \frac{1}{n^2}\sum_{i=1}^{n}\sum_{j=1}^{n}g_{ij}\cdot g'_{i+k,j+h}-\overline{gg'} \\ \sigma_{gg} &= \frac{1}{n^2}\sum_{i=1}^{n}\sum_{j=1}^{n}g_{ij}^2-\overline{g}^2 \\ \sigma_{g'g'} &= \frac{1}{n^2}\sum_{i=1}^{n}\sum_{j=1}^{n}g'^{2}_{i+k,j+h}-\overline{g}'^{2}_{kh} \\ \overline{g} &= \frac{1}{n^2}\sum_{i=1}^{n}\sum_{j=1}^{n}g_{ij} \\ \overline{g}' &= \frac{1}{n^2}\sum_{i=1}^{n}\sum_{j=1}^{n}g'_{i+k,j+h}\end{aligned}\right\} \tag{5-8}$$

利用式(5-7)和式(5-8)可计算出$(l-n+1)\times(m-n+1)$个相关系数ρ。当ρ取最大时,对应的相关窗口的中点即被认为是待定点的同名像点。

5.3.2 协方差法影像相关

用协方差法搜索同名像点的过程与相关系数法基本相同,不同之处仅在于采用的相似性判据不同,这里采用协方差值作为相似性判据。为了搜索同名像点须按下式计算协方差值:

$$\sigma_{gg'}(k,h)=\frac{1}{n^2}\sum_{i=1}^{n}\sum_{j=1}^{n}g_{ij}\cdot g'_{i+k,j+h}-\overline{g}\,\overline{g}'_{k,h} \tag{5-9}$$

式中:

$$\left.\begin{aligned}\overline{g} &= \frac{1}{n^2}\sum_{i=1}^{n}\sum_{j=1}^{n}g_{ij} \\ \overline{g}'_{k,h} &= \frac{1}{n^2}\sum_{i=1}^{n}\sum_{j=1}^{n}g'_{i+k,j+h}\end{aligned}\right\} \tag{5-10}$$

这样,共有$(l-n+1)\times(m-n+1)$个协方差值,取其最大者对应的相关窗口的中心,即为目标点的同名像点。

5.3.3 高精度最小二乘相关

德国 Stuttgart 大学 Ackermann 与 Pertl 利用相关影像灰度差的均方根值为最小的原理,实验成功数字影像相关的方法,即高精度最小二乘相关,获得了极高的相关精度。

这种方法的特点是在相关运算中引入了一些变换参数作为待定值,直接纳入到最小二乘法解算之中,引入变换参数的目的是抵偿两个相关窗口之间的辐射及几何差异。根据实验成果的分析,利用这种相关方法寻找同名点,其精度可达到 $1/50 \sim 1/100$ 像元($1\mu m$)。

最小二乘法影像相关可以是二维(沿 x 和 y 两个方向的相关搜索)或一维(仅沿一个方向的相关搜索)的相关。下面仅以一维相关的情况为例来说明最小二乘法解算的原理和过程。

假设左、右像片上各有一条进行数字相关运算的灰度函数 $g_1(x)$ 和 $g_2(x)$。在理想情况下其函数相同,仅存在相互位移 x_0,且其噪音分别为 $n_1(x)$ 和 $n_2(x)$。此时可得出观测函数为(脚注 i 代表像元 i 处的相应值):

$$\left.\begin{array}{l}\overline{g}_1(x_i) = g_1(x_i) + n_1(x_i) \\ \overline{g}_2(x_i) = g_2(x_i) + n_2(x_i) = g_1(x_i - x_0) + n_2(x_i)\end{array}\right\} \quad (5\text{-}11)$$

$$\Delta g(x_i) = \overline{g}_2(x_i) - \overline{g}_1(x_i) = g_1(x_i - x_0) - g_1(x_i) + n_2(x_i) - n_1(x_i)$$
$$(5\text{-}12)$$

现对 $g_1(x_i - x_0)$ 线性化,由 $x_0 = 0$ 起展开,在假设 x_0 为小值的条件下,取一次项为:

$$g_1(x_i - x_0) = g_1(x_i) - \left(\frac{\mathrm{d}g_1(x_i)}{\mathrm{d}x_i}\right) \cdot \Delta x_0 = g_1(x_i) - \dot{g}_1(x_i)\Delta x_0 \quad (5\text{-}13)$$

因此,式(5-12)可写为:

$$\Delta g(x_i) + V(x_i) = -\dot{g}_1(x_i)\Delta x_0 \quad (5\text{-}14)$$

式中:

$$V(x_i) = n_1(x_i) - n_2(x_i)$$

式(5-14)即为线性化了的误差方程式。观测值为灰度差 $\Delta g(x_i)$。待定未知数为 Δx_0(未知数 x_0 的改正数),$g_1(x_i)$ 的坡度 $\dot{g}(x_i)$ 可近似地用 $\overline{g}_1(x_i)$ 的坡度值表示,即

$$\dot{g}(x_i) = \overline{g}_1(x_{i+1}) - \overline{g}_1(x_{i-1}) \quad (5\text{-}15)$$

为了解算 Δx_0,取一个窗口,对窗口内每个像元都可列出一个误差方程式。利用最小二乘法取

$$\sum V^2(x_i) = \sum (n_1(x_i) - n_2(x_i))^2 = \min \quad (5\text{-}16)$$

即可解得 Δx_0 值。由于解算的误差方程式是经过线性化获得的,因此解算需要进行迭代,在每次迭代以后,根据求得的参数 x_0(各次 Δx_0 之和)对原左灰度阵列进行重采样:

$$g_1(x_i) = \overline{g}_1(x_i - x_0) \quad (5\text{-}17)$$

各次迭代计算时,系数项 $\dot{g}(x_i)$ 与常数项 $\Delta g(x_i)$ 均用重采样以后的灰度计

算,即

$$\Delta g(x_i) = \bar{g}_2(x_i) - \bar{g}_1(x_i - x_0) \tag{5-18}$$

5.4 同名核线的确定与核线影像相关

上一节我们介绍了几种基本的影像相关方法。无论是目标区,还是搜索区,都是一个二维的影像窗口,在这样的二维影像窗口里进行相关计算,其计算量是相当大的。例如,采用相关系数法相关时,总共要计算$(m-n+1)^2$个相关系数ρ,当$(m-n)$的数值较大时,可知计算量是很可观的。利用核线的概念能将沿着x,y方向搜索同名点的二维相关问题,改成为沿同名核线的一维相关问题,从而大大减少相关的计算工作量。本节着重介绍同名核线的确定方法以及基于核线的影像相关。

5.4.1 核面与核线的概念

在图5-9(a)中,通过摄影基线S_1S_2与任一物方点A所作的平面W_A称为通过点A的核面。通过像主点的核面称为主核面。在立体像对中,左、右影像各有其自身的主核面,一般两个主核面是不重合的。核面与影像面的交线称为核线,图5-9(a)中l_1和l_2是通过同名像点a_1和a_2的一对同名核线。在一条核线上的任一点,其在另一幅影像上的同名像点必定位在其同名核线上,如图5-9(b)所示。

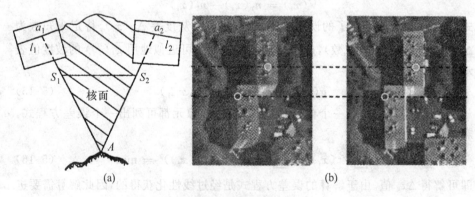

图5-9 核面与核线

利用核线的概念能将沿着x,y方向搜索同名点的二维相关问题,变成为沿同名核线的一维相关问题,从而大大减少相关的计算工作量。但是在影像数字化过程中,像元素按矩阵形式规则排列,扫描行不是核线方向。因此,欲进行核线相关,必须先找到左右像片上的同名核线,而且同名核线确定的精度直接影响到影像相关的精度。

5.4.2 同名核线的确定

怎样确定同名核线,其方法很多。原理上最简单的一种方法是基于数字影像几何纠正的方法。下面介绍这种方法的基本原理。

我们知道,核线在航摄像片上是互相不平行的,它们交于一个点——核点,如图 5-10(a) 所示。但是,如果将像片上的核线投影到一对"相对水平"的像片——平行于摄影基线的像片对,则核线相互平行,如图 5-10(b) 所示。

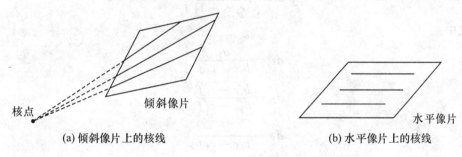

(a) 倾斜像片上的核线　　　　(b) 水平像片上的核线

图 5-10　核线的几何关系

正是由于相对水平像片对具有这一特性,我们就有可能在相对水平像片上建立规则的格网,它的行就是核线。核线上像元素(坐标为 x_t, y_t)的灰度可由它对应的实际像片上的像元素(坐标为 x, y)的灰度求得,即 $g(x_t, y_t) = g(x, y)$。图 5-11 代表通过摄影基线 SS' 和某一对同名光线 SA、$S'A$ 所构成的平面,亦即通过像点 a 的核平面。图中 P 代表位于左方的航摄像片,t 代表相应的平行于摄影基线的水平像片,a_t 为 A 点在左水平像片上的相应像点。

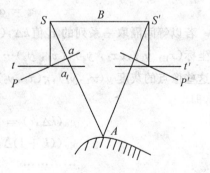

图 5-11　过 A 点的核面

设 a, a_t 在各自的像片坐标系中的坐标分别为 (x, y) 和 (x_t, y_t),则有

$$\left.\begin{aligned}x &= -f \cdot \frac{a_1 x_t + b_1 y_t - c_1 f}{a_3 x_t + b_3 y_t - c_3 f} \\ y &= -f \cdot \frac{a_2 x_t + b_2 y_t - c_2 f}{a_3 x_t + b_3 y_t - c_3 f}\end{aligned}\right\} \quad (5\text{-}19)$$

式中：$a_1, a_2, \cdots, c_3$ 为左片的方向余弦，它们是这张像片相对于影基线的角方位元素的函数；f 为像片主距。

显然，在相对水平像片上，当 $y_t =$ 常数时，即为核线。将 $y_t = c$ 代入式 (5-19)，经整理得：

$$\left.\begin{aligned}x &= -f \frac{d_1 x_t + d_2}{d_3 x_t + 1} \\ y &= -f \frac{e_1 x_t + e_2}{e_3 x_t + 1}\end{aligned}\right\} \quad (5\text{-}20)$$

式中：

$$d_1 = \frac{a_1}{b_3 c - c_3 f}$$

$$d_2 = \frac{b_1 c - c_1 f}{b_3 c - c_3 f}$$

$$d_3 = \frac{a_3}{b_3 c - c_3 f}$$

$$e_1 = \frac{a_2}{b_3 c - c_3 f}$$

$$e_2 = \frac{b_2 c - c_2 f}{b_3 c - c_3 f}$$

$$e_3 = d_3$$

若以等间隔取一系列的 x_t 值 $k\Delta, (k+1)\Delta, (k+2)\Delta \cdots$ 即求得一系列的像点坐标 $(x_1, y_1), (x_2, y_2), (x_3, y_3) \cdots$，这些像点就位于倾斜像片 P 的核线上，将这些像点的灰度 $g(x_1, y_1), g(x_2, y_2) \cdots$ 直接赋给相对水平像片上相应的像点，即

$$g_0(k\Delta, c) = g(x_1, y_1)$$
$$g_0((k+1)\Delta, c) = g(x_2, y_2)$$
$$\cdots\cdots$$

就能获得相对水平像片上的核线影像。

由于在相对水平像片上，同名核线的 y_t 坐标值相等，因此将同样的 $y_t' = c$ 代入右片共线方程：

$$\left.\begin{array}{l}x' = -f \cdot \dfrac{a'_1 x'_t + b'_1 y'_t - c'_1 f}{a'_3 x'_t + b'_3 y'_t - c'_3 f} \\ y' = -f \cdot \dfrac{a'_2 x'_t + b'_2 y'_t - c'_2 f}{a'_3 x'_t + b'_3 y'_t - c'_3 f}\end{array}\right\} \qquad (5\text{-}21)$$

式中：$a'_1, b'_1, \cdots, c'_3$ 为右片的方向余弦，分别是右片相对于摄影基线的角方位元素的函数，由此即得右片上的同名核线。

5.4.3 沿核线重采样

一般情况下数字影像的扫描行与核线并不重合，为了获取核线的灰度序列，必须对原始数字影像灰度进行重采样。按获取核线的解析方式不同，相应地有两种不同的重采样方式。

1. 在"水平"影像上获取核线影像

如图 5-12 所示，图(a)为原始(倾斜)影像的灰度序列，图(b)为待定的平行于基线的"水平"影像。为了求得每个格网的灰度，须按式(5-19)或式(5-20)依次将每个格网点的坐标(x_t, y_t)反算到原始像片上，得到相应的坐标(x, y)。但是，由于所求得的像点不一定恰好落在原始采样的像元中心，这就必须进行灰度内插——重采样。

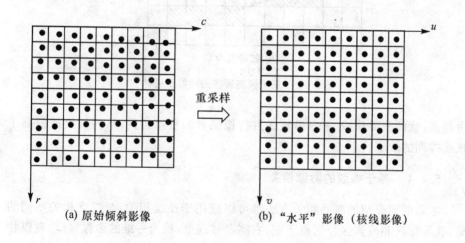

(a) 原始倾斜影像　　　　　(b) "水平"影像（核线影像）

图 5-12　基于"水平"影像的核线重采样

2. 直接在倾斜影像上获取核线影像

按同名核线的几何关系确定影像上核线的方向：

$$\tan K = \Delta y/\Delta x \tag{5-22}$$

从而根据该核线的一个起点坐标及方向(K),就能确定核线在倾斜影像上的位置,图 5-13(a) 表示采用线性内插所得的核线上的像素之灰度:

$$d = \frac{1}{\Delta}[(\Delta - y_1)d_1 + y_1 d_2] \tag{5-23}$$

显然,其计算工作量比双线性内插要小得多。

若采用邻近点法,如图 5-13(b),则无须进行内插。由于对此核线而言 K 是常数,这说明只要从每条扫描线上取出 n 个像元素

$$n = 1/\tan K \tag{5-24}$$

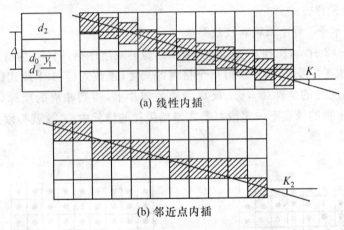

(a) 线性内插

(b) 邻近点内插

图 5-13 基于倾斜影像的核线重采样

拼起来,就能获得核线——沿核线进行像元素的重新排列,从而极大地提高了核线排列的效率。

5.4.4 基于核线的影像相关

本章前面介绍的各种相关方法都可以应用于核线相关。与二维相关不同的是,其目标区和搜索区分别位于左、右同名核线上,均为一维的影像窗口。现以相关系数法为例,介绍核线相关的过程。

为了沿同名核线搜索同名点,在左核线上建立一个目标区,该目标区中心就是目标点,目标区的长度为 n 个像元素(n 为奇数);另在右片上沿同名核线建立搜索区,其长度为 m 个像元素,如图 5-14 所示,为找同名点,须按下式计算相关系数:

$$\rho_k = \frac{\sigma_{gg'}}{\sqrt{\sigma_{gg} \cdot \sigma_{g'g'}}} \quad (k = 0,1,\cdots,m-n) \tag{5-25}$$

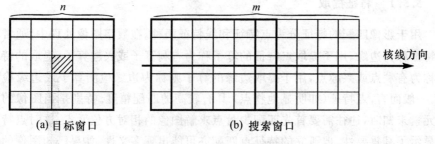

(a) 目标窗口　　　　　(b) 搜索窗口

图 5-14　沿核线一维相关

式中：协方差为

$$\sigma_{gg'} = \frac{1}{n}\sum_{i=1}^{n} g_i \cdot g'_{i+k} - \frac{1}{n^2}\sum_{i=1}^{n} g_i \cdot \sum_{i=1}^{n} g'_{i+k}$$

方差为

$$\sigma_{gg} = \frac{1}{n}\sum_{i=1}^{n} g_i \cdot g_i - \frac{1}{n^2}\Big(\sum_{i=1}^{n} g_i\Big)^2$$

$$\sigma_{g'g'} = \frac{1}{n}\sum_{i=1}^{n} g'_{i+k} \cdot g'_{i+k} - \frac{1}{n^2}\Big(\sum_{i=1}^{n} g'_{i+k}\Big)^2$$

共计算$(m-n+1)$个相关系数，判别其中最大的一个，设$k=k_0$时相关系数取得最大值，则同名像点在搜索区内的序号为$k_0 + \frac{1}{2}(n+1)$。

5.5　基于特征的影像相关

本章 5.3 节介绍了几种基于灰度的影像相关方法，它们均是直接以待定点为中心的窗口内影像灰度值为依据进行同名点的搜索，故又称为基于面积的影像相关(area based image matching)。一般而言，这些方法大多不能顾及图像的总体结构，而是机械地按照某种或几种相似性判据逐像元以一定大小的窗口顺序进行相关搜索。虽然在某些情况下也能获得较高的相关精度，但是对于信息贫乏区域，或相关影像之间存在着较大比例尺差异或扭曲的区域，相关则难免失败。本节将介绍另一类搜索同名像点的方法，称为基于特征的影像匹配(feature based image matching)。其基本思想是：首先用某种特征提取算子提取影像中的特征(点、线、面);然后对提取的特征进行参数描述;最后以特征的参数值为依据进行同名特征的搜索,继而获得同名像点。

5.5.1 特征提取

用于影像匹配的特征分为点特征和线特征两种。在数字图像处理中,通常将线特征称为边缘。用于提取点特征的算子称为有利算子或兴趣算子,提取的特征点称为有利点或兴趣点,用于提取边缘的算子则称为边缘检测算子或边缘检测器。一般而言,点特征(如明显地物点)具有较高的匹配精度。特别是当图像的方位元素未知时,往往需要首先匹配少量点求解图像的相对方位元素,这时点特征就显示了其重要性。但孤立的特征点匹配亦可能出现多义性。如果已知图像的方位元素,则可以方便地引用核线约束条件,这时与核线正交或近似正交的边缘特征不仅可以达到高的匹配精度,同时还可用做核线与核线之间匹配信息的传递媒介,即将已匹配成功的核线上的边缘信息沿着边缘传递到待匹配的核线,从而提高核线匹配的精度、速度和可靠性。

1. 用于提取点特征的有利算子

用于提取点特征的算子较多,这里介绍几种常用且较有效的算子。

(1) Moravec 算子。该算子是通过逐像元量测与其邻元的灰度差,搜索相邻像元之间具有高反差的点,具体方法有以下几种。

① 计算各像元的有利值 IV(Interest value)。如图 5-15 所示,在 5×5 的窗口内沿着图示四个方向分别计算相邻像元间灰度差之平方和 V_1, V_2, V_3 及 V_4,取其中最小值作为该像元的有利值:

$$\text{IV}_{\min} = \min\{V_1, V_2, V_3, V_4\} \tag{5-26}$$

式中:

$$V_1 = \sum_i (G_{i,j} - G_{i+1,j})^2$$

$$V_2 = \sum_i (G_{i,j} - G_{i,j+1})^2$$

$$V_3 = \sum_i (G_{i,j} - G_{i+1,j+1})^2$$

$$V_4 = \sum_i (G_{i,j} - G_{i+1,j-1})^2$$

式中:$i = m-k, \cdots, m+k-1$;
$j = n-k, \cdots, n+k-1$;
$k = W/2$。

$G_{i,j}$ 代表像元 $P_{i,j}$ 的灰度值，W 为以像元计的窗口大小，如图 5-15 所示，$W = 5$，m，n 为像元在整块影像中的位置序号。

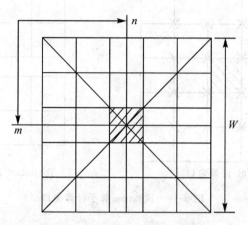

图 5-15　Moravec 算子计算窗口

② 给定一个阈值，确定待定的有利点。如果有利值大于给定的阈值，则将该像元作为候选点。阈值一般为经验值。

③ 抑制局部非最大。在一定大小窗口内(例如 5 像元×5 像元，7 像元×7 像元，9 像元×9 像元等)，将上一步所选的候选点与其周围的候选点比较，若该像元的有利值非窗口中最大值，则去掉；否则，该像元被确定为特征点。这一步的目的在于避免在纹理丰富的区域产生束点，用于抑制局部非最大的窗口大小取决于所需的有利点密度。

综上所述，Moravec 算子是在四个主要方向上选择具有最大‐最小灰度方差的点作为特征点。

(2) Förstner 算子。该算子是通过逐像元计算其 Robert's 梯度和协方差矩阵，寻找具有尽可能小而圆的误差椭圆的点作为特征点，具体方法如下。

① 如图 5-16 所示，以 5 像元×5 像元或更大的窗口逐像元计算 Robert's 梯度和协方差矩阵以及有利值 q 和 w。协方差矩阵为：

$$Q_{m,n} = N^{-1} = \begin{bmatrix} \sum g_u^2 & \sum (g_u g_v) \\ \sum (g_u g_v) & \sum g_v^2 \end{bmatrix}^{-1} \quad (5\text{-}27)$$

其中：

$$\sum g_u^2 = \sum_j \sum_i (G_{i,j+1} - G_{i+1,j})^2$$

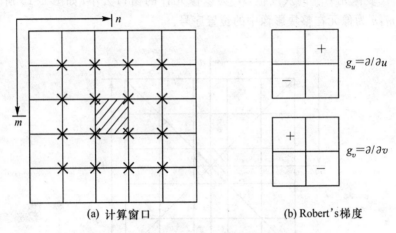

(a) 计算窗口　　　　(b) Robert's梯度

图 5-16　Förstner算子计算窗口

$$\sum g_v^2 = \sum_j \sum_i (G_{i,j} - G_{i+1,j+1})^2$$

$$\sum (g_u g_v) = \sum_j \sum_i (G_{i,j+1} - G_{i+1,j})(G_{i,j} - G_{i+1,j+1})$$

式中：$i = m-k, \cdots, m+k-1$；

　　　$j = n-k, \cdots, n+k-1$；

　　　$k = W/2$。

$G_{i,j}$ 代表像元 $P_{i,j}$ 的灰度值，W 为以像元计的窗口大小，如图 5-16 所示，$W = 5$，则有利值 q 及 W 为：

$$q = \frac{4\text{Det}N}{(\text{tr}N)^2} \tag{5-28}$$

$$w = \frac{1}{\text{tr}Q_{m,n}} = \frac{\text{Det}N}{\text{tr}N} \tag{5-29}$$

式中：$\text{Det}N$ 代表矩阵 N 的行列式值，$\text{tr}N$ 代表矩阵 N 的迹。

式(5-28) 还可表示为：

$$q = 1 - \frac{(a^2-b^2)^2}{(a^2+b^2)^2}$$

因此 q 代表了误差椭圆的圆度，a,b 为误差椭圆的长短半轴，w 则称为该像元的权。

② 确定待选的有利窗口。如果有利值大于给定的阈值，则以该像元为中心的窗口作为候选的最佳窗口，阈值一般为经验值。其推荐值为：

$$q_{\lim} = 0.5 \sim 1.5$$
$$w_{\lim} = \begin{cases} f \cdot w_{\text{mean}} & f = 0.5 \sim 1.5 \\ c \cdot w_{\text{med}} & c = 5 \end{cases} \tag{5-30}$$

式中：w_{mean} 为图像中所有像元权值之平均值；

w_{med} 为图像中所有像元权值之中位值；

f, c 为经验推荐值。

③ 抑制局部非最大。以权值 w 作为抑制依据，其作用同于 Moravec 算子，得到最佳窗口。

④ 在最佳窗口中确定加权中心作为最后所需的有利点，即特征点。

以上两种算子均是对整个图像采取一视同仁的态度——逐像元采用相同的方法进行计算。类似的比较知名的算子还有 Hannah 算子和 Dreschler 算子等。

图 5-17 为用 Förstner 算子提取的点特征结果。

图 5-17 Förstner 算子点特征提取结果

2. 边缘检测算子

在图像中，边缘通常表现为灰度变化的不连续性，例如在图像上局部区域呈现出灰度的突变、纹理结构突变等。如何从图像中提取边缘，一般有两种途径：一种是对图像进行区域分割，由区域的边界构成边缘；另一种则是直接对图像进行边缘检测。由于在实际图像中，理想的边缘是不存在的，在边缘的附近往往存在灰度平缓变化的区域，其灰度曲线如图 5-18 所示，这种曲线在摄影学中称为刀刃曲线。大多数情况下，由于噪音的影响，灰度曲线通常不是十分光滑的。对这种非理想的

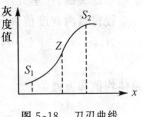

图 5-18 刀刃曲线

边缘进行检测是要检测曲线上灰度变化最大的点,即一阶导数最大或二阶导数为零的点。对离散的数字图像而言,则为一阶差分最大或二阶差分为零的点。

由于边缘具有勾绘轮廓以及传递信息等优点,因此对边缘的应用,除了用于摄影测量图像匹配外,在数字图像处理及机器人视觉中,还具有更广泛的用途,如模式识别、机器人景物分析、图像编码,等等。所以对边缘检测方法的研究由来已久,出现了种种各具特色的边缘检测方法。下面仅以几种常用的方法为例,简述边缘检测的过程。

(1) 直方图法。所谓图像的直方图是指对应于每个灰度值,求出图像中具有该灰度值的像素数或频数(占总像素数的比率)的图形,一般用横轴代表灰度值,纵轴代表像素数或频数,如图 5-19 所示。

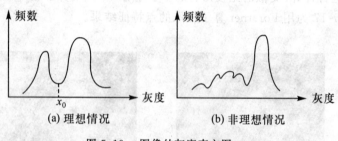

图 5-19 图像的灰度直方图

直方图法实际上是一种基于区域分割的边缘提取方法。它是以一个影像窗口为一个计算单元,在一个窗口内考察其直方图分布。在理想情况即存在典型的双峰分布(如图 5-19(a) 所示)时,其波谷对应的灰度值 x_0 即为分割点。利用 x_0 作为阈值,将窗口内影像分成灰度大于 x_0 和小于 x_0 的两个区域,区域的边界就形成了边缘,但实际上,由于各种因素的存在,窗口内直方图并不一定存在典型的双峰分布,而是属于图 5-19(b) 的非理想情况,这时如何确定分割的阈值,成了问题的关键,这里介绍一种判别准则。

设窗口内灰度值属于集合 $\{0,1,2,\cdots,l-1\}$,阈值 t 将其划分为 $c_1 = \{0, 1, \cdots, t\}$,$c_2 = \{i+1, \cdots, l-1\}$,通过求两类之间的方差 σ_B^2 的最大值来获得值 t:

$$t = \arg\max \sigma_B^2 \tag{5-31}$$

总体均值和方差为:

$$\mu_t = \sum_{i=0}^{i-1} i p_i, \quad \sigma_i^2 = \sum_{i=0}^{i-1} (i-\mu_t) p_i$$

式中:p_i 代表灰度值为 i 的频数,各类内均值和类内方差为:

$$\left.\begin{aligned} m_i &= \sum_{i\in c_j} i p_i / W_j \\ \sigma_j^2 &= \sum_{i\in c_j} (i-m_j)^2 p_i / W_j \\ j &= 1,2 \end{aligned}\right\} \quad (5\text{-}32)$$

式中:W_j 为各类占窗口总像素的频率,则总体类内方差和类间方差分别为:

$$\left.\begin{aligned} \sigma_W^2 &= \omega_1 \sigma_1^2 + \omega_2 \sigma_2^2 \\ \sigma_B^2 &= \omega_1 \omega_2 (m_1 - m_2)^2 \end{aligned}\right\} \quad (5\text{-}33)$$

容易验证:$\sigma_t^2 = \sigma_\omega^2 + \sigma_B^2$。因此,$\sigma_B^2$ 大,σ_ω^2 必小,表示两类之间对比强烈。当 $t = 0$ 或 $t = l - 1$ 时,σ_B^2 均为 0,所以在 l 个 σ_B^2 当中必然存在最大值。最大的 σ_B^2 对应的灰度值即为所求的 t。

用直方图法提取边缘,算法简单,易于实现,对于双峰比较明显的图像即可获得良好的效果,而且受单个噪声的影响不大。但对双峰不明显的图像,效果不理想,而且提取边缘的结果对窗口大小依赖性大。

(2) 梯度算子。梯度算子是最原始且最简单的边缘检测算子。对于图像 $f(x,y)$,在坐标 (x,y) 上的梯度定义为一个矢量:

$$\boldsymbol{G}[f(x,y)] = \begin{bmatrix} \dfrac{\partial f}{\partial x} \\ \dfrac{\partial f}{\partial y} \end{bmatrix}$$

式中:$\dfrac{\partial f}{\partial x}$ 和 $\dfrac{\partial f}{\partial y}$ 分别为梯度在 x,y 两个方向上的分量,由数学分析原理知 $\dfrac{\partial f}{\partial x}$ 表示 $f(x,y)$ 在 x 方向上的频率,能够反映灰度值的不连续性,梯度的幅值为:

$$L = \sqrt{\left(\dfrac{\partial f}{\partial x}\right)^2 + \left(\dfrac{\partial f}{\partial y}\right)^2}$$

其方向为:

$$\theta = \arctan\left[\dfrac{\dfrac{\partial f}{\partial y}}{\dfrac{\partial f}{\partial x}}\right]$$

对数字图像,可用 x,y 方向上相邻像元灰度差 $\Delta_x f$ 和 $\Delta_y f$ 近似表示 $\dfrac{\partial f}{\partial x}$ 和 $\dfrac{\partial f}{\partial y}$:

$$\left.\begin{aligned} \Delta_x f &= f(i,j) - f(i-1,j) \\ \Delta_y f &= f(i,j) - f(i,j-1) \end{aligned}\right\} \quad (5\text{-}34)$$

幅值 L 则为:

$$L = \sqrt{(\Delta_x f)^2 + (\Delta_y f)^2}$$

实际计算时一般采用简化式：

$$L = |(\Delta_x f)| + |(\Delta_y f)| = |f(i,j) - f(i-1,j)| + \\ |f(i,j) - f(i,j-1)| \tag{5-35}$$

另外，还可以采用 Robert's 算子计算梯度：

$$L = |f(i,j) - f(i+1,j+1)| + |f(i+1,j) - f(i,j+1)| \tag{5-36}$$

但在这一方法中，不是求点在 (i,j) 的梯度，而是求在点 $\left(i+\frac{1}{2}, j+\frac{1}{2}\right)$ 上的梯度。

利用梯度算子检测边缘的过程是，先用式(5-35)或式(5-36)计算梯度的幅值 L，然后将 L 与事先给定的阈值 T 进行比较，若 $L > T$，则说明点 (i,j) 或 $\left(i+\frac{1}{2}, j+\frac{1}{2}\right)$ 处有明显的灰度变化，即有边缘存在。

(3) 特征分割法。该算法的特点在于将特征提取与影像匹配综合考虑。为便于描述，这里仅讨论一维情况，即沿核线逐像元进行搜索。显然，如果对整个图像逐条核线进行检测，则可得到一系列正交或近似正交于核线的边缘。

在该算法中，将一维影像的特征定义为由 3 个特征点组成的一个特征段。这 3 个特征点是：特征段中的零交点(zero-crossing point)，即一阶差分最大的点，以及特征段两端相对于该零交点具有最大灰度变化的拐点，两个拐点为该特征段的端点，如图 5-20(a) 所示。

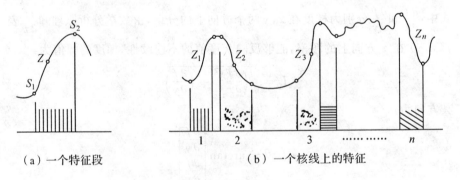

(a) 一个特征段　　　　　　(b) 一个核线上的特征

图 5-20　特征分割法提取的特征

该算法提取特征的步骤如下：

① 沿核线逐像元搜索，初步确定特征位置。将图像中特征的全体视为一个集合，记作 F，F 的拐点组成的集合记作 S。若

$$\left.\begin{array}{l}\mathbf{\nabla} g_i = | G_{i+1} - G_{i-1} | > T_s \\ \mathbf{\nabla} g_{i+1} > T_i, \mathbf{\nabla} g_{i-1} > T_s \\ \text{且} \\ \mathbf{\nabla} g_j = | G_{i+1} - G_{i-1} | < T_s \\ \mathrm{d}g = | G_i - G_j | > T_C (j > i)\end{array}\right\} \quad (5\text{-}37)$$

则 $\overline{ij} \in F$, $i, j \in S$。

② 确定特征段的零交点 Z,即灰度的一阶差分最大的点。

③ 确定拐点位置。

若 $G_z/G_s > T_r$,则 $s \in S$,否则

$$s \notin S \quad (5\text{-}38)$$

在式(5-37)及式(5-38)中,G_i 代表某一核线上第 i 个像元的灰度,$\overline{ij}$ 表示第 i 个像元到第 j 个像元的图像,阈值 T_s,T_c,T_r 均为经验值。

用上述方法对某条核线检测的结果如图 5-20(b) 所示,即整条核线被若干特征段分割成若干段,这些特征段将作为匹配单元用于影像匹配。

为了给影像匹配及边缘跟踪提供充足信息,每个特征均由下列一组参数描述:

① 零交点 Z 处的梯度 $\mathbf{\nabla} g_z$。

② 两个拐点的灰度差 $\mathrm{d}g = | G_i - G_j |$。

③ 3 个特征点的像元号。

需要指出的是,不管用哪种边缘检测算子,所提取的边缘都将是很破碎的,比如,边缘会出现不连续,真实的边缘会遗漏,不应该有的边缘(如阴影边缘)会被提取出来,等等。图 5-21 给出了一个典型的边缘检测结果。

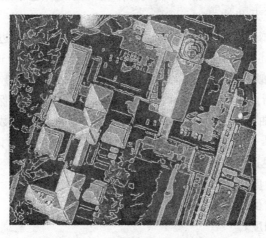

图 5-21　典型的边缘检测结果

5.5.2 基于特征的影像匹配

由于提取的特征有点特征和边缘特征之分,而且对于边缘特征,又由于描述特征的参数不同,继而在匹配过程中采用的相似性基元也不同,从而形成了许多具有不同特点的特征匹配算法。下面摘要介绍几种。

1. Barnard-Thompson 算法

Barnard-Thompson 算法是美国明尼苏达大学提出的一种基于点特征的匹配方法。该方法使用 Moravec 算子在两张图像上选取点特征,并将第一张图像的每个点与第二张图像上可能的匹配点相联系,从而建立起一批初步的可能的匹配。第二张图像上的某点如果位于以该点在第一张图像上的位置为中心的一方形区域内,即认为是一个可能的匹配。第一张图像上的每个点均被视为一个待根据其视差加以分类的目标,其可能的每个匹配确定一个标记,表示出几种可能的等级之一,每个目标亦有一个标明"无匹配"的特别标记。每个标记的初步置信度由环绕那些可能匹配点的小区域的视差均方差来确定,使用一种以连续性为约束的"松弛标记法"(relaxation-labeling algorithm)对置信度的估计值进行迭代改善。一个目标的每个标记均根据其周围的目标进行计算。如果比较多的相互靠近的目标均有着高置信度的相似标记,则增高其置信度,否则增高"无匹配"标记的置信度。一般在迭代大约 8 次之后,每个点的置信度估值便收敛于一个唯一的视差等级,但理论上并不能确保收敛,而要通过实验观察结果。

2. Greenfeld-Sehenk 算法

该方法是由 Greenfeld 和 Schenk 合作提出的一种基于边缘特征的匹配方法。它主要由以下几步构成。

(1) 特征提取。用 Zero-Grossing 算法从两幅图像中提取边缘特征。

(2) 边缘描述。要利用边缘作为基础进行匹配,须对边缘进行参数描述。这里用多边形来近似表示边缘。"多边形近似"实际上是在一条数字曲线上标记断点的过程。这些断点用于逼近连续曲线,所选择的这些点应该保持曲线的结构和形状特性。由于曲线上具有局部最大曲率的点能包含大多数形状信息,所以 Greenfeld-Sehenk 方法将边缘线上具有局部最大曲率的点标记为断点,即多边形的顶点。而描述边缘的特征参数为:

① 顶点的角度;
② 顶点的方位;
③ 顶点的强度;
④ 零交叉符号。

(3) 边缘匹配。对于一幅图像上的每一个边缘,将其与另一幅图像上的所有边缘进行比较和估计,即根据描述边缘的特征参数以一定的相似性条件建立匹配的初始表,然后用一致性检查剔除错误的匹配,一致性检查可以通过几何的方法或统计检验来进行。统计检验的方法是假定其他的匹配也是正确的情况下,对一个正确的匹配设计一个概率分布。几何一致性检查则是用仿射变换将一幅图像映射到另一幅图像上,对所有的匹配对计算转换参数,将具有较大偏差的匹配作为错误的匹配舍弃,如此获得最佳的匹配。

3. 跨接法影像匹配方法

该方法是由武汉大学张祖勋院士提出的一种基于特征的匹配算法。算法的主要步骤如下:

(1) 特征提取。采用特征分割法分别对左右图像沿核线提取点特征或线特征,并将一条核线上的特征定义为由 3 个特征点,即零交点 Z 及两个拐点 S_1,S_2 组成的特征段,如图 5-20(a) 所示。

(2) 构成跨接式目标窗口及相应的搜索窗口。传统的影像匹配算法均是将目标点置于匹配窗口的中心,这种中心式窗口结构的缺点在于无法在影像匹配之前顾及其几何变形。而跨接式窗口则是将相邻的两个甚至多个特征相连接组成一个窗口。如图 5-22(a) 所示,其中第一个特征 F_b 是已经配准的特征,后一个特征 F_e 则为待匹配的特征,F_b 与 F_e 之间可能还有其他特征为未获配准者,如图 5-22(b) 所示。显然,这种结构窗口的大小并非固定不变,而是随时依赖于影像的纹理结构。

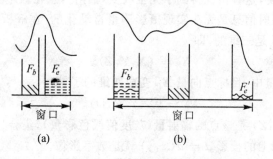

图 5-22 跨接法匹配窗口结构

(3) 跨接法影像匹配。设左核线上一特征 F_b 已与右核线上特征 F_b' 相配准,左核线上特征 F_e 为待匹配的特征。首先在右核线上根据特征提取时所得到的各特征的特征参数,确定若干个候选的匹配特征 $F_{e1}',F_{e2}',\cdots,F_{en}'$,将其分别与 F_b' 跨接构成各自的搜索窗口,并按左核线上目标窗口的大小(以像元数计)分别对各搜索窗口进行重采样,使各搜索窗口与目标窗口等大,从而使二者之间的几何变形得以有效改正;然后分别计算各搜索窗口与目标窗口之间的相关系数 $\rho_1,\rho_2,\cdots,\rho_n$。其最大者所对应的搜索窗口为要求匹配窗口,该窗口对应的 F'_e 则为 F_e 的匹配特征。

(4) 边缘跟踪、传递匹配特征。因为一维影像上灰度梯度最大的点就是二维影像上边缘线上的点。因此可沿着边缘线跟踪,将当前核线上若干个已配准的同名特征传递到待匹配的核线上,作为待匹配核线上进行跨接法影像匹配的"控制点"。所谓边缘线跟踪,即是根据在特征提取时得到的特征参数进行比较判断。同一边缘线上的特征参数应有一定的相似性。

5.6 当代数字摄影测量的若干典型问题

当代摄影测量尽管在很多方面都取得了惊人的进步和发展,但仍然存在许多典型的问题或困难,主要表现在以下几个方面。

1. 辐射信息

当代数字摄影测量与解析摄影测量、模拟摄影测量根本的差别之一,在于对影像辐射信息的计算机数字化处理。在此之前,影像的辐射信息是利用光机设备及由人眼与脑进行处理的,因而它在摄影测量的模拟与解析理论中没有一席之地,而在当时,我们也无法精确地测定它。随着科技的发展和航空遥感影像自动化处理的迫切需要,这种情况得到了完全改变,辐射信息在摄影测量中也变得非常重要,不利用辐射信息是无法实现摄影测量自动化的。在解析摄影测量中,一个目标点向量 X_P 是三维的,即

$$X_P = (X,Y,Z)^T \tag{5-39}$$

而在数字摄影测量中,目标点向量 X_P 变成四维的了,即

$$X_P = (X,Y,Z,D)^T \tag{5-40}$$

式中:$D=(X,Y,Z)$ 是该点的辐射量(灰度值或色彩量),集合$\{D\}$ 即目标的纹理信息,它在影像上的投影 $d=d(x,y)$ 就是数字影像。

现在我们可以利用各种传感器精确获取多种频带多时域的辐射信息,即直接获取数字影像;也可利用影像数字化仪将像片上的影像数字化获取数字化影像。由于数字影像的运用,许多在传统摄影测量中很难甚至不可能实现的处理,在全数字摄影测量中都能够处理甚至变得极为简单。如消除影像的运动模糊、按所需要的任务方式进行纠正、反差增强、多影像的分析与模式识别,等等。由于数

字摄影测量直接使用的原始资料是数字影像,特别为摄影测量设计的传统光学机械型模拟仪器已不再是必需的了,其硬件系统实际上是一套计算机或工作站,因此它更加适合于当前的发展,即与遥感技术和地理信息系统结合完成影像信息的提取、管理与应用。

随着虚拟现实与可视化需求的迅速增长,快速确定目标的纹理 $D = (X, Y, Z)$ 已经成为当代数字摄影测量的一项重要任务了。也就是说,当代数字摄影测量不仅要自动测定目标点的三维坐标,还要自动确定目标点的纹理。

2. 数据量与信息量

数字影像的每一个像元素(简称像素)代表了被摄物体(或光学影像)上一个"点"的辐射强度(或灰度)。像素的灰度值常用 8 位二进制数表示,在计算机中占用一个"字节"(Byte)。若是彩色影像,则需要 3 个字节分别存放红、绿、蓝或其他色彩系统的数值。像素的间隔(即采样间隔)根据采样定理由影像的分辨率确定。当采样间隔为 0.02mm 时,一张 23cm×23cm 的影像包含大约 120 兆(M)字节($1M = 10^6$)。直接由传感器获取的高分辨率遥感影像的数据量甚至更大,如一幅 IKONOS 影像可能包含 1.6 千兆(G)字节($1G = 10^9$ 字节),因而"数据量大"是全数字摄影测量的一个特点与问题,要处理这样大的数据量,必然依赖于计算机的发展。而目前的计算机已经能够在一定程度上达到这一要求。

传统的航空摄影,在航向上的重叠率一般是 60%,旁向重叠率一般是 30%。这对于人工作业,一般是足够了。但是,对于计算机来说,几乎没有多余观测。由于信息量偏少,对自动化处理(如房屋的自动提取)非常不利。在许多非地形摄影测量的应用中,由于摄影重叠率小,连相邻影像的匹配也很困难。因此,当代数字摄影测量在摄影时,要尽量加大重叠率,甚至要获取序列影像。在交向摄影时,虽然影像的重叠率可能会很大,但因摄影的角度相差很大,因而物体的影像变形很大,影像匹配的难度也很大,此时也应该在其间增加摄影,构成多基线摄影测量。

3. 速度与精度

数字摄影测量虽然仍处在不断的发展中,但它已经创造了惊人的奇迹,无论在量测的速度还是在可达到的精度方面,都大大超过了人们最初的想象。例如利用一台普通的计算机(PC),其匹配速度一般可达 500~1000 点/s,利用全数字摄影测量自动立体量测 DTM 的速度可达 100~200 点/s 甚至更高,这是人工量测无法比拟的。但是数字摄影测量中量测与识别的计算任务是如此巨大,目前的计算机速度还不能实时完成,对于许多需要实时完成的应用,快速算法依然是必要的。

对影像进行量测是摄影测量的基本任务之一,它可分为单像量测与立体量测,这同样是数字摄影测量的基本任务。在提高量测精度方面,用于单像量测的"高精度定位算子"和用于立体量测的"高精度影像匹配"的理论与实践是数字摄影测量的重要发展,也是摄影测量工作者对"数字图像处理"所做的独特贡献。例如对采样间隔 $50\mu m$ 的数字影像进行相对定向,其残差的中误差(均方根误差)可达±(3~5)μm,这相当于在一台分辨率为 $2\mu m$ 的解析测图仪上进行人工量测的结果。现在,无论是高精度定位算子还是高精度影像匹配,其理论精度均可高于十分之一像素,达到所谓子像素级的精度。

4. 自动化与影像匹配

自动化是当代数字摄影测量最突出的特点,是否具有自动化(或半自动化)的能力,是当代数字摄影测量与传统摄影测量的根本区别。如果一套数字摄影测量工作站几乎没有自动化(或半自动化)的能力,而只是处理数字影像,那么除了其价格便宜以外,与解析测图仪也就没有很大的区别了。自动化(或半自动化)能力的强弱,是评价数字摄影测量工作站性能最重要的指标。

影像匹配的理论与实践,是实现自动立体量测的关键,也是数字摄影测量的重要研究课题之一。影像匹配的精确性、可靠性、算法的适应性及速度均是其重要的研究内容,特别是影像匹配的可靠性一直是其关键之一。早期提出的多级影像匹配与从粗到细的匹配策略至今仍是提高其可靠性的有效策略,而近年来发展起来的整体匹配是提高影像匹配可靠性的极其重要的手段。从"单点匹配"到"整体匹配"是数字摄影测量影像匹配理论和实践的一个飞跃。多点最小二乘影像匹配与松弛法影像匹配等整体影像匹配方法考虑了匹配点与点之间的相互关联性,因而提高了匹配结果的可靠性与结果的相容性、一致性。

5. 影像解译

到目前为止,数字摄影测量主要用于自动产生 DEM 与正射影像图及交互提取矢量数据,但随着对影像进行自动解译的要求以及城镇地区大比例尺航摄影像、近景等工业摄影测量中几何信息提取需利用"基于特征匹配"与"关系(结构)匹配"的要求,全数字摄影测量领域很自然地展开了影像特征提取与进一步处理、应用的研究。各种特征提取算法很多,可分为点特征、线特征与面特征的提取。各种点特征提取算子中有的可以定位,有的还可以确定该点的性质(独立点、线特征点或角点等);面特征提取中有的采用区域增长法,有的则基于点特征采用线跟踪法再构成线与面。线特征提取也可利用 Hough 变换进行或利用 Fourier 变换、Gabor 变换(也称短时傅里叶变换或窗口傅里叶变换)及后来发展起来的 Wavelet 变换(小波变换)进行。这些特征提取方法及基于特征匹配与关系(结构)匹配的方法均与影像分析、影像理解紧密地联系,它们是数字摄影测量的另一个基本任务——利用影像信息确定被摄对象的物理属性的基础。常规摄影测量采用人工目视判读识别影像中的物体,遥感技术则利用多光谱信息辅之以其他信息实现机助分类。数字摄影测量中对居民地、道路、河流等地面目标的自动识别与提取,主要是依赖于对影像结构与纹理的分析,这方面已经有了一些较好的研究成果。

数字摄影测量的基本范畴还是确定被摄对象的几何属性与物理属性(即量测与理解)。前者虽有很多问题尚待解决,需继续不断研究,但已开始达到实用程度;后者则离实用阶段还有很大的距离,尚处于研究阶段,但其中某些专题信息(如道路与房屋等)的半自动提取将会首先进入实用阶段。

本章思考题

1. 数字图像处理与数字摄影测量的关系是什么?
2. 什么是数字影像?什么是数字化影像?如何获取数字化影像?
3. 影像相关的目的是什么?
4. 基于灰度的影像相关主要有哪些方法?试以一种方法为例,详述影像相关的全过程。
5. 简述最小二乘影像相关的基本思想。
6. 为什么要进行核线相关?如何获取同名核线?
7. 基于特征的影像匹配有什么特点和优点?
8. 你认为当代摄影测量的发展还面临哪些方面的挑战?

第6章 数字地面模型的建立与应用

用图解的方式将地面上的信息(地形、地物以及各种文字注记等)表示在图纸上,例如,用等高线和地貌符号以及必要的数字注记表示地形,用各种不同的符号表示地物的位置、形状以及特征,称为图解地图,即常用的地形图。用图解的方式表达地形图的优点是比较直观,缺点是不便于地图的修测、存放和检索以及用于 GIS。此外,由于地图的负载量是有限的,地面上的很多信息不能直接表示在地形图上,随着计算机技术的发展和工程设计自动化的要求以及建立地理信息系统的需要,出现了用数字形式表示地面的方式,即"数字地面模型"(DTM)。本章主要介绍与数字地面模型密切相关的数字高程模型(DEM)的建立与应用。

6.1 数字地面模型概述

6.1.1 数字地面模型的发展过程

数字地面模型 DTM(digital terrain model)最初是美国麻省理工学院 Miller 教授为了高速公路的自动设计于 1956 年提出来的。此后,它被用于各种线路(铁路、公路、输电线路)的设计及各种工程的面积、体积、坡度的计算中,包括在任意两点间作可视性判断及绘制任意断面图。在测绘领域中被广泛应用于绘制等高线、坡度坡向图、立体透视图,制作正射影像图以及地图的修测等。在遥感中可作为分类的辅助数据。它是地理信息系统的基础数据,可用于土地利用现状的分析、合理规划及洪水险情预报等。在军事上可用于导航及导弹制导。在工业上可利用数字目标模型或数字物体模型 DOM(digital object model)绘制出表面结构复杂的物体的形状。

数字地面模型 DTM 的理论与实践由数据采集、数据处理与应用三部分组成。对它的研究经历了四个时期:20 世纪 50 年代末是其概念的形成时期;60 年代至 70 年代对 DTM 内插问题进行了大量的研究,如 Schut 提出的移动曲面拟合法,Arthur 和 Hardy 提出的多面函数内插法,Kraus 和 Mikhail 提出的最小二乘内插法及 Ebner 等提出的有限元内插法等;70 年代中、后期对采样方法进行了研究,具代表性的有 Mikarovic 提出的渐近采样法(progressive sampling)和混合采样法(composite sampling);80 年代以后,对 DTM 的研究已涉及 DTM 系统的各个环节,其中包括用 DTM 表示地形的精度、地形分类、数据采集、DTM 的粗差探测、质量控制、DTM 的数据压缩、DTM 的应用以及不规则三角网 DTM 的建立与应用,等等。

在数字地面模型的研究和发展过程中,国际上比较著名的 DTM 软件包有德国 Stuttgart 大学研制的 SCOP 程序,Münich 大学研制的 HIFI 程序,Hannover 大学研制的 TASH 程序,奥地利 Vienna 工业大学研制的 SORA 程序及瑞士 Zürich 工业大学研制的 CIP 程序等。这些程序都拥有广泛的应用模块,如等值线图、立体透视图、坡度图及土方的计算,等等。

与传统的地图比较,DTM 作为地表信息的一种数字表达形式有着无可比拟的优越性。首先,它可以直接输入计算机,供各种计算机辅助设计系统利用;其次,DTM 可运用多层数据结构存储丰富的信息,包括地形图无法容纳与表达的垂直分布地物信息,以适应国民经济各方面的需求。此外,由于 DTM 存储的信息是数字形式的,便于修改、更新、复制及管理,也可以方便地转换成其他形式(包括传统的地形图、表格)的地表资料文件及产品。

6.1.2 数字地面模型的概念与表示形式

数字地面模型 DTM 是地形表面形态等多种信息的一种数字表示。严格地说,DTM 是定义在某一区域 D 上的 m 维向量有限序列:

$$\{V_i, i = 1, 2, \cdots, n\}$$

其向量 $V_i = (V_{i1}, V_{i2}, \cdots, V_{in})$ 的分量为地形、资源、环境、土地利用、人口分布等多种信息的定量或定性描述。DTM 是一个地理信息数据库的基本内核,若只考虑 DTM 的地形分量,我们通常称其为数字高程模型 DEM(digital elevaion model),其定义如下:

数字高程模型 DEM 是表示区域 D 上地形的三维向量有限序列$\{V_i = (X_i, Y_i, Z_i), i = 1, 2, \cdots, n\}$,其中$(X_i, Y_i) \in D$ 是平面坐标,Z_i 是(X_i, Y_i)对应的高程。当该序列中各向量的平面点位是规则格网排列时,则其平面坐标(X_i, Y_i)可省略,此时 DEM 就简化为一维向量序列$\{Z_i, i = 1, 2, \cdots, n\}$,这也是 DEM 名称的由来。在实际应用中,许多人习惯将 DEM 称为 DTM,实质上它们是不完全相同的。

DEM 有多种表示形式,主要包括规则矩形格网与不规则三角网等。为了减少数据的存储量及便于使用管理,可利用一系列在 X,Y 方向上都是等间隔排列的地形点的高程 Z 来表示地形,形成一个矩形格网 DEM,如图 6-1(a) 所示。其任意一个点 P_{ij} 的平面坐标可根据该点在 DEM 中的行列号 i,j 及存放在该文件头部的基本信息推算出来。这些基本信息应包括 DEM 起始点(一般为左下角)坐标(X_0,Y_0),DEM 格网在 X 方向与 Y 方向的间隔 DX,DY 及 DEM 的行列数 NX,NY 等。此时,点 P_{ij} 的平面坐标(X_i,Y_i) 为:

$$\left.\begin{array}{ll} X_i = X_0 + i * DX & (i = 0,1,\cdots,NX-1) \\ Y_i = Y_0 + j * DY & (j = 0,1,\cdots,NY-1) \end{array}\right\} \quad (6-1)$$

在这种情况下,除了基本信息外,DEM 就变成一组规则存放的高程值,在计算机高级语言中,它就是一个二维数组或数学上的一个二维矩阵$\{Z_{ij}\}$。

由于矩形格网 DEM 存储量很小,非常便于使用且容易管理,因而是目前运用最广泛的一种形式。但其缺点是有时不能准确表示地形的结构与细部,因此基于 DEM 描绘的等高线不能准确地表示地貌。为克服其缺点,可采用附加地形特征数据,如地形特征点、山脊线、山谷线、断裂线等,从而构成完整的 DEM。若将按地形特征采集的点按一定规则连接成覆盖整个区域且互不重叠的许多三角形,构成一个不规则三角网 TIN(triangulated irreguar network) 表示的 DEM,通常称为三角网 DEM 或 TIN,如图 6-1(b) 所示。TIN 能较好地顾及地貌特征点、线,表示复杂地形表面比矩形格网(grid)精确。其缺点是数据量较大,数据结构较复杂,因而使用与管理也较复杂。近年来许多人对 TIN 的快速构成、压缩存储及应用做了不少研究,取得了一些成果,为克服其缺点发扬其优点作了许多有益的工作。

为了充分利用上述两种形式的 DEM 的优点,德国 Ebner 教授等提出了 Grid-TIN 混合形式的DEM,如图6-1(c) 所示,即一般地区使用矩形网数据结构(还可以根据地形采用不同密度的格网),沿地形特征则附加三角网数据结构。

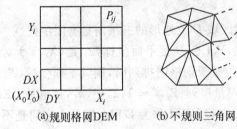

(a)规则格网DEM　　(b)不规则三角网　　(c)混合形式 DEM

图 6-1　DEM 数据结构

6.2 DEM 数据点的采集与预处理

为了建立 DEM，必须量测一些点的三维坐标，这就是 DEM 数据采集或 DEM 数据获取，被量测三维坐标的这些点称为数据点或参考点。

6.2.1 DEM 数据点的采集方法

获取 DEM 参考数据点的方法很多，主要有以下几种方式。

1. 地面测量方法

利用自动记录的测距经纬仪（常称为电子速测经纬仪或全站经纬仪）在野外实测。这种速测经纬仪一般都有微处理器，可以自动记录与显示有关数据，还能进行多种测站上的计算工作。其记录的数据可以通过串行通信等方式，输入其他计算机（如 PC 机）进行处理，也可利用 GPS 接收机获取数据点坐标值。

2. 现有地图数字化方法

这是利用数字化仪对已有地图上的信息（如等高线、地性线等）进行数字化的方法。目前常用的数字化仪有手扶跟踪数字化仪与扫描数字化仪。

（1）手扶跟踪数字化仪。将地图平放在数字化仪的台面上，用一个带有十字丝的鼠标，手扶跟踪等高线或其他地形地物符号，按等时间间隔或等距离间隔的数据流模式记录平面坐标，或由人工按键控制平面坐标的记录，高程则需由人工按键输入。其优点是所获取的向量形式的数据在计算机中比较容易处理；缺点是速度慢、人工劳动强度大。

（2）扫描数字化仪。利用平台式扫描仪或滚筒式扫描仪或 CCD 阵列对地图扫描，获取的是栅格数据，即一组阵列式排列的灰度数据（也就是数字影像）。其优点是速度快又便于自动化，但获取的数据量很大且处理复杂，将栅格数据转换成矢量数据还有许多问题需要研究，要实现完全自动化还需要做很多工作。目前可采用半自动化跟踪的方法，即采用交互式处理，能够由计算机自动跟踪的部分由其自动完成，当出现错误或计算机无法处理的部分由人工进行干预，这样既可以减轻人工劳动强度，又能使处理软件简单易实现。

3. 利用空间传感器方法

利用全球定位系统 GPS、机载雷达或机载激光测距仪（如：light detection and ranging，简称 Lidar）等进行数据采集。特别是机载 Lidar，可以快速地获取大量反映地球表面及其感兴趣目标物体的三维形状的点云数据，经过对这些点云数据的处理,可以快速地获取关于地表的数字高程模型 DEM 或数字表面模型 DSM(digital surface model)。有关机载激光测距获取地表 DEM/DSM 的原理和方法将在本章后续部分作进一步介绍。

4. 摄影测量方法

这是 DEM 数据点采集最常用的一种方法,它具有效率高、劳动强度低等优点。在传统的摄影测量方法中,利用计算机辅助测图系统可进行人工控制的采样,即 X,Y,Z 三个坐标的控制全部由人工操作;利用解析测图仪或机控方式的机助测图系统可进行人工或半自动控制的采样,其半自动的控制一般由人工控制高程 Z,而由计算机控制平面坐标 X,Y 的驱动;利用自动化测图系统则是利用计算机立体视觉代替人眼的立体观测来进行。

就目前而言,主要是利用数字摄影测量工作站来进行自动化的 DEM 数据采集。此时可按影像上的规则格网利用数字影像匹配进行数据采集。若利用高程直接解求的影像匹配方法,也可按模型上的规则格网进行数据采集。

需要说明的是,不管采用哪种数据采集方法,数据点的密度是影响数字高程模型的主要因素,数据点太稀会影响数字高程模型的精度;数据点太密则会增加数据获取和处理的工作量,增加不必要的存储量。数据点最佳密度的确定,可以用频谱分析方法对地形进行频谱分析,当地形谱中高频成分比较丰富,即地形比较破碎、坡度变化较大时,则要求数据点较密;反之,对数据点要求较稀。根据地形谱的截止频率和采样定理,就能获得理论上最合理的采样间隔,确定数据点的密度。

6.2.2 DEM 数据的预处理

无论采用何种数据获取的方法,对所获取的数据都必须进行数据预处理。数据预处理一般包括数据的编辑、数据分块、数据格式的变换以及坐标系统的转换等内容。

数据的编辑,可以将采集的数据用图解的方式显示在图形显示器的屏幕上或用数控绘图桌绘出,作业人员可以从中发现错误的数据点以及某些范围可能还需要补测的数据点。对于地物的数字化也应进行处理。如在直线上的,由于数据采集误差却不在一直线上,等等,也要进行编辑处理。

数据点的分块排列,是建立数字高程模型的一个重要步骤。由于高程数据点采集方式的不同,数据点在计算机内排列的顺序也不同。例如由等高线数字化获得的数据,数据点是按各条等高线数字化的先后顺序排列的,但在数据内插建立数字高程模型时,待插点只与其周围的数据点有关。为了能迅速地在成千上万个数据点中找出所需要的数据点,就必须将数据点进行排列。排列的方法是先将区域分成等间隔的格网(一般比数字高程模型的格网大),然后将数据点按格网的行、列号顺序排列。

DEM 数据预处理的其他工作还包括数据格式的转换、坐标系的转换等,有时还要进行数据压缩以减少数据量。

6.3 数字高程模型的内插

数字高程模型的内插属于曲面内插的范畴,指的是根据一系列数据点上的高程信息来拟合反映地表的起伏特征,并内插出指定点上的高程信息。在数字测图中主要指由一组已知 X、Y、Z 坐标的离散点(数据点)来内插数字高程模型,这种数据点可以是等高线、沿断面分布或是一组无规律的离散点。此外,还要考虑一些特征点、高程注记点、沿地貌结构线和边界线分布的点。

数字高程模型的内插需要顾及这样几个特点:

(1) 整个地球表面的起伏形态不可能用一个简单的低次多项式来拟合,而高次多项式的解不稳定且会产生不符合实际的振荡。

(2) 地形表面既有连续光滑的特性,又可能存在由于自然或人为的原因而产生的地形不连续。

(3) 由于计算机内存的限制,不可能同时对很大的范围来内插数字地面模型。

综合上述 3 个特点,一般总是将测区或图幅划分成较小的计算单元,采用局部函数内插方法,并在内插中兼顾一般数据点和地形特征点、线,并且根据数据点采集的不同方法采取相应的内插方法。

数字高程模型内插的各种算法在过去多年中曾进行过大量的研究,下面简单介绍几种在实践中比较有代表性的算法。

6.3.1 线性内插

使用最靠近的 3 个数据点,其高程的观测值为 Z_1、Z_2、Z_3,则可确定一个平面,从而求出一个新的高程 Z_P(其平面坐标为 X,Y):

$$Z_P = a_0 + a_1 X + a_2 Y \tag{6-2}$$

参数 a_0、a_1、a_2 由三个数据点组成的线性方程组求出。若将坐标 X,Y 以第 1 点为原点计算,则有

$$\begin{bmatrix} 1 & 0 & 0 \\ 1 & X_2 & Y_2 \\ 1 & X_3 & Y_3 \end{bmatrix} \begin{bmatrix} a_0 \\ a_1 \\ a_2 \end{bmatrix} = \begin{bmatrix} Z_1 \\ Z_2 \\ Z_3 \end{bmatrix}$$

从中解出：

$$\begin{bmatrix} a_0 \\ a_1 \\ a_2 \end{bmatrix} = \frac{1}{X_2 Y_3 - X_3 Y_2} \begin{bmatrix} X_2 Y_3 - X_3 Y_2 & 0 & 0 \\ Y_2 - Y_3 & Y_3 & -Y_2 \\ X_3 - X_2 & -X_3 & X_2 \end{bmatrix} \begin{bmatrix} Z_1 \\ Z_2 \\ Z_3 \end{bmatrix}$$

由此得到斜面方程为：

$$Z = \frac{1}{X_2 Y_3 - X_3 Y_2} \{ [(X_2 Y_3 - X_3 Y_2) + (Y_2 - Y_3)X + (X_3 - X_2)Y] Z_1 + (Y_3 X - X_3 Y) Z_2 + (X_2 Y - Y_2 X) Z_3 \} \quad (6-3)$$

它可以写成权函数形式：

$$Z = \sum_{i=1}^{3} g_i(X, Y) Z_i \quad (6-4)$$

式中：$g_i(X,Y)$ 表示第 i 个数据点对内插点的作用大小。

线性内插法主要用于根据格网点、注记点和断裂线点高程内插等高线点及三角形网眼的有限元内插法中。

6.3.2 双线性多项式内插

根据最邻近的 4 个数据点，可确定一个双线性多项式：

$$Z = a_{00} + a_{10} X + a_{01} Y + a_{11} XY \quad (6-5)$$

或写成矩阵形式：

$$\mathbf{Z} = (1 \quad X) \begin{bmatrix} a_{00} & a_{01} \\ a_{10} & a_{11} \end{bmatrix} \begin{pmatrix} 1 \\ Y \end{pmatrix} \quad (6-6)$$

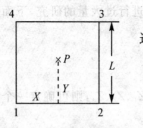

图 6-2 规则格网加密

如图 6-2 所示，当 4 个数据点按正方形排列时，设边长为 L，内插点 P 相对于点 1 的坐标为 X、Y，则有

$$Z_P = \left(1 - \frac{X}{L}\right)\left(1 - \frac{Y}{L}\right) \cdot Z_1 + \left(1 - \frac{Y}{L}\right) \cdot \left(\frac{X}{L}\right) \cdot Z_2$$
$$+ \left(\frac{X}{L}\right) \cdot \left(\frac{Y}{L}\right) Z_3 + \left(1 - \frac{X}{L}\right) \cdot \left(\frac{Y}{L}\right) \cdot Z_4$$
$$= \sum_{i=1}^{4} g_i(X, Y) \cdot Z_i \quad (6-7)$$

双线性多项式内插得到的是一个抛物双曲面。这种内插方法亦可用来由格网点高程求等高线与格网线的交点。此外，其原理也用于双线性有限元内插法中。

6.3.3 分块双三次多项式内插

分块多项式的计算方法多种多样，对每一个分块可以定义出一个不同的多项式曲面。当 n 次多项式与其相邻分块的边界上所有 $n-1$ 次的导数都连续时，称之为样条函数。

在数据点为方格网的条件下，可取用三次曲面来描述格网内的地面高程，则待定点的高程可由下式求出：

$$Z = \begin{pmatrix} 1 & X & X^2 & X^3 \end{pmatrix} \begin{bmatrix} a_{00} & a_{01} & a_{02} & a_{03} \\ a_{10} & a_{11} & a_{12} & a_{13} \\ a_{20} & a_{21} & a_{22} & a_{23} \\ a_{30} & a_{31} & a_{32} & a_{33} \end{bmatrix} \begin{Bmatrix} 1 \\ Y \\ Y^2 \\ Y^3 \end{Bmatrix} \quad (6\text{-}8)$$

式中：$0 \leqslant X \leqslant 1, 0 \leqslant Y \leqslant 1$，即以左下角格网为原点，格网边长为单位长度。

为了求出式(6-8)中16个未知参数，除了已知四个格网数据点外，还必须知道每个格网点沿 X 方向的斜率 R、沿 Y 方向的斜率 S 和该点曲面扭曲 T：

$$\left. \begin{aligned} R &= \frac{\partial Z}{\partial X} \\ S &= \frac{\partial Z}{\partial Y} \\ T &= \frac{\partial^2 Z}{\partial X \partial Y} \end{aligned} \right\} \quad (6\text{-}9)$$

所以它是三次样条函数，而 R、S、T 值可按某一格网点邻近4个格网的数据点求出，此时用差分代替微分（见图6-3）。

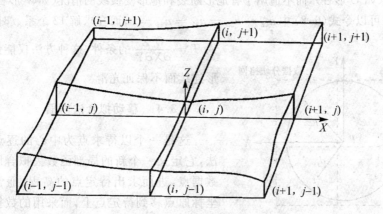

图 6-3　八邻域数据点

$$\left.\begin{array}{l}R_{i,j}=\dfrac{\partial Z}{\partial X}=\dfrac{Z_{i+1,j}-Z_{i-1,j}}{2}\\[2mm]S_{i,j}=\dfrac{\partial Z}{\partial Y}=\dfrac{Z_{i,j+1}-Z_{i,j-1}}{2}\\[2mm]T_{i,j}=\dfrac{\partial^2 Z}{\partial X\partial Y}=\dfrac{(Z_{i-1,j-1}+Z_{i+1,j+1})-(Z_{i-1,j+1}-Z_{i+1,j-1})}{4}\end{array}\right\} \quad (6\text{-}10)$$

于是,可获得求解 16 个未知数的 16 个方程式,并依阵列代数可组成下列矩阵:

$$\begin{bmatrix} Z_A & S_A & Z_C & S_C \\ R_A & T_A & R_C & T_C \\ Z_B & S_B & Z_D & S_D \\ R_B & T_B & R_D & T_D \end{bmatrix} = \begin{bmatrix} 1 & 0 & 0 & 0 \\ 0 & 1 & 0 & 0 \\ 1 & 1 & 1 & 1 \\ 0 & 1 & 2 & 3 \end{bmatrix} A \begin{bmatrix} 1 & 0 & 1 & 0 \\ 0 & 1 & 1 & 1 \\ 0 & 0 & 1 & 2 \\ 0 & 0 & 1 & 3 \end{bmatrix} \quad (6\text{-}11)$$

或简写成:

$$\boldsymbol{Z} = \boldsymbol{X} \cdot \boldsymbol{A} \cdot \boldsymbol{X}^{\mathrm{T}} \quad (6\text{-}12)$$

从而可求出:

$$\boldsymbol{A} = \boldsymbol{X}^{-1} \cdot \boldsymbol{Z} \cdot (\boldsymbol{X}^{-1})^{\mathrm{T}} \quad (6\text{-}13)$$

其中:

$$\boldsymbol{X}^{-1} = \begin{bmatrix} 1 & 0 & 0 & 0 \\ 0 & 1 & 0 & 0 \\ -3 & -2 & -3 & -1 \\ 2 & 1 & -2 & 1 \end{bmatrix} \quad (6\text{-}14)$$

一旦 A 矩阵求出后,便可由式(6-8)内插格网内任一点高程。可以证明,双三次多项式保证相邻曲面之间连续光滑。显然,这种内插方法仅适用于连续变化的光滑地形(如 U 形谷),而不适用于有地形断裂和地形变换线的情况(如 V 形谷)。

亦可以令式(6-8)中 $a_{22}=a_{23}=a_{32}=a_{33}=0$,而在求解 12 个系数时,不引入 $T=\dfrac{\partial^2 Z}{\partial X\partial Y}$ 的条件,这种方法仅能保证地形连续而不保证光滑。

6.3.4 移动拟合法内插

这是一个以待求点为中心的逐点内插法,它定义一个新的局部函数去拟合周围的数据点,进而求出待定点的高程。通常是将坐标原点移到待定点上,而采用的数据点应落在半径为 R 的圆内,如图 6-4 所示。

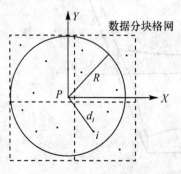

图 6-4 移动拟合法内插

所定义的函数可以为一次多项式（平面），亦可以为二次多项式（曲面）。若取
$$Z = AX^2 + BXY + CY^2 + DX + EY + F \tag{6-15}$$
所取用的数据点应满足以下两个条件：

(1) $\sqrt{X_i^2 + Y_i^2} = d_i \leqslant R$，$X_i, Y_i$ 为以 P 点为原点时数据点的坐标。

(2) 数据点与待求点之间地形变化是连续光滑的。这必须事先根据地形断裂线信息将内插区域划分为许多小区，内插仅使用同一区内的数据点。

R 的选择应保证所提供的数据点数 $n \geqslant 6$。当 $n \geqslant 6$ 时，利用最小二乘法求解式(6-15)。由于待定点为坐标原点($X_P = Y_P = 0$)，所以
$$Z_P = F \tag{6-16}$$

在求解中还可对每个数据点给一权 P_i，该值并不表示数据点采样的精度，乃是表示该点高程对待定点高程的作用大小。因此它显然与该点到 P 点的距离成反比。当内插点无限接近于某个数据点时，则该数据点的权应无限地大。

通常可采用式(6-17)所定义的权，相应的图解含义如图 6-5 所示。

$$\left. \begin{array}{l} ① \; P_i = \dfrac{1}{d_i^2} \\ ② \; P_i = \left(\dfrac{R - d_i}{d_i}\right)^2 \\ ③ \; P_i = e^{-d_i^2/R^2} \end{array} \right\} \tag{6-17}$$

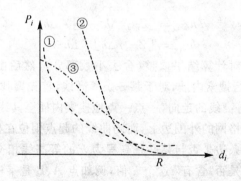

图 6-5　移动拟合法内插中权与距离的关系

由于每个内插点所选用的数据点不同，所以内插曲面是不连续的。因此移动拟合法一般不用于内插通用的数字高程模型。但由于其计算量很小，它仍然能用来处理一些特殊的任务。

6.4 基于 DEM 的等高线自动绘制

本节只介绍基于规则格网 DEM 的等高线自动绘制方法。主要包括以下两个步骤：

(1) 利用 DEM 的矩形或方形格网点的高程，内插出格网边上的等高线点的位置，并将这些等高线点按顺序排列。

(2) 利用这些顺序排列的等高线点的平面坐标 X、Y 进行插补，即进一步加密等高线点，并绘制成光滑的曲线，这些工作都是由计算机完成的。

6.4.1 等高线点的内插与排列

在数字高程模型格网边上内插并排列等高线点的方法很多，总的来说可以分为两种情况。

1. 按每条等高线走向顺序插点

这是一种按逐条等高线的走向进行边搜索边插点的方法。因此，"内插"等高线点及其"排列"是同时完成的。

为了在整个绘图范围内内插等高线点，计算机首先根据数字高程模型中的最低点及最高点的高程 Z_{min}、Z_{max} 求得最低和最高的等高线高程 h_{min} 和 h_{max}。设等高距为 Δh，则

$$h_{min} = [Z_{min}/\Delta h + 1] \cdot \Delta h$$
$$h_{max} = [Z_{max}/\Delta h] \cdot \Delta h$$

式中：符号 [ ] 表示对计算结果取整 (舍去小数部分)，然后由低到高 (或由高到低) 逐条等高线进行搜索内插，对于某一条等高线，首先要找到该条等高线的一个起点，然后顺着等高线的走向，一点一点地搜索内插至其终点。在一个区域内，开曲线的起点位在格网的外围边上，而闭曲线的起点则位在格网的内部。

一个格网的一条边是否与某一条高程为 h 的等高线相交，就要看这条边的两个端点的高程值是否"含有"这个 h 值，例如点 A、B 是某格网边的两个端点，其高程分别为 Z_A 及 Z_B，那么 $\overline{AB}$ 是否与高程为 h 的等高线相交，应看其是否满足下列不等式：

$$Z_A \geqslant h \geqslant Z_B \quad 或 \quad Z_A \leqslant h \leqslant Z_B \tag{6-18}$$

换言之，只要检验：

$$(Z_A - h)(Z_B - h) \leqslant 0 \tag{6-19}$$

是否满足，就可以知道边 $\overline{AB}$ 是否与等高线相交。当式中为等号的情况，应作为

退化的情况给予处理。

找到等高线的起点以后,就可顺着曲线往前游动,求得等高线与格网各条边的交点。现在假设等高线的游动已到达边 $\overline{P_1P_2}$,如图6-6所示,其交点坐标为 (X_0,Y_0),而曲线与 $\overline{P_1P_2}$ 边相交前与格网的另一个边的交点坐标为 (a_1,b_1),$\overline{P_1P_2}$ 称为进入边,即等高线到达某个小矩形时是先到达 $\overline{P_1P_2}$ 这个边,此后它将从这个矩形的另一个边离开。现在我们就来寻求它离开的边及其交点——本矩形离开的边自然就是下一个矩形的进入边。对一个矩形来说,进入边有东、南、西、北四种情况,而对于每一个进入边的情况,曲线又都有两种走向。图6-6中,进入边是南边,但有 $X_0-a_1 \geqslant 0$ 和 $X_0-a_1 \leqslant 0$ 两种情况。一般地说,对于前一种情况,等高线前进时,从矩形东边出去的可能性比从西边出去的可能性大,因此我们在进一步考察等高线与该矩形的另三个边有无交点时,其次序应为东→北→西,这样安排可以节省计算的时间。

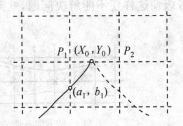

图6-6 等高线点的确定

一旦发现某个边的两端点满足式(6-19),则用线性插值的办法求出其交点,而等高线从 (X_0,Y_0) 连到此点,由此点离开所考察的矩形,此时的交点作为新的 (X_0,Y_0),而原先的 (X_0,Y_0) 即成为新的 (a_1,b_1),使得等高线继续游动。如此搜索,直到该等高线到达终点为止。

通常同样高程的等高线在整个测图范围内可能有几条,因此在搜索完一条等高线后,还要搜索新的起点与新的等高线。

用同样的方法完成测区内所有等高线的搜索与内插,这样求得的等高线上各点的平面坐标是按每条等高线的走向顺序排列好的。把这些数据记录存储在磁带或光盘上,用以输入到数控绘图桌中自动绘出等高线。

2. 整体解求各等高线上的点并分别排列存储

这种方法是按数字高程模型的格网边的顺序(例如先按行、后按列)搜索内插计算出全部等高线穿越格网边交点的坐标 (X,Y),然后按等高线的顺序将属于每一条等高线的点子找出来,并按等高线的走向将它们顺序排列,并存储在磁带或光盘上。在格网边上搜索等高线点以及等高线点平面坐标的确定方法与第一种方式相同。

将离散的等高线点按每条等高线的顺序排列起来,可按如下两个条件进行:

(1)方向条件。即要求从已经排列好的两个等高线点出发,至下一个等高线点的方向变化为最小。

(2) 距离条件。即要求从一个已经排列好的等高线点到下一个点之间的距离为最小。

一般来说,在排列时应综合考虑此两个条件,若仅考虑某一个条件,有时候会导致等高线的错误排列。图 6-7(a) 和(b) 分别表示当只顾及一个条件时可能产生的等高线错误排列的例子。

为了尽可能减少计算时间,在排列等高线内各点的顺序时主要依据距离条件。此外,在程序中还要补充对一些主要特殊情况的处理。如果由于地形的困难等级使这样还不能解决问题,就需要再进一步内插,建立更密一些的格网。

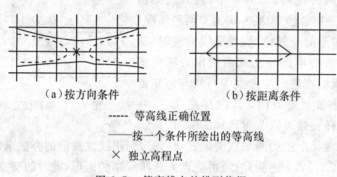

(a) 按方向条件　　　　　(b) 按距离条件

----- 等高线正确位置
—— 按一个条件所绘出的等高线
× 独立高程点

图 6-7　等高线点的排列依据

当一个开曲线由区域的一边出发并不回到区域的边缘,或当一个闭曲线并不闭合到其出发点时,就可以知道等高线的搜索内插未曾得到正确结果,应该加密格网,重新运算。

6.4.2　等高线点的插补

由上述步骤获得的是一系列顺序排列的离散的等高线点——等高线与格网边的交点。由于在数控绘图仪以及其他图形输出设备上,两点之间只能用直线相连,而上面获得的这些离散的等高线点相邻两点之间的距离往往大于绘图仪的步距,因此,若将这些离散的等高线点依次相连,则只能获得一条不光滑的由一系列折线组成的"等高线"。为了获得一条光滑的等高线,在这些离散的等高线点之间还必须插补一些点,使相邻两点之间的距离与绘图仪步距相适应。插补的方法很多,但其基本原理是相同的,即用一条函数曲线去拟合已知的等高线点。在函数曲线的待定参数求出之后,即可按曲线方程计算插补点的坐标,这一过程称为曲线内插。有关曲线内插的内容,在此不作介绍,有兴趣的读者可参考有关书籍。

6.4.3 地形特征线的顾及

地形特征线是表示地貌形态、特征的重要结构线,若在数据采集、数字高程模型的建立、等高线的自动绘制过程中不考虑地形特征线,就不能正确地表示地貌形态,降低"地理精度",就不能完整地表达山脊、山谷的走向和特征,特别是地貌的细部。因此,对于地形特征线的顾及,必须贯穿于 DEM 数据的采集、建立及其应用的全过程。前面我们简要介绍了在建立数字高程模型时,如何顾及断裂线,这里我们对在等高线的自动绘制过程中如何顾及地形特征线作一简要介绍。

在搜索等高线点时,为了顾及地形特征线,必须注意以下几点:

(1) 若在某一条格网边上有地形特征线(如山脊线)穿过(如图 6-8 所示),必须采用特征线与格网边的交点(如图中 a、b、c)与相应的格网点(如图中 L、M、N、K)内插等高线点,而不能直接用格网点内插等高线点,例如由:

a、N 点 → 内插点 1

b、M 点 → 内插点 2

b、L 点 → 内插点 4

L、K 点 → 内插点 5

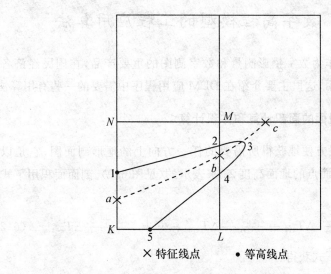

图 6-8 特征点、线的顾及

(2) 当有地形特征线穿过格网边时,就有可能在同一条格网边上出现两个等高线点,例如图 6-8 中格网边 ML 上就出现了等高线点 2 和 4。一般情况下,是用一个逻辑值("真"或"假")来判别一条格网边上是否存在等高线点,而此时就不能仅仅用一个逻辑值来简单地判别该格网边上是否存在等高线,因为地形特征线已将该格网分成两个线段。为此,将一个计算机字分成相应的"字段"来使用,最简单的字段是"位"(即 bit)。例如,当特征线将格网边分成两段时,则在一个计算机字中取两位,分别以高位的"1"或"0"表示格网边的上段(或水平格网边的左段)有或无等高线通过,低位的"1"或"0"表示下段(或右段)有或无等高线通过。

(3) 在跟踪搜索等高线时,若等高线通过山脊线或山谷线,需在其上插补等高线点,例如图 6-8 中由特征点 b、c 内插等高线点 3。由图 6-8 的例子可以看出,若考虑了地形特征线,内插出等高线点 1、2、3、4、5,从而保证了等高线的走向,就正确地表示了地貌;否则,若没考虑特征线,只能内插得到 1、5 两个等高线点,这样就难以保证"地理精度"。

(4) 除了在数字高程模型内插时要考虑断裂线外,在绘制等高线时也要考虑断裂线,其作法是当等高线遇到断裂线时,等高线必须"断"在断裂线上。此外,当等高线遇到边界线时,也必须"断"在边界线上。

6.5 数字高程模型的工程应用算法

数字高程模型作为数字摄影测量和数字测图的重要产品,在国民经济各部门中具有广泛的应用,这里主要介绍在 DEM 应用程序中需要的一些有用算法。

6.5.1 地形剖面的面积计算和体积计算

从 DEM 可以很方便地获得所需要的任一方向上的地形剖面图,它是以一定间隔 ΔT_{ik} 处的断面点的地面高度 Z_i 来表示的(见图 6-9)。剖面面积用下式计算:

$$F = \frac{Z_1 + Z_2}{2} \Delta T_{1,2} + \frac{Z_2 + Z_3}{2} \Delta T_{2,3} + \cdots + \frac{Z_{n-1} + Z_n}{2} \Delta T_{n-1,n} \quad (6-20)$$

面积计算的精度由下式获得:

$$\sigma_F^2 = \left(\frac{\Delta T_{12}^2}{4} + \frac{(\Delta T_{12} + \Delta T_{23})^2}{4} + \frac{(\Delta T_{23} + \Delta T_{24})^2}{4} + \cdots + \frac{\Delta T_{n-1,n}^2}{4} \right) \sigma_z^2 \quad (6-21)$$

$$\sigma_F = \sqrt{\left(n - \frac{3}{2}\right)\Delta P} \cdot \sigma_Z \quad (n \text{ 为断面点数}) \tag{6-22}$$

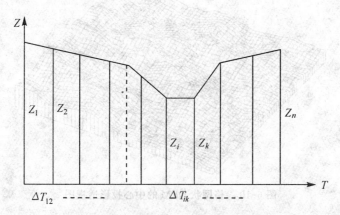

图 6-9　由 DEM 获得的地形剖面

高程中误差 σ_Z 表示通过内插后获得的断面点高程精度。

对于相互平行、间距为 ΔS_{ik} 的 m 个断面，其体积可类似上述计算，由下式求出：

$$V = \frac{F_1 + F_2}{2}\Delta S_{1,2} + \frac{F_2 + F_3}{2}\Delta S_{2,3} + \cdots + \frac{F_{m-1} + F_m}{2}\Delta S_{m-1,m} \tag{6-23}$$

所计算体积的精度为：

$$\sigma_V^2 = \frac{\Delta S_{12}^2}{4}\sigma_{F_1}^2 + \frac{(\Delta S_{12} + \Delta S_{23})^2}{4}\sigma_{F_2}^2 + \cdots + \frac{\Delta S_{m-1,m}^2}{4}\sigma_{F_m}^2 \tag{6-24}$$

当断面间隔 ΔS_{ik} 相等（$= \Delta q$），断面内点距相等（$= \Delta P$）时，计算体积的精度为：

$$\sigma_v = \sqrt{\left(n - \frac{3}{2}\right)\left(m - \frac{3}{2}\right)\Delta P \cdot \Delta q} \cdot \sigma_Z \tag{6-25}$$

6.5.2　求 DEM 的中心投影透视图

此项计算的目的是为了求得所感兴趣地区的中心投影透视图。所用的公式仍为共线方程式，但此时内外方位元素可根据需要由用户自己选择。其中，外方位直线元素（X_S, Y_S, Z_S）表示视点的坐标，高程比例尺可适当放大，以夸大立体视觉效果。在图形显示或输出时，要按格网线绘出其相应的中心投影曲线，并应考虑前景遮挡后景的特点。图 6-10 为格网状 DEM 的中心投影透视图。

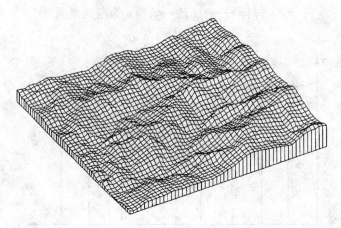

图 6-10　格网状 DEM 的中心投影透视图

6.5.3　数字坡度模型及地面坡度分类

地面坡度指的是地表面相对于水平面的倾斜程度,用其最大坡度和最大坡度方向表示,该信息对于国土自然资源的调查、土地类别划分、国土规划和整治及农林业很有参考价值,它们可以直接由数字高程模型 DEM 获得。如果对每个 DEM 格网点计算其地面坡度(大小与方向),便可获得一个数字坡度模型 DSM(digital slope model),由此模型出发可类似绘制等高线的方法绘制等坡度线图,或直接绘出表示各点坡度大小及方向的示坡线图。数字坡度模型与土地边界图相交,便可求出限定区域内各类坡度的面积划分。

1. 地面坡度的计算方法

下面以二次曲面法为例,介绍地面坡度的计算方法。

假定以待求坡度的某格网点(I,K)为原点(见图 6-11),其地表面为一个二次曲面,则

$$Z = AX^2 + BY^2 + CXY + DX + EY + F \tag{6-26}$$

或用极坐标表示为(见图 6-12):

$$Z = A\cos^2\alpha \cdot S^2 + B\sin^2\alpha \cdot S^2 + C\sin\alpha\cos\alpha \cdot S^2 + D\cos\alpha \cdot S + E\sin\alpha \cdot S + F \tag{6-27}$$

对上式求导数,得

$$Z' = \frac{dZ}{dS} = 2A\cos^2\alpha \cdot S + 2B\sin^2\alpha \cdot S + 2C\sin\alpha\cos\alpha \cdot S + D\cos\alpha + E\sin\alpha$$

于是在点 (I,K) 处的导数为:
$$G(I,K)|_{S=0} = Z'_{S=0} = D\cos\alpha + E\sin\alpha \tag{6-28}$$
表示在方向 α 上的坡度。显然,当
$$\frac{\mathrm{d}G(I,K)}{\mathrm{d}\alpha} = -D\sin\alpha + E\cos\alpha = 0$$
时,$G(I,K)$ 有最大值,所以点 (I,K) 处的最大坡度和坡度方向表示为:
$$\left.\begin{array}{l}G(I,K) = D\cos\alpha + E\sin\alpha \\ \alpha = \arctan(E/D)\end{array}\right\} \tag{6-29}$$

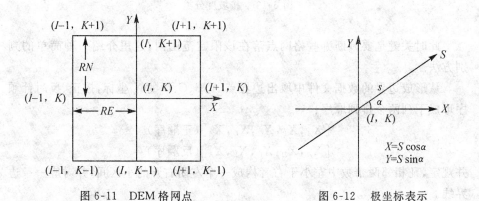

图 6-11　DEM 格网点　　　　　图 6-12　极坐标表示

若由图 6-11 中几个格网点计算,可得
$$\left.\begin{array}{l}D = \dfrac{Z_{I+1,K-1} + Z_{I+1,K} + Z_{I+1,K+1} - Z_{I-1,K-1} - Z_{I-1,K} - Z_{I-1,K+1}}{6 \cdot RE} \\ E = \dfrac{Z_{I-1,K+1} + Z_{I,K+1} + Z_{I+1,K+1} - Z_{I-1,K-1} - Z_{I,K-1} - Z_{I+1,K-1}}{6 \cdot RN}\end{array}\right\} \tag{6-30}$$
也可以仅由图 6-11 中点 (J,K) 及其上、下、左、右 5 个点的高程求出 D 和 E 值:
$$\left.\begin{array}{l}D = \dfrac{Z_{I+1,K} - Z_{I-1,K}}{2 \cdot RE} \\ E = \dfrac{Z_{I,K+1} - Z_{I,K-1}}{2 \cdot RN}\end{array}\right\} \tag{6-31}$$

计算坡度还可以由点 (J,K) 与邻近格网点或格网中心点组成的斜面坡度进行矢量叠加和取平均而获得,这里不再介绍。

2. 地面坡度的分类

计算限定范围内地面坡度的分类,可以统计落在该范围内数字坡度模型的点数,并按其坡度进行分类(见图 6-13),这是一种简便的方法。

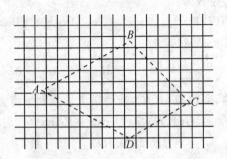

图 6-13 按坡度分类

此时关键是要判断哪些格网点落在该限定范围内,这里介绍一种简单的判别方法。

从形成边界的数据文件中取出边界点 A、B、C、D 的 X 坐标,按正、反时针顺序形成下列两个排列顺序：

$$[X_A, X_B, X_C, X_D, X_A] (正顺序)$$
$$[X_A, X_D, X_C, X_B, X_A] (反顺序)$$

并规定,凡相邻两个数中左小于右者构成一个左闭右开的小区间,并对应一条边界线。

这样,任一格网点均可在正反顺序中按其 X_P 坐标找到一个对应的区间,然后求垂直线 $X = X_P$ 与正反顺序上两条边界的交点的纵坐标 Y_1、Y_2,并规定：若 $Y_1 \geqslant Y_2$,则赋值 $A_1 = 1$,否则 $A_1 = -1$。对于反顺序则规定：若 $Y_2 < Y_P$,则赋值 $S_2 = 1$,否则 $A_2 = -1$,于是,$S = A_1 + A_2$ 只可能取值 $+2, 0, -2$。

可以证明,只要 $S = \pm 2$,则该点 (X_P, Y_P) 便落在该 $ABCD$ 区域内。

根据落在区域内的格网点数及各点的坡度值便可进行坡度划分,并用每个格网的水平面积和表面面积求和便可获得各坡度类别的占地面积。

用这种方法求出的面积的相对精度由下式计算：

$$\sigma = \sqrt{\frac{1-P}{n}} \tag{6-32}$$

式中：n 为属于某一坡度等级的格网点总数；P 为 n 与全范围内所有格网点总数 (m) 之比；σ 为相对中误差。显然,格网点愈密,这种方法的精度愈高。

6.5.4 由 DEM 求真实的地表面积

可以逐个格网地求地表面积,然后进行累加,对于那些含有高程注记点和地貌结构线的格网,将它们按特征点、线分解成三角形,由角点坐标(X、Y、Z)可求出通过三角形顶点的斜面积,其总和代表了该格网的地表面积。

对于一般的格网,也不必直接求抛物双曲面的表面积,而直接由方形格网 4 个点高程取平均,获得格网中心点的高程,于是表面积由 4 个共顶点的等腰三角形的面积求和,便获得地表面积。

由空间 3 点的 X、Y、Z 坐标,求过这 3 点的三角形的面积可用下列公式:

$$S = P(P-S_1)(P-S_2)(P-S_3) \quad (6\text{-}33)$$

其中,$P = \dfrac{1}{2}(S_1 + S_2 + S_3)$,$S_i$ 为 3 边边长,其计算方法为:

$$S_i = \sqrt{\Delta X^2 + \Delta Y^2 + \Delta Z^2}$$

6.5.5 挖方与填方计算

为了能由施工前后的两个 DEM 求出挖方或填方,可以采用一种最简单的方法,即先将施工前后两个 DEM 化为建立在同一格网上的 DEM;然后由相应格网点高程差代替高程,组成新的数字"高程"模型;最后再计算此数字"高程"模型的体积,实为变化的体积,或称挖方或填方体积。

体积的计算可以利用式(6-20)及式(6-23)来进行,下面再介绍一种计算体积的方法。

一个通用数字模型的体积由四棱柱体或一些三棱柱体进行累加得到。此外,下表面均为水平面,其公式分别为:

$$V_Q = \frac{Z_1 + Z_2 + Z_3 + Z_4}{4} \cdot f_Q \quad (6\text{-}34)$$

$$V_D = \frac{Z_1 + Z_2 + Z_3}{3} \cdot f_D \quad (6\text{-}35)$$

式中:f_Q 和 f_D 分别表示长(正)方形底面和三角形底面的面积。

对于 X 方向格网线为 n_X,Y 方向格网线为 n_Y 的一个区域,由式(6-23)可知:

$$\begin{aligned} V = \Big(&\frac{1}{4}Z_{1,1} + \frac{1}{2}Z_{1,2} + \cdots + \frac{1}{2}Z_{1,n_X-1} + \frac{1}{4}Z_{1,n_X} + \\ &\frac{1}{2}Z_{2,1} + Z_{2,2} + \cdots + Z_{2,n_X-1} + \frac{1}{2}Z_{2,n_X} + \cdots + \\ &\frac{1}{4}Z_{n_Y,1} + \frac{1}{2}Z_{n_Y,2} + \cdots + \frac{1}{2}Z_{n_Y,n_X-1} + \frac{1}{4}Z_{n_Y,n_X} \Big) f_Q \end{aligned} \quad (6\text{-}36)$$

其体积中误差 σ_V 为:

$$\sigma_V = \pm \sqrt{n_X n_Y - \frac{3}{2}(n_X + n_Y) + \frac{9}{4}} f_Q \cdot \sigma_Z \quad (6\text{-}37)$$

式中：σ_z 为数字高程模型的高程中误差。

6.6 三角网数字地面模型及其应用

对于非规则离散分布的特征点数据，可以建立各种非规则格网的数字地面模型，如三角网、四边形网或其他多边形网，但其中最简单的还是三角网。不规则三角网 TIN 数字地面模型能很好地顾及地貌特征点、线，因而近年来得到了较快的发展。

6.6.1 三角网数字地面模型的构建

三角网 DTM 的建立应基于最佳三角形的条件，即应尽可能保证每个三角形是锐角三角形或三边的长度近似相等，避免出现过大的钝角和过小的锐角。以下介绍两种 TIN 的构建方法。

1. 角度判断法建立 TIN

该方法是当已知三角形的两个顶点（即一条边）后，利用余弦定理计算备选第三顶点的三角形内角的大小，选择最大者对应的点为该三角形的第三顶点。其步骤为：

（1）将原始数据分块，以便检索所处理三角形邻近的点，而不必检索全部数据。

（2）确定第一个三角形。从几个离散点中任取一点 A，通常可取数据文件中的第一个点或左下角检索格网中的第一个点。在其附近选取距离最近的一个点 B 作为三角形的第二个点。然后对附近的点 C，利用余弦定理计算 $\angle C_i$：

$$\cos\angle C_i = \frac{a_i^2 + b_i^2 - c^2}{2a_i b_i} \tag{6-38}$$

式中：$a_i = BC_i, b_i = AC_i, c = AB$。

若 $\angle C = \max\{\angle C_i\}$，则 C 为该三角形第三顶点。

（3）三角形的扩展。由第一个三角形往外扩展，将全部离散点构成三角网，并要保证三角网中没有重复和交叉的三角形。其做法是依次对每一个已生成的三角形的新增加的两边，按角度最大的原则向外进行扩展，并进行是否重复的检测。

① 向外扩展的处理。若从顶点为 $P_1(X_1, Y_1), P_2(X_2, Y_2), P_3(X_3, Y_3)$ 的三角形之 $P_1 P_2$ 边向外扩展，应取位于直线 $P_1 P_2$ 与 P_3 异侧的点。$P_1 P_2$ 直线方程为：

$$F(X,Y) = (Y_2 - Y_1)(X - X_1) - (X_2 - X_1)(Y_2 - Y_1) = 0 \quad (6\text{-}39)$$

若备选点 P 之坐标为 (X,Y)，则当

$$F(X,Y) \cdot F(X_3,Y_3) < 0$$

时，P 与 P_3 在直线 P_1P_2 的异侧，该点可作为备选扩展顶点。

② 重复与交叉的检测。由于任意一边最多只能是两个三角形的公共边，因此只需给每一边记下扩展的次数。若该边的扩展次数超过 2，则扩展无效；否则，扩展才有效。

2. 泰森(Thicssen)多边形与狄洛尼(Delaunay)三角网

区域 D 上有 n 个离散点 $P_i(X_i,Y_i)(i=1,2,\cdots,n)$，若将 D 用一组直线段分成 n 个互相邻接的多边形，满足：

(1) 每个多边形内含且仅含一个离散点；

(2) D 中任意一点 $P'(X',Y')$ 若位于 P_i 所在的多边形内，且满足：

$$\sqrt{(X'-X_i)^2+(Y'-Y_i)^2} < \sqrt{(X'-X_j)^2+(Y'-Y_j)^2} \quad (j \neq i)$$

(3) 若 P' 在与所在的两多边形的公共边上，即

$$\sqrt{(X'-X_i)^2+(Y'-Y_i)^2} = \sqrt{(X'-X_j)^2+(Y'-Y_j)^2} \quad (j \neq i)$$

则这些多边形称为泰森多边形。用直线段连接每两个相邻多边形内的离散点而生成的三角网则称为狄洛尼三角网，如图 6-14 所示。

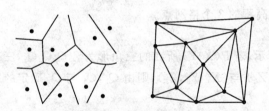

图 6-14　泰森多边形和狄洛尼三角网

泰森多边形的分法是唯一的。每个泰森多边形均是凸多边形；任意两个泰森多边形不存在公共区域。狄洛尼三角网在均匀分布点的情况下，可避免产生狭长和过小的锐角三角形。利用数学形态学可建立泰森多边形与狄洛尼三角网。

三角网数字地面模型 TIN 的数据存储方式与矩形格网 DTM 存储方式大不相同，它不仅要存储每个网点的高程，还要存储其平面坐标、网点连接的拓扑关系、三角形及邻接三角形等信息。

6.6.2 三角网的内插

在建立 TIN 后,可以由 TIN 解求该区域内任意一点的高程。TIN 的内插与矩形格网的内插有不同的特点,其用于内插的点的检索比格网的检索要复杂。一般情况下仅用线性内插,即以三角形三顶点确定的斜平面作为地表面,因而仅能保证地面连续而不能保证光滑。

1. 格网点的检索

给定一点的平面坐标 $P(X,Y)$,要基于 TIN 内插该点的高程 Z,首先要确定点 P 落在 TIN 的哪个三角形中。较好的方法是保存 TIN 建立之前数据分块的检索文件,根据 (X,Y) 计算出 P 落在哪一数据块中,将该数据块中的点取出逐一计算这些点 $P_i(X_i, Y_i)(i=1,2,\cdots,n)$ 与 P 的距离之平方:

$$d_i^2 = (X - X_i)^2 + (Y - Y_i)^2 \tag{6-40}$$

取距离最小的点,设为 Q_1。若没有数据分块的检索手段,则依次计算与各格网点距离的平方,取其最小者,工作量就很大,内插速度也很慢。

当取出与 P 点最近的格网点后,要确定 P 所在的三角形。依次取出 Q_1 为顶点的三角形,判断 P 是否位于该三角形内。例如,可利用 P 是否与该三角形每一顶点均在该顶点所对边的同旁加以判断。若 P 不在以 Q_1 为顶点的任意一个三角形中,则取离 P 次近的格网点,重复上述处理,直至取出 P 所在的三角形,即检索到用于内插 P 点高程的 3 个格网点。

2. 高程内插

如图 6-15 所示,若 $P(X,Y)$ 所在的三角形为 $\triangle Q_1 Q_2 Q_3$,三顶点坐标为 (X_1, Y_1, Z_1), (X_2, Y_2, Z_2) 与 (X_3, Y_3, Z_3),则由 Q_1, Q_2 与 Q_3 确定的平面方程为

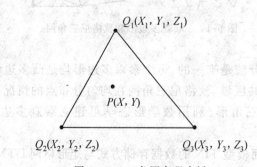

图 6-15 三角网高程内插

$$\begin{vmatrix} X & Y & Z & 1 \\ X_1 & Y_1 & Z_1 & 1 \\ X_2 & Y_2 & Z_2 & 1 \\ X_3 & Y_3 & Z_3 & 1 \end{vmatrix} = 0 \qquad (6-41)$$

则 P 点高程为

$$Z = Z_1 - \frac{(X-X_1)(Y_{21}Z_{31} - Y_{31}Z_{21}) + (Y-Y_1)(Z_{21}X_{31} - Z_{31}X_{21})}{X_{21}X_{31} - X_{31}X_{21}} \qquad (6-42)$$

6.6.3 基于三角网的等高线绘制

基于 TIN 绘制等高线直接利用原始观测数据,避免了 DTM 内插的精度损失,因而等高线精度较高,对高程注记点附近较短的封闭等高线也能绘制,绘制的等高线分布在采样区域而并不要求采样区域有规则四边形边界。而同一高程的等高线穿过一个三角形最多一次,因而程序设计也较简单。但是,由于 TIN 的存储结构不同,因而等高线的跟踪也有所不同。

1. 基于三角形搜索的等高线绘制

对于记录了三角形表的 TIN,按记录的三角形顺序搜索。其基本过程如下:

(1) 对给定的等高线高程 z,与所有网点高程 $Z_i(i=1,2,\cdots,n)$ 进行比较。若 $Z_i = z$,则将 Z_i 加上(或减)一个微小正数 $\varepsilon > 0$(如 $\varepsilon = 10^{-4}$),以使程序设计简单而又不影响等高线的精度。

(2) 设立三角形标志数组,其初始值为零,每一元素与一个三角形对应。凡处理过的三角形将标志置为1,以后不再处理,直至等高线高程改变。

(3) 按顺序判断每一个三角形的三边中的两条边是否有等高线穿过。若三角形一边的两端点为 $P_1(X_1,Y_1,Z_1),P_2(X_2,Y_2,Z_2)$,则

$$(Z_1 - z)(Z_2 - z) \begin{cases} < 0, \text{该边有等高线点} \\ > 0, \text{该边无等高线点} \end{cases} \qquad (6-43)$$

直至搜索到等高线与网边的第一个交点,称该点为搜索起点,也是当前三角形的等高线进入边。线性内插该点的平面坐标 (X,Y):

$$\begin{aligned} X &= X_1 + \frac{X_2 - X_1}{Z_2 - Z_1}(z - Z_1) \\ Y &= Y_1 + \frac{Y_2 - Y_1}{Z_2 - Z_1}(z - Z_1) \end{aligned} \qquad (6-44)$$

(4) 搜索该等高线在该三角形的离去边,也是相邻三角形的进入边,并内插其平面坐标。搜索与内插方法与上面的搜索起点相同,不同的只是仅对该三角形

的另两边作处理。

(5) 进入相邻三角形,重复第(4)步,直至离去边没有相邻三角形(此时等高线为开曲线)或相邻三角形即搜索起点所在的三角形(此时等高线为闭曲线)时为止。

(6) 对于开曲线,将已搜索到的等高线点顺序倒过来,并回到搜索起点向另一方向搜索,直至到达边界(即离去边没有相邻三角形)。

(7) 在一条等高线全部跟踪完后,将其光滑输出,方法与前面所述矩形格网等高线的绘制相同。然后继续三角形的搜索,直至全部三角形处理完,再改变等高线高程。重复以上过程,直到完成全部等高线的绘制为止。

以上方法对部分边的判断可能会有重复。若要避免重复,可将下述基于网点邻接关系按格网点顺序进行搜索的方法联合使用,即将其中每格网边只搜索一次的处理结合应用。

2. 基于格网点搜索的等高线绘制

对于仅记录了网点邻接关系的 TIN,只能按参考点的顺序,逐条格网边进行搜索。

(1) 由于网点邻接关系中对每条格网边描述了两次,为了避免重复搜索,应建立一个与邻接关系对应的标志数组,初值为零。每当一个边被处理后,与该边对应的标志数组两个单元均置 1。则以后检测两个单元中的任意一个,均知道该边已处理过而不再重复处理。

(2) 按格网点的顺序进行搜索。

(3) 对每一格网点,按所记录的与该点形成格网边的另一端点的顺序搜索,直至搜索到第一个有等高线穿过的边的端点 Q_1,并内插该等高线点坐标。

(4) 搜索以 Q_1 为端点的该格网边的相邻边,若有等高线通过,内插该点平面坐标。若相邻边没有等高线通过,则由该格网边另一端点的序号,从格网点表中取出其邻接关系指针,即存放其相邻网点号(在邻接关系表中)的地址。然后从邻接关系表中取出以其为一端点的格网边的另一端点号,逐一判断,以搜索到下一个等高线点,并内插其平面坐标。

(5) 重复第(4)步,直至找不出下一个点。此时,最后一个点的平面坐标若与起始点坐标相同,则为闭曲线,这条等高线搜索完毕。否则该等高线为开曲线,将已搜索到的等高线点的顺序倒过来,从原来搜索到的第一点继续向相反的方向搜索,即从 Q_1 点的另一相邻边继续(4)、(5)两步,直至终点。

(6) 将等高线光滑输出。

(7) 转第(3)步,直到该点为端点的所有格网边处理完。

(8) 转第(2)步,直到 TIN 的每一点处理完。然后改变等高线的高程值,重复以上过程,将全部等高线绘出。

6.7 机载激光雷达(Lidar)技术简介

激光雷达(Lidar,光探测和测距)像雷达一样,是一种主动遥感技术。这种技术包括使用激光脉冲定向照向地面并测量脉冲返回的时间。通过处理每个脉冲返回传感器的时间,计算传感器和地面(或目标)不同表面之间的各种距离。

用激光雷达来精确确定地形高度,起始于20世纪70年代后半期。最初的系统由于既没有航空GPS也没有惯性测量设备,所以仅能获得在航行器路径正下方的数据,因此也被称为激光测高仪。这些最初的用于地形测量的激光雷达系统不但结构复杂,而且原始激光数据的地理参考坐标精度有限,不适合大范围获得便宜地形数据的作业。早期激光雷达相对比较成功的应用是精确地测定水深,在这种情形下,第一次被反射的回波是水表面的回波,紧接着是水体底部的较微弱的回波,水的深度就可以从脉冲回波传播时间的差异计算出来。90年代前后,随着GPS动态定位和高精度姿态确定等定位、定姿技术的成熟,人们设计将激光测高仪安置在飞机上,同时为了提高采点效率和宽度,采用扫描的方式来改变激光束的发射方向,并将定位、定姿设备有机地集成在一起协同工作,这就构成了一个机载激光雷达测量系统。随后几年,机载激光雷达测量技术蓬勃发展,为获取高时空分辨率的地球空间信息提供了一种全新的技术手段。

6.7.1 机载激光雷达系统组成

机载激光雷达是一种以飞机为观测平台的激光探测和测距系统,其组成主要包括激光测距单元、光学机械扫描单元、控制记录单元、差分GPS、IMU和成像装置等(见图6-16)。其中激光测距单元包括激光发射器和接收机,用于测定激光雷达信号发射参考点到地面激光脚点间的距离;光学机械扫描装置就像陆地卫星的多光谱扫描仪一样,只不过工作方式完全不同,激光扫描属于主动工作方式,由激光发射器产生激光,而由扫描装置控制激光束的发射方向,在接收机接收反射回来的激光束之后由记录单元进行记录;动态差分GPS接收机用于确定激光雷达信号发射参考点的空间位置,惯性测量装置IMU用于测定扫描装置的主光轴姿态参数;成像装置,一般为CCD相机,用于记录地面实况,为后续的数据处理提供参考。

将该系统安置于直升机或其他飞机上,就构成一个机载激光雷达测量系统。整个机载激光雷达测量系统要求GPS接收机、姿态测量单元系统(IMU)和激光扫描测距系统三者协调工作,彼此间要保持精确的时间同步。机载激光雷达测量系统除了能实时获取地球表面的三维空间信息外,还能提供一定的红外光谱信息,是获取地球空间信息的高新技术手段之一。

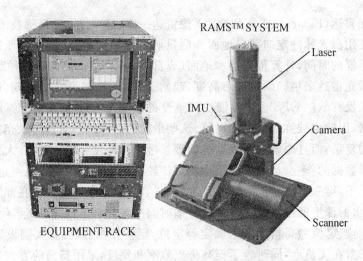

图 6-16　机载激光雷达测量系统

6.7.2　机载激光雷达对地定位原理

机载激光雷达测量对地定位原理如图 6-17 所示。将激光雷达安装于航空平台上,通过测量飞机的空间位置与姿态,以及飞机对地距离和扫描角度,可得出地面扫描点的位置坐标。这是因为,若空间有一向量 S,其模为 $|S|$,方向为 $(\varphi, \omega, \kappa)$,如能测出该向量起点 O_S 的坐标 (X_S, Y_S, Z_S),则该向量的另一端点 P 的坐标 (X, Y, Z) 就可唯一确定。对于机载激光雷达测量系统来说,起点 O_S 为遥感器光学系统的投影中心,其坐标 (X_S, Y_S, Z_S) 可利用动态差分 GPS 或精密单点定位技术测定;向量 S 的模是由激光测距系统测定的机载激光测距仪参考中心到地面激光脚点间的距离,姿态参数 $(\varphi, \omega, \kappa)$ 可以利用高精度姿态测量装置获得。此外,还必须顾及一些系统安置偏差参数,主要包括:激光测距光学参考中心相对于 GPS 天线相位中心的偏差,激光扫描器机架的 3 个安装角(即倾斜角、仰俯角和航偏角),IMU 机体同载体坐标轴系间的不平行等。这些参数都需要通过一定的检校方法来测定。

机载激光雷达对地定位测量可得出地表的 DSM 或 DEM,而接收激光信号强弱则可得到地表的分类信息。

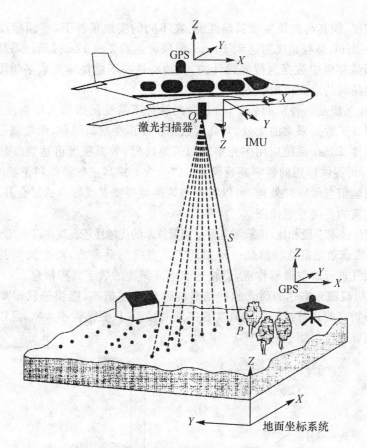

图 6-17　机载激光扫描原理图

6.7.3　机载激光雷达的技术特点

机载激光雷达测量技术的发展历史虽然不长,但已经引起了人们的广泛关注,成为国际研究开发的热点技术之一。

机载激光雷达通过量测地面物体的三维坐标,生成 Lidar 数据影像。Lidar 数据经过相关软件数据处理后,可以生成高精度的数字表面模型 DSM、数字地面模型 DEM、等高线图及正射影像图。机载激光雷达技术的商业化应用,使航测制图(如生成 DEM、等高线和地物要素的自动提取)更加便捷,其地面数据通过软件处理很容易合并到各种数字图中。

Lidar 系统通过扫描装置,沿航线采集地面点三维数据,通过特定方程解算处理成适当的影像值,生成 Lidar 数据影像和地面高程模型 DEM。系统可自动调节航带宽度,使其与航摄宽度精确匹配。在不同的实地条件下,平面精度可以达到 0.15～1m,高程精度可达到 10 cm,间隔可达到 2～12m。Lidar 系统是为综合航摄影像和空中数据定位而设计的,其独特性在于能快速为数字制图和 GIS 应用提供精确的地面模型数据。

Lidar 系统是一种活动装置,由于激光脉冲不易受阴影和太阳角度影响,从而大大提高了数据采集的质量。其高程数据精度不受航高限制,比常规摄影测量更具优越性。Lidar 系统应用多光束返回采集高程,数据密度可达到常规摄影测量的 3 倍,可提供理想的数字高程模型 DEM,大大提高正射影像纠正精度。Lidar 数据的地理信息经软件处理,可以直接与其他类型要素或影像数据合并,生产内容更为丰富的各类专题地图。

同其他技术手段相比,机载激光雷达测量技术的优越性还表现在以下几个方面:

(1) 机载激光雷达测量是一种主动式的直接测量系统,可全天候甚至夜间或恶劣天气进行航空遥感作业,以快速获取高精度的数字高程信息。

(2) 机载激光雷达的激光脉冲信号能部分穿过植被,能快速获得高精度和高空间分辨率的森林或山区的真实数字地面模型(只要植被不太密,足以保证激光信号能够被反射回去),如图 6-18 所示。

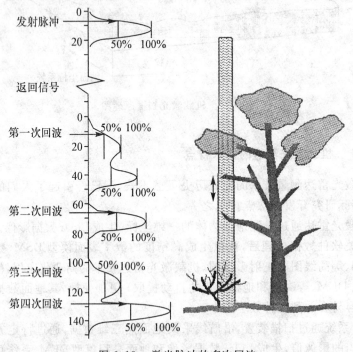

图 6-18 激光脉冲的多次回波

(3) 机载激光雷达测量基本不需要地面控制点,且速度快,半天就能完成 $1000km^2$ 区域面积大小的地形数据采集,作业周期快,易于更新。

(4) 作业安全,它能进行危险地区(如沼泽地带、大型垃圾堆等)的测图工作。

(5) 机载激光雷达将信息获取、信息处理及应用技术纳入同一系统之中,更有利于提高自动化及高速化程度。

6.7.4 几种典型机载激光雷达简介

从20世纪70年代美国宇宙航天激光测距到1990年德国Ackermann教授领衔研制的世界上第一台激光断面测量系统的诞生以来,激光雷达在此基础上得到了迅猛的发展。从1995年开始至今,其在测绘市场的市场份额从5%增长到12%,年平均增长率为7.1%。

随着技术的成熟,激光雷达的应用领域和深度也日益拓宽和加深。美国、加拿大、澳大利亚、瑞典等国为浅海地形测量发展的低空机载系统,使用了机载测距设备、全球定位系统(GPS)、陀螺稳定平台等设备,飞行高度为500～600m,直接测距与定位,最终得到浅海地形(或DEM)。美国NASA在1994年和1997年两次将航天激光测高仪(shuttle lasser altimeter,SLA)安装在航天飞机上,用以建立基于SLA的全球控制点数据库,激光脚点间隔750m,光斑大小为100m,每秒10个脉冲;随后又提出了地学激光测高系统(GLAS)计划,并于2002年12月19日将该卫星IICESAT(cloud and land elevation satellite)发射上天。该卫星装有激光测距系统、GPS接收机和恒星跟踪姿态测定系统。该系统发射近红外光(1064nm)和可见绿光(532nm)的短脉冲(4ns)。激光脉冲频率为40次/s,激光点大小实地为70m,间隔为170m,其高程精度可望达到米级。NASA的下一步计划是要在2015年之前使星载激光雷达系统的激光测高精度达到分米级和厘米级。

机载激光雷达系统还在不断的发展过程中,下面仅就目前国际上投入商业运行的比较有代表性的激光雷达系统(如Riegl、Optech、TopSys以及Leica公司的产品)作一简单介绍。

1. Riegl公司和IGI公司的Litemapper系列产品

德国IGI公司的Litemapper 2800是属于该产品中较低端的产品,高端产品是Riegl公司的Llitemapper 5600,它是目前世界上唯一能够接收无穷次回波的机载激光扫描仪。它不仅能够避免损失掉大量的数据,而且能够给出诸如斜面、梯形、表面粗糙度、植被、植物等其他系统所不能得到的详尽的信息。Riegl公司已经将它的新型激光器LMS-Q560性能作了大幅度的提高,激光器的发射频率提高到 200kHz（即每秒发射 20 万个激光脉冲），频率是目前世界上最高的。

2. Optech 公司的 ALTM 3100

ALTM3100 是加拿大 Optech 公司的系列机载激光扫描仪产品之一，扫描角度为 50°，最大激光发射频率为 100kHz。该型号的 ALTM 系统含有能够让测量人员快速检查数据质量的软件 ZinView Software、飞行管理系统 ALTM-NAV Flight Management Software、数据处理软件 DASHMap Survey Suite 和 REALM Survey Suite。图 6-19 是 ALTM 3100 的外观。

图 6-19　ALTM 3100 激光雷达

3. Leica 公司的 ALS50

ALS50 的激光发射频率为 100kHz，扫描角度为 75°。ALS50 含有 Leica Geosystems' AeroPlan Software 飞行计划。图 6-20 为 ALS50 激光雷达。

图 6-20　ALS50 激光雷达

4. Toposys 公司的 FALCONIII

Toposys 公司的 FALCONIII 在 Lidar 市场上是一个独一无二的产品，它是基于光纤的推扫式摆动扫描,这种扫描方式可以得到更可靠的数据。其激光发射频率为 125kHz,扫描角度为 27°。数据处理系统包含 TopPIT(topsys processing and imaging tools) 软件包,对 Lidar 和 RGB/NIR 数据进行处理。

6.7.5 机载激光雷达技术的应用

机载激光雷达测量技术的发展为获取高时空分辨率的地球空间信息提供了一种全新的技术手段,使人们从传统的人工单点数据获取变为连续自动数据获取,提高了观测的精度和速度,使数据的获取和处理朝智能化和自动化的方向发展。机载激光雷达测量系统能够快速获取高精度、高空间分辨率的数字地面模型,进而获取地表物体的垂直结构形态,同时配合地物的视频或红外成像,增强了对地物的认知和识别能力,在三维地理空间信息的数据采集方面具有广阔的发展前景和应用需求。机载激光雷达传感器发射的激光脉冲能部分地穿透树林遮挡,直接获取真实地面的高精度三维地形信息,在有些方面已经较传统摄影测量方法优越。机载激光雷达测量不受日照和天气条件的限制,能全天候地对地观测,这些特点使它在灾害监测、环境监测、资源勘察、森林调查、地形测绘等方面的应用具有独特的优势。在许多场合,它能有效地弥补现有其他传感器的缺陷,是对现有航空遥感器的一种有效补充。机载激光雷达测量技术既可以作为获取地球空间信息的一种重要技术手段,又可以同其他技术手段集成使用,如将激光雷达测量技术同传统的航空相机、CCD 相机以及红外遥感器等结合,组成一套新的功能更强的遥感系统,为地球空间信息智能化的处理提供新的融合数据源。

迄今为止,机载激光雷达测量主要用于如下场合:获取大范围高精度的数字地面模型(DTM)以及城市表面模型(DSM);测制带状目标地形图;测绘线状地物如电线等电力设施、输气管道线路或高速公路、城市排水管线、道路等;测制输电线和电线杆(塔)线路图、无线电远程通信中继站线路设计;直接获取森林地区真实地表的高精度三维信息,生成林区 DTM 以及进行森林植被参数测定,并获取森林垂直结构参数;海岸地带地形测绘,包括沙丘和湿洼地,监测海岸变化及动态侵蚀情况;高精度及高空间采样密度的地形测量,如洪涝灾害评估,大型采石场及煤田等地大型堆积物的体积测量,生成采矿区 DTM;生成城市地区的 DTM 和 DSM,自动提取城市房屋和道路信息;三维城市景观模型,并用于虚拟现实、城市规划、自然灾害三维实时监测、GIS 数据采集;土地剖面测量;冰面变化监测;危险区域的测绘(如沼泽地)及其他无法到达地区的测绘(如沙漠面积监测、有毒废物场及工业垃圾堆的测绘);大地水准面的确定,等等。

总之,Lidar 技术已经在国民经济建设中(如农业、国土资源调查、水利电力设计、公路铁路设计、交通旅游与气象环境调查、城市规划等各大领域)得到了广泛应用。举例说明如下：

(1) 林业应用。根据 Lidar 数据，分析森林树木的覆盖率和覆盖面积，了解树木的疏密程度，年长树木的覆盖面积和年幼树木覆盖面积，便于人们在茂盛森林中适当砍伐树木，在林木稀疏或无植被区域进行树木种植。另外，通过 Lidar 数据可以概算出森林占地面积和树木的平均高度，及木材量的多少，便于相关部门进行宏观调控。图 6-21 为植被高度测量示意图，为是否砍伐树木提供决策。图 6-22 为林业资源调查示意图。

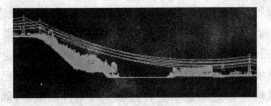

图 6-21　植被高度测量

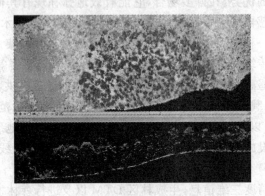

图 6-22　林业资源调查

(2) 电力输送应用。能极大地方便电网布设与维护管理工程。在进行电力线路设计时，通过 Lidar 数据可以了解整个线路设计区域内的地形和地物要素的情况。尤其是在树木密集处，可以估算出需要砍伐树木的面积和木材量。在进行电力线抢修和维护时，根据电力线路上的 Lidar 数据点和相应的地面裸露点的高程，可以测算出任意一处线路距离地面的高度，大大方便于抢修和维护。图 6-23 为电力线测量示意图。

图 6-23　电力线测量

(3) 交通管线设计应用。Lidar 技术为公路、铁路设计提供高精度的地面高程模型 DEM,以方便线路设计和施工土方量的精确计算。同样,在进行通信网络、油管、气管线路设计时也有着重要的应用价值。图 6-24 为管线地形测量示意图。

图 6-24　管线地形测量

(4) 水利应用。Lidar 技术对于河流监控与治理有着极其重要的意义。由于 Lidar 数据构成的三角网高程值可以用某一颜色赋值渲染,这样水利部门可以按某一高程值预设一颜色值渲染,既可直观看出水位淹没的范围,又可测算出水位到这一高程时水位淹没的区域面积以及其危害程度。因此,水力部门可以进行有效的水利工程设计,进行河流监控与治理和水灾防治与保险。图 6-25 为海岸线测量,图 6-26 为城市洪水模拟分析测量示意图。

图 6-25　海岸线测量

图 6-26　洪水模拟分析测量

(5) 数字城市应用。利用高精度的 Lidar 数字地面模型 DEM 与 GIS 系统的有机结合，可以建立和完善"数字城市"系统，对数据进行实时更新。图 6-27 为城市三维建模示意图。图 6-28 为地物目标边缘提取示意图。

图 6-27　城市三维建模

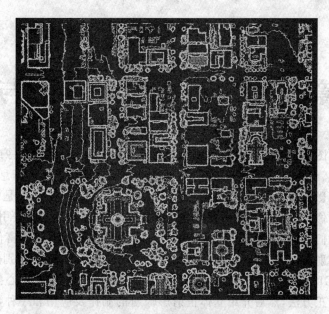

图 6-28　目标边缘提取

本章思考题

1. 什么是数字高程模型(DEM)？数字高程模型与数字表面模型(DSM)及数字地面模型(DTM)有何区别？
2. 规则格网 DEM 与不规则三角格网(TIN)在表示地形起伏方面各有何优缺点？
3. 获取建立数字高程模型的数据点有哪些方法？
4. 如何根据采集的数据点内插生成规则格网数字高程模型？
5. 叙述移动拟合法逼近曲面的原理和方法。
6. 如何由规则格网 DEM 绘制等高线？
7. 数字高程模型有哪些主要应用？请给出相应的算法。
8. 试简述机载激光测距(Lidar)的工作原理。机载激光测距有哪些方面的应用？

第 7 章 数字正射影像的制作与应用

用线画图表示实际的地物地貌通常并不十分直观,而航空影像或卫星影像才能最真实、最客观地反映地表面的一切景物,具有十分丰富的信息。然而航空影像或卫星影像通常并不是与地表面保持相似的、简单的缩小,而是中心投影或其他投影构像。因此,这样的影像存在由于影像倾斜和地形起伏等引起的变形。如果能将它们改化(或纠正)为既有正确平面位置又保持原有丰富信息的像片平面图或正射影像图,则对于地球空间信息科学的研究和应用,特别是对于地理信息系统(GIS)的应用是十分有价值的。本章首先介绍框幅式中心投影影像的数字微分纠正方法,然后介绍立体正射影像对的制作及应用和一种数字摄影测量的新产品——真正射影像的制作原理,最后简单介绍正射影像的质量控制及正射影像的匀光处理方法。对于 CCD 线阵列传感器影像的纠正——几何处理将在第 9 章介绍。

7.1 航摄像片纠正概述

像片平面图或正射影像图是地图的一种。它是用像片上的影像表示地物的形状和平面位置的地图形式,其用途非常广泛。利用中心投影的航摄像片编制像片平面图或正射影像图,是将中心投影转变为正射投影的问题。在像片水平且地面为水平的情况下,航摄像片就相当于该地区比例尺为 $1:M(=f/H)$ 的平面图。由于航空摄影时,不能保持像片严格水平,而且地面也不可能是水平面,致使像片上的构像产生像点位移、图形变形以及比例尺不一致。将竖直摄影的航摄像片通过投影变换,获得相当于航摄像机物镜主光轴在铅垂位置摄影的水平像片,同时归化到规定的比例尺,这种作业过程称为像片纠正。

利用光学方法纠正图像是摄影测量中的传统方法。例如在模拟摄影测量中应用纠正仪将航摄像片纠正成为像片平面图,可根据地形起伏的情况选择一次纠正法或分带纠正的方法。所谓一次纠正法,是指在一张纠正像片的作业范围内,如果任何像点的投影差都不超过测图规范的限差要求,这样的地区称为平坦地区,可采用一次纠正法进行像片纠正。所谓分带纠正是指,在一张像片范围内,按照地形高程将作业区划分为若干带区(特别适合于坡度变换较平缓的丘陵地区),使每一带区内地形起伏引起的投影差小于规定的值。对每一带区分别纠正晒像,然后镶嵌成为一张纠正像片。

在模拟摄影测量中,用于平坦地区像片纠正或分带纠正的仪器称为纠正仪,它是纯光学机械的仪器,如图 7-1 所示。

对于地形起伏较大的地区,分带纠正无法进行时,则只能用一个足够小的面积作为纠正单元,并根据该纠正单元的地面实际高程来控制纠正元素,使之实现从中心投影到正射投影的正确变换,这就是所谓的微分纠正,如图 7-2 所示。

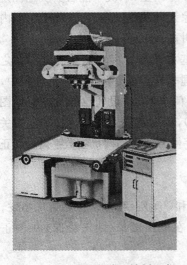

图 7-1　SEG 型光学机械纠正仪

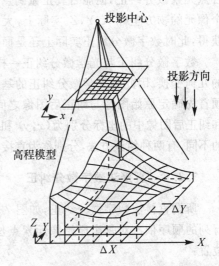

图 7-2　微分纠正

实现微分纠正有两种方式:一种是利用计算机控制的正射投影仪来进行,称为光学微分纠正,它是解析摄影测量发展阶段制作正射影像地图的主要方法;另一种则是直接利用计算机对数字影像进行逐个像元的微分纠正,称为数字微分纠正。

不管是纯光学机械的纠正仪纠正还是计算机控制的光学微分纠正,由于这些经典的光学纠正仪器在数学关系上受到很大的限制,特别是近代遥感技术中许多新的传感器的出现,产生了不同于经典的框幅式航摄像片的影像,使得经典的光学纠正仪器难以适应这些影像的纠正任务,而且这些影像中有许多本身就是数字影像,传统光学类纠正仪器也已不再适合。使用数字微分纠正及数字影像处理技术,不仅便于影像增强、反差调整等,而且可以非常灵活地应用于不同成像方式的投影变换中,因此,数字微分纠正技术是当前像片纠正和正射影像图制作的主要方法。

7.2 数字微分纠正的原理与方法

从被纠正的最小单元来区分微分纠正的类别,基本上可分为两类:一类是点元素纠正;另一类是面元素纠正。而数字影像则是由像元素排列而成的矩阵,其处理的最基本单元是像素。因此,对数字影像进行数字微分纠正,在原理上最适合点元素微分纠正。但能否真正做到点元素微分纠正,取决于能否真实地测定每个像元的物方坐标 X,Y,Z。实际上,大部分像元的物方坐标一般采用线性内插获得,此时数字微分纠正实际上还是面元素纠正。

数字微分纠正与光学微分纠正一样,其基本任务是实现两个二维图像之间的几何变换。因此与光学微分纠正的基本原理一样,在数字微分纠正过程中,必须首先确定原始图像与纠正后图像之间的几何关系。假设任意像元在原始图像和纠正后图像中的坐标分别为(x,y)和(X,Y),根据它们之间所存在的映射关系的不同,有两种纠正方法,分别称为直接法数字微分纠正和间接法数字微分纠正。

7.2.1 直接法数字微分纠正

所谓直接法数字微分纠正,如图 7-3(a)和(b)所示,是从原始影像出发,按行列的顺序依次对每个原始像元素点位求其在输出影像(纠正影像)中的正确位置:

$$\left.\begin{array}{l}X = F_x(x,y)\\ Y = F_y(x,y)\end{array}\right\} \quad (7\text{-}1)$$

式中:x,y为原始影像上像元素的坐标,X,Y为纠正影像上相应像元的坐标;F_x、F_y为直接纠正变换函数。然后把(x,y)点的灰度值赋给(X,Y)点,即$g_0(X,Y) = g(x,y)$。

由于按式(7-1)计算的(X,Y)并不一定恰好都落在纠正影像像元中心,因此,要获得纠正影像像元的灰度,还需根据第 5 章介绍的重采样方法进行灰度重采样。

由于地形起伏的影响,直接法微分纠正有可能导致纠正后影像上局部像元扎堆,而有些地方却缺少像元,这对纠正后的重采样是不利的。因此,在实际微分纠正过程中,直接法较少使用。

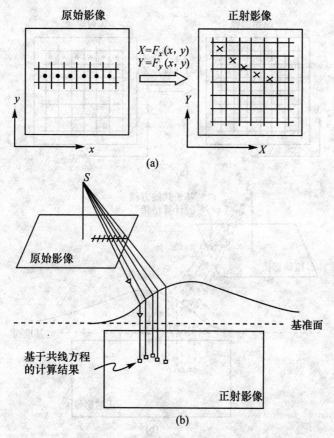

图 7-3 直接法数字微分纠正

7.2.2 间接法数字微分纠正

所谓间接法数字微分纠正,如图 7-4(a) 和(b) 所示,是从空白的纠正后影像出发,按行列的顺序依次对每个像素点位反求其在原始影像中的位置:

$$\left.\begin{array}{l} x = f_x(X,Y,Z) \\ y = f_y(X,Y,Z) \end{array}\right\} \quad (7\text{-}2)$$

式中:f_x、f_y 为间接纠正变换函数。同时把由式(7-2)所算得的原始影像点位上的亮度值赋给纠正影像上的像元,即 $g_0(X,Y) = g(x,y)$。

由于按式(7-2)算出的(x,y)并不一定恰好落在原始影像的像元中心,因此需根据其周围的像元素灰度内插计算 $g(x,y)$。

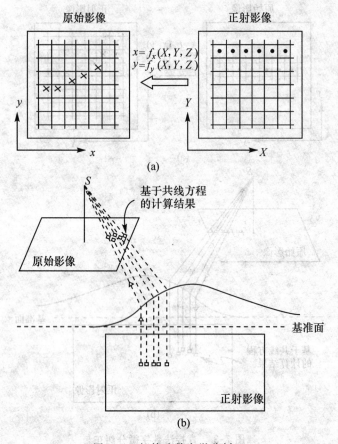

图 7-4 间接法数字微分纠正

间接法微分纠正的原理还可用图 7-4(b) 来进一步说明。图中,依次在正射影像上选取某个像元,然后按共线方程反算到原始像片上,通过对灰度的内插,将内插得到的灰度结果赋给对应的正射像元。如此重复计算,直至正射影像上的所有像元都得到灰度赋值,微分纠正即告结束。

式(7-1)和式(7-2)中纠正变换的函数可以有多种形式,如多项式、共线方程,等等。多项式纠正一般适合于地形平坦地区,其变换函数可采用如下形式:

$$\left.\begin{array}{l} X = a_0 + a_1 x + a_2 y + a_3 xy + a_4 x^2 + a_5 y^2 + \cdots \\ Y = b_0 + b_1 x + b_2 y + b_3 xy + b_4 x^2 + b_5 y^2 + \cdots \end{array}\right\} \quad (7\text{-}3)$$

而共线方程纠正则适合于任何地形,其变换函数为:

$$x - x_0 = -f \frac{a_1(X-X_S) + b_1(Y-Y_S) + c_1(Z-Z_S)}{a_3(X-X_S) + b_3(Y-Y_S) + c_3(Z-Z_S)}$$

$$y - y_0 = -f \frac{a_2(X-X_S) + b_2(Y-Y_S) + c_2(Z-Z_S)}{a_3(X-X_S) + b_3(Y-Y_S) + c_3(Z-Z_S)} \quad (7\text{-}4)$$

由式(7-4)可知,当采用共线方程为纠正的变换函数时,数字微分纠正须在已知影像的内外方位元素以及数字高程模型(DEM)的情况下进行。

下面以基于共线方程的间接法数字微分纠正为例,介绍数字微分纠正的基本步骤。

1.计算地面点坐标

如图7-5所示,设正射影像上任意一点(像素中心)P的坐标为(X',Y'),由正射影像左下角图廓点地面坐标(X_0,Y_0)与正射影像比例尺分母M计算P点所对应的地面坐标(X,Y)如下:

$$\left. \begin{array}{l} X = X_0 + M \cdot X' \\ Y = Y_0 + M \cdot Y' \end{array} \right\} \quad (7\text{-}5)$$

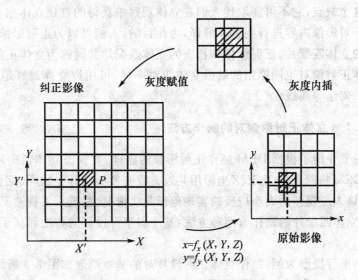

图7-5 间接法数字微分纠正过程

2.计算像点坐标

应用函数变换式(7-4)计算原始图像上相应像点坐标$p(x,y)$。式中,Z是P点的高程,由 DEM 内插求得。应注意的是,原始数字化影像是以行、列数进行计量的。为此,应利用影像坐标与扫描坐标之间的关系,求得相应的像元素坐标。

3. 灰度内插

由于所求得的像点坐标不一定正好落在像元素中心,为此必须进行灰度内插,一般可采用双线性内插方法,求得像点 p 的灰度值 $g(x,y)$。

4. 灰度赋值

最后将像点 p 的灰度值赋给纠正后的像元素 P,即

$$g_0(X,Y) = g(x,y) \tag{7-6}$$

依次对每个纠正像素进行上述运算,即能获得纠正的数字图像。

由上述过程获得的数字形式的纠正影像可以通过图像输出设备,晒印出图解形式的纠正像片。

7.3 立体正射影像对的制作与应用

正射影像既有正确的平面位置,又保持着丰富的影像信息,这是它的优点。但是,它的缺点是不包含第三维信息。将等高线套合到正射影像上,也只能部分地克服这个缺点,它不可能取代人们在立体观察中获得的直观立体感。立体观察尤其便于对影像内容进行判读和解译,为此目的,人们可以为正射影像制作出一幅所谓的立体匹配片。正射影像和相应的立体匹配片共同称为立体正射影像对。这种立体正射像对也同原始的航摄立体像对一样,可用以立体观察地面模型进行量测和勾绘等高线。

7.3.1 立体正射影像对的制作方法

上一节介绍了根据 DEM 制作正射影像的原理。要获得立体匹配片,其关键在于将 DEM 格网点的 X、Y、Z 坐标用共线方程变换到像片上的同时引入一个人工视差。该人工视差的大小应反映实地地形起伏情况。根据人工视差所引入的方式不同,立体匹配片的制作有两种方法:基于斜平行投影的方法和基于对数投影的方法。

以斜平行投影为例,制作立体正射像片对的基本原理如图 7-6 所示。其中图 7-6(a) 为制作正射像片的原理,图 7-6(b) 为制作立体匹配片的原理,图 7-6(c) 为斜平行投影。

对于图 7-6(c) 中地面上的任意一点 P,它相对于投影面的高差为 ΔZ,该点的正射投影位置为 P_0,斜平行投影为 P_1。正射投影得到正射像片,斜平行投影得到立体匹配片,立体观测得到左右视差 ΔP,显然有

$$\Delta P = \Delta Z \cdot \tan\alpha = k \cdot \Delta Z \tag{7-7}$$

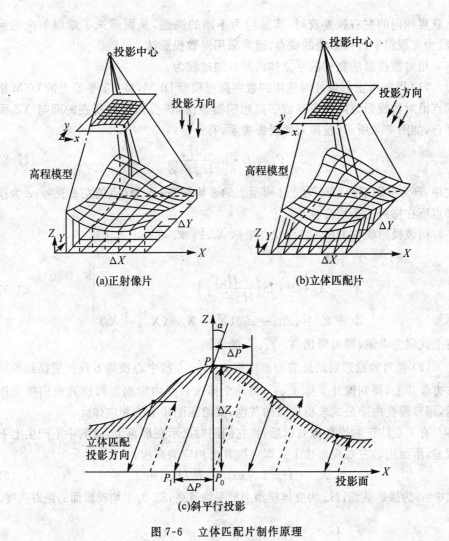

图 7-6 立体匹配片制作原理

由于斜平行投影方向平行于 XZ 平面,所以正射像片和立体匹配上的同名像点坐标仅有左右视差,而没有上下视差,这就满足了立体观测的先决条件,从而构成了理想的立体正射像片对。在这样的像对上进行立体量测,既可以保证点的正确平面位置,又可方便地解求出点的高程。即,将量测的左右视差 ΔP,除以系数 $k = \tan\alpha$(α 为设定值),便可换算为相对于起始面的高差,加上起始面高程,即可获得待测点的高程。

然而,研究表明,用斜平行投影法制作立体匹配片,可能造成立体正射像片上获得相同的左右视差较时,实地应为不同的高差,从而带来了难以解决的问题。为克服斜平行投影法的缺点,通常采用对数投影法。

用对数投影法制作数字立体匹配片的过程为:

(1) 用制作正射像片时使用的数字高程模型 DEM,将 XY 平面上的 DEM 格网点沿对数投影方向投影到数字高程模型表面,该投影方向所在的面与 XZ 面平行,如图 7-7 所示。按照对数投影关系,有

$$P_i = B \cdot \ln \frac{H_m}{H_m - \overline{Z}} \tag{7-8}$$

式中:B 为摄影基线;H_m 为立体模型上的平均航高;P_i 为 i 点的左右视差;$\overline{Z}$ 为投影点所在格网的平均高程。

则该投影线与 DEM 表面交点坐标 $\overline{X}_i$、$\overline{Y}_i$、$\overline{Z}_i$ 可由下式求出:

$$\left.\begin{aligned} \overline{Y}_i &= Y_i \\ \overline{X}_i &= X_i + B \cdot \ln\left(\frac{H_m}{H_m - \overline{Z}_i}\right) \\ \overline{Z}_i &= Z_i + (Z_{i+1} - Z_i)(\overline{X}_i - X_i)/(X_{i+1} - X_i) \end{aligned}\right\} \tag{7-9}$$

将上式联立求解,即可得出 $\overline{X}_i$、$\overline{Y}_i$、$\overline{Z}_i$ 的值。

(2) 将对数投影后的地表面点坐标 $\overline{X}_i$、$\overline{Y}_i$、$\overline{Z}_i$ 按中心投影方程式变换到原始右方像片上,得到像片坐标 $\overline{x}_i$、$\overline{y}_i$,将此坐标按右片内定向参数换算成扫描坐标后,用双线性内插公式求得该点的灰度,赋给匹配片上的相应像元。

有了立体正射投影像对以后,将它们同时显示在屏幕上,量测中不产生上下视差,所测出的左右视差按下式即可换算出相应的高程:

$$A_i = H_m[1 - \exp(-P_i/B)] + Z_m \tag{7-10}$$

式中:B 为摄影基线;H_m 为立体模型上的平均航高;Z_m 为平均投影面的绝对高度。

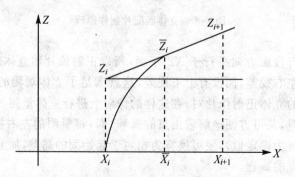

图 7-7 对数投影关系

7.3.2 立体正射影像对的应用

与原始航空影像立体像对相比,立体正射影像对具有许多明显的优点,比如:

(1) 便于定向和量测。定向仅需要将正射影像与立体匹配片在 X 方向上保持一致,量测中不会产生上下视差,所测出的左右视差用简单计算方法即可获得高差和高程。

(2) 量测用的设备简单,整个量测方法可由非摄影测量专业人员很快掌握。

只要具备影像覆盖范围内的 DEM 高程数据库和所摄像片的内外方位元素,就可以在摄影后立即方便地制出立体正射影像对。至于立体正射影像对的应用,试验表明,用它来修测地形图上的地物和量测具有一定高度物体的高度等是十分有效的。用正射影像修测地图比用原始航片方便,而用立体正射影像对要比单眼观测正射影像多辨认出 50% 的细部。此外,立体正射影像对在资源调查、土地利用面积估算、交通线路的初步规划、建立地籍图、制作具有更丰富地貌形态的等高线图等方面都能发挥一定的作用。

7.4 数字真正射影像的制作与应用

正射影像应同时具有地图的几何精度和影像的视觉特征,特别是对于高分辨率、大比例尺的正射影像图,它可作为背景控制信息去评价其他地图空间数据的精度、现势性和完整性。然而作为一个视觉影像地图产品,影像上由于投影差引起的遮蔽现象不仅影响了正射影像作为地图产品的基本功能发挥,而且还影响了影像的视觉解译能力。为了最大限度地发挥正射影像产品的地图功能,近几年来,关于真正射影像(true orthophoto)的制作引起了国内外的广泛关注。本节主要对真正射影像的概念及制作原理进行简单介绍。

7.4.1 遮蔽的概念

影像上的遮蔽指的是由于地面上有一定高度的目标物体遮挡,使得地面上的局部区域(包括目标物体本身的局部)在影像上不可见的现象。如图 7-8 所示,对于地面上的 $\triangle ABC$ 区域,它在右像片上不可见,即被遮挡了,但在左像片上是可见的;而对于地面上的 $\triangle DEF$ 区域,则正好相反。这说明对于相对遮蔽而言,影像上的丢失信息是可以通过相邻影像进行补偿的,而绝对遮蔽则做不到这一点。这里我们只讨论相对遮蔽的情况。

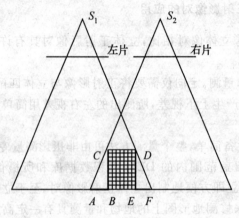

图 7-8 相对遮蔽

影像上遮蔽的产生与投影方式有关。对于地物的正射投影,由于它是垂直平行投影成像,是不会产生遮蔽现象的(树冠等的遮挡除外),如图 7-9(a) 所示。而传统的航空遥感影像,它是根据中心投影的原理摄影成像的,对地面上有一定高度的目标物体,其遮蔽是不可避免的。对于中心投影所产生的遮蔽现象,其实质就是投影差,如图 7-9(b) 所示。而图 7-9(c) 则表示,对于中心投影的航摄像片,位于像底点附近的像片中心部位没有投影差,越靠近像片边缘,投影差越大。

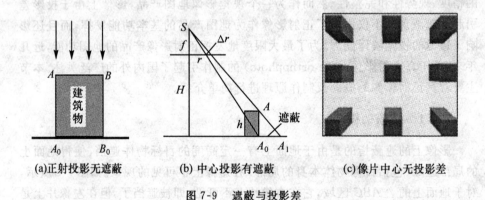

(a)正射投影无遮蔽　　(b)中心投影有遮蔽　　(c)像片中心无投影差

图 7-9 遮蔽与投影差

传统的正射影像制作方法主要是利用中心投影(包括框幅式中心投影或线中心投影),影像通过数字纠正的方法得到的。在纠正过程中,对原始影像上由一定高度的地面目标物体所产生的遮蔽现象在纠正后依然存在,这使得正射影像失去了"正射投影"的意义,同时也使得正射影像在与其他空间信息数据进行套合时发生困难,使传统正射投影的应用受到了一定的限制。

7.4.2 正射影像上遮蔽的传统对策

为了有效地削弱或尽可能地消除正射影像上遮蔽的影响,使正射影像产品满足相应比例尺地图的几何精度要求,人们提出了许多有效地克服中心投影影像(包括所生产的正射影像)上遮蔽现象的办法或措施,主要策略包括:

(1) 影像获取时的策略。通过在摄影时采用长焦距摄影机、提高摄影飞行高度、缩短摄影基线等方法以增加像片的重叠度,以及在航空摄影航飞线路设计时尽量避免使高层建筑物落在像片的边缘等手段,减小因地面有一定高度目标物体所引起的投影差(遮蔽),亦即缩小像片上遮蔽的范围。

(2) 纠正过程中的策略。尽量利用摄影像片的中间部位制作正射影像,因为中心投影像片的中间部位其投影差较小甚至无投影差。换句话说,就是此处的遮蔽范围较小或根本无遮蔽。

(3) 传感器选择的策略。随着线阵列扫描式成像传感器的应用越来越广泛,人们希望利用线阵列扫描式传感器影像来制作正射影像。因为对于垂直下视线阵列扫描影像而言,地面有一定高度的目标只会在垂直于传感器平台飞行的方向上产生投影差(遮蔽),而在沿飞行方向则无投影差(遮蔽),如图 7-10(a) 所示。图 7-10(b) 为垂直下视扫描行的投影差。

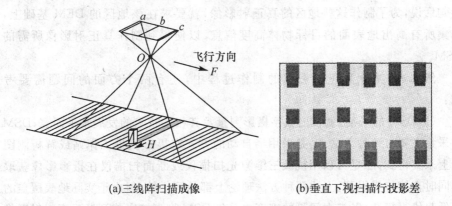

(a) 三线阵扫描成像　　　　　　(b) 垂直下视扫描行投影差

图 7-10　线阵列扫描影像的遮蔽与投影差

7.4.3 真正射影像的概念及其制作

传统的正射影像虽然冠以"正射"两字，但却不是真正意义上的正射影像。这是因为传统正射影像的制作是以 2.5 维的数字高程模型(DEM)为基础进行数字纠正计算的。而 DEM 是相对于地表面的高程，即它并没有顾及地面上目标物体的高度情况，因此，微分纠正所得到的影像虽然叫做正射影像，但地面上三维目标(如建筑物、树木、桥梁等)的顶部并没有被纠正到应有的平面位置(与底部重合)，而是有投影差存在。随着 GIS 重要性的增强，人们常常会把正射影像、特别是城区大比例尺的正射影像作为 GIS 的底图来使用，以更新 GIS 数据库或用于城市规划等目的，此时就会发现正射影像与其他类型图件进行套合时发生困难，这正是由于正射影像上有一定高度目标物体的平面位置不正确所引起的。正因为如此，正射影像就不适合作为底图对其他图件进行精度检查或进行变化检测。为此，人们提出了制作"真正射影像"的要求。

所谓真正射影像，简单一点讲就是在数字微分纠正过程中，要以数字表面模型(DSM)为基础来进行数字微分纠正。对于空旷地区而言，其 DSM 和 DEM 是一致的，此时只要知道了影像的内、外方位元素和所覆盖地区的 DEM，就可以按共线方程进行数字微分纠正了，而且纠正后的影像上不会有投影差。实际上，需要制作真正射影像的情况往往是那些地表有人工建筑或有树木等覆盖的地区，对这样一些地区，其 DSM 和 DEM 的差别就体现在人工建筑或树木等的高度上。换句话说，为了制作这些地区的真正射影像，就要求在该地区的 DEM 基础上，采集所有高出地表面的目标物体高度信息，以便得到制作真正射影像所需的 DSM。

然而，在实际真正射影像的制作过程中，还有两个方面的问题需要考虑：

(1) DSM 的采集。就目前数字摄影测量及其相关技术的发展水平而言，DSM 的采集主要有两种方法：一是采用半自动的方式在摄影测量工作站或解析测图仪上采集得到；二是可以用机载三维激光扫描仪或断面扫描仪在摄影影像获取的同时直接扫描得到。上述两种方法理论上都是可行的，但由于实际地表覆盖的高低起伏很复杂，以多大间隔的密度去采集 DSM 将直接影响到最后真正射影像的质量。另外，DSM 采集的对象是否有必要包括地面上一切有一定高度的目标也值得考虑。

(2)遮蔽信息的补偿。因为在原始中心投影影像上,由于遮蔽的存在,地面局部被遮挡区域并未成像,如图 7-11 所示。对于这样的地方,当纠正得到真正射影像后,会在对应的被遮蔽区留下信息空白区,即这部分信息无法从原始中心投影的自身影像上获得,如图 7-12 所示。要使真正射影像能完整地反映地面的信息,必须设法在纠正后的影像上对遮蔽处所缺少(丢失)的信息进行填充补偿。从理论上讲,对遮蔽信息进行补偿的最好方法就是通过另一张该处没有被遮蔽的影像来进行信息填充。

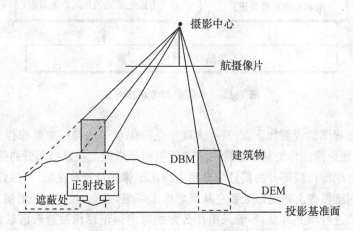

图 7-11　正射投影及遮蔽示意图

图 7-12　真正射影像纠正后的信息空白区

真正射影像的具体制作过程可以用图 7-13 来表示。

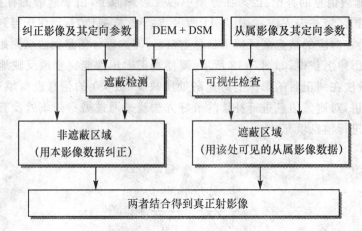

图 7-13 真正射影像制作流程

对该流程图的说明如下：在具有多度重叠的像片中选择一张影像作为主纠正影像，而其他影像则作为从属影像用来补偿主纠正影像上被遮挡部分的信息，即从从属影像上挖出相应部分的信息填充到主纠正影像的被遮蔽区域。当然，这样做的前提是主纠正影像上被遮蔽处要在从属影像上可见，否则，被遮蔽处的信息只能通过其他方式进行填充补偿。不管采用什么方式对主纠正影像被遮蔽区域的信息进行填充补偿，都要顾及所填充内容与其周边在亮度、色彩和纹理方面的协调性。图 7-14 是某原始彩色航空影像经真正射影像纠正和缺失信息补偿后的结果。

(a)原始影像　　　(b)真正射影像纠正后信息缺失　　(c)信息补偿后

图 7-14　真正射影像纠正结果

需要进一步说明的是，图 7-13 所描述的制作真正射影像的过程在理论上是可行的。但实际上，因为地表面的情况非常复杂，无论从 DSM 的采集或遮蔽信息的补偿哪方面讲,都不是一件简单的工作。

随着数码航空相机的发展和数码航空摄影技术的广泛使用,充分利用数码航空相机不需胶片这一特点,在航空摄影时可以大大提高飞行的重叠度。在利用多像前方交会改善对地定位精度的同时,也可充分利用每张像片像底点附近的局部影像来制作真正射影像,这样得到的正射影像虽然不是严格意义上的真正射影像,但却可以避免对影像缺失信息进行填充的麻烦。就目前而言,已经开发的或正在开发的许多制作真正射影像的软件基本上都是采取这一策略。

7.5 数字正射影像的质量检查

作为摄影测量与遥感主要产品之一的正射影像,它首先必须是一张精确的地图,同时也应该是一张优美的图像。因此,正射影像作为一种视觉影像地图产品,需要对其进行精度检查和质量控制。

正射影像的精度检查主要是指几何精度检查。可以采用以下几种方法来检验正射影像的几何精度:

(1) 野外检测。用于检查正射影像的绝对精度,一般用于试验研究和系统初次投产使用。

(2) 与等高线图或线画地图套合后进行目视检查。

(3) 对每个立体像对分别由左影像和由右影像制作同一地区的两幅正射影像,然后量测两幅正射影像上同名点的视差进行检查。当没有上述误差,且该点为地表点时,其视差应为零。如视差超出规定数值,则需对数据采集和正射影像制作全过程进行检查,找出问题所在,进行返工。

至于正射影像的影像质量主要是指影像的辐射质量。一般采用目视检查,其内容包括:整张影像色调是否均匀,反差及亮度是否适中,影像拼接处色调是否一致,影像上是否存在斑点、划痕或其他原因所造成的信息缺失的现象,等等。

用正射影像制成影像图时存在着接边问题。如果 DEM 数据事先已接好边,则正射影像接边问题比较简单。由于接边不仅仅涉及几何方面的精度问题,同时还涉及不同影像之间色调的不一致,故对于大比例尺正射影像图的制作,应尽量满足一幅影像制作一幅图的原则。对于小比例尺作业,则应妥善解决接边问题,通常是首先将 DEM 接边,形成整区统一的数字高程模型,保证几何接边,并要对色调进行调整,做到无缝镶嵌。

就目前制作正射影像的技术水平而言,正射影像的几何精度相对容易控制,它主要取决于制作正射影像所需的原始数据的精度,如控制点的精度、外方位元素的精度、DEM 的精度等,同时也与数字影像灰度内插的方法有关。正射影像作为一个视觉影像产品,对其影像辐射质量的控制非常重要,同时也是一个难点。下一节将对正射影像的匀光处理方法予以简单介绍。

7.6 数字正射影像的匀光处理

由于受光学航空遥感影像获取的时间、外部光照条件以及其他内外部因素的影响,导致获取的影像在色彩上存在不同程度的差异,这种差异会不同程度地影响后续数字正射影像生产以及其他的影像工程应用中对影像的使用效果。因此,为了消除影像色彩(色调)上的差异,需要对影像进行色彩平衡处理,即匀光处理。

7.6.1 影像匀光概述

从匀光处理的角度来讲,影像的色彩不平衡可以分为单幅影像内部的色彩不平衡和区域范围内多幅影像之间的色彩不平衡,如图 7-15 和图 7-16 所示。单幅影像内部的色彩不平衡主要是由于影像在获取过程中光学透镜成像的不均匀性,大气衰减、云层、烟雾以及向阳、背阳等造成的光照条件不同等因素引起的。多幅影像之间的色彩不平衡主要由两方面的因素引起:有摄影时的因素,比如相机参数设置不同、曝光时间不同、影像获取时间不同、影像获取时摄影角度不同、阴影或云层的影响而使光照条件不同,等等;也有获取数字影像时的各种因素,比如影像晒印、复制、扫描时导致的色调差异等。为了保证产品的质量和数据应用的质量,需要对这两方面分别进行处理。

图 7-15 单幅影像内部的色彩不平衡

图 7-16 多幅影像之间的色彩不平衡

传统解决色彩平衡问题主要是依靠手工的方式。利用图像处理工具软件及其相关功能进行处理,由于色彩处理的主观性比较强,当处理的区域涉及多幅影像时,很难把握整体的处理效果。另外,在色彩调节过程中需要耗费大量的人工工作量。因此,手工方式的匀光处理逐渐成为影像产品生产过程中的一个瓶颈问题,引起了国内外学者的重视。针对自动影像匀光处理的问题,许多文献及商业软件都给予了极大的关注,分别提出了许多不同的处理方法。比较有代表性的处理方法是用数学模型模拟影像亮度变化,然后再对影像不同部分进行不同程度的补偿,从而获得亮度、反差均匀的影像。遥感图像处理软件 ERDAS IMAGINE 从 8.5 版本开始提供的色彩平衡功能便采用这种方法,它提供了 4 种数学模型来模拟影像亮度的变化。但是由于造成影像亮度、反差分布不均匀的原因很多,而且是不规则的,因此影像中的一些不规则的亮度变化和孤立的亮度变异很可能会导致模拟影像亮度变化的失败,最终严重影响匀光处理的效果。

下面针对光学航空遥感影像存在的单幅影像内部以及区域范围内多幅影像之间的色彩不平衡现象,介绍一种匀光处理的方法及其处理流程。

7.6.2 基于 Mask 的单幅影像匀光

匀光技术源于像片的晒印。由于不均匀光照现象的影响,在晒印像片时,便产生负片透明处曝光量多,不透明处曝光量少,使得像片上较大密度和较小密度都过多地出现,导致照度不均匀。匀光技术就是在晒印像片时,通过对曝光过强和曝光过弱的地方进行补偿,从而获得照度均匀的光学像片。

马斯克(Mask)匀光法又称模糊正像匀光法,它是针对光学像片的晒印提出来的。图 7-17 是马斯克匀光法的基本原理。它用一张模糊的透明正片作为遮光板,将模糊透明正片与负片按轮廓线叠加在一起进行晒像,便得到一张反差较小而密度比较均匀的像片;然后用硬性相纸晒印,增强整张像片的总体反差;最后得到晒印的光学像片。

在图 7-17 中:

$\Delta D_{负}$ —— 原始负片影像反差;

$\Delta D_{模}$ —— 模糊透明正片影像反差;

ΔD —— 原始负片与模糊透明正片叠加后的影像反差;

$\Delta D_{正}$ —— 叠加后用硬性相纸晒印的像片影像反差;

$\delta_{\Delta D}$ —— 负片与模糊透明正片叠加后的相邻细部影像反差;

$\delta_{\Delta D_{正}}$ —— 用硬性相纸晒印后的相邻细部影像反差。

负片与模糊透明正片叠加在一起的影像的反差为:

$$\Delta D = \Delta D_{\text{负}} + (-\Delta D_{\text{模}}) = \Delta D_{\text{负}} - \Delta D_{\text{模}}$$

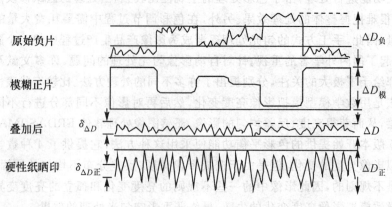

图 7-17 马斯克匀光法原理

马斯克匀光法不仅可以保证不减小整张像片的总体反差,而且还可以使像片中大反差减小,小反差增大,得到反差基本一致的、相邻细部反差增大的像片,因此,对于光学影像的晒印,该方法可以有效地消除不均匀光照现象,在实际的像片晒印过程中得到了广泛的应用。

马斯克匀光法是针对传统的光学像片照度不均匀提出来的一种处理方法。将马斯克匀光的基本原理运用于数字图像的处理,同样可以达到对数字影像进行匀光处理的目的。

按照马斯克匀光的原理,对于光照不均匀的影像可采用如下数学模型进行描述:

$$I'(x,y) = I(x,y) + B(x,y) \tag{7-11}$$

式中:$I'(x,y)$ 表示光照不均匀的影像;$I(x,y)$ 表示理想条件下受光均匀的影像;$B(x,y)$ 表示背景影像。

按照上面的公式,不均匀光照的影像可以看成是由受光均匀的影像叠加了一个背景影像的结果。获取的影像之所以存在不均匀光照现象,是因为背景影像的不均匀造成的。如果能够很好地模拟出影像的背景影像,将其从原影像中减去,就可以得到受光均匀的影像;然后进行拉伸处理增大相邻细部反差,同时提高整张影像的总体反差,就可以消除单幅影像的色彩不平衡。基于马斯克的单幅影像匀光原理如图 7-18 所示。

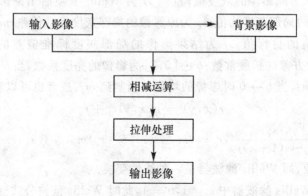

图 7-18　基于马斯克的单幅影像匀光流程

从频率域角度考虑,在一幅影像中,高频空间信息表现为像素灰度值在一个狭小像素范围内的急剧变化,低频空间信息则表现为像素灰度值在较宽像素范围内的逐渐改变。高频信息包括边缘、细节等,低频信息则包括背景(通常表现为在整幅影像内阴影的逐渐变化)等。而背景影像主要包含原影像中的低频信息,将原影像与背景影像做相减运算也就去除了原影像中的一些低频信息,产生了一张主要包含高频信息的影像。对得到的影像进行拉伸处理,则主要起到增强高频信息的作用。整个处理过程在抑制低频信息的同时,增强了高频信息。这样处理后,结果影像各像素灰度值与原影像中各部分像素的灰度值的变化快慢密切相关,而与像素灰度值的大小并无太大关系。灰度值的变化快慢主要取决于地物的反差,于是对原影像中那些偏亮或者偏暗的部分,尽管灰度值偏高或者偏低,但灰度值的变化快慢基本一致,所以可以采用基于马斯克的方法进行单幅影像的匀光处理。

7.6.3　基于 Wallis 滤波器的多幅影像匀光

Wallis 滤波器是一种比较特殊的滤波器,其目的是将局部影像的灰度均值和方差映射到给定的灰度均值和方差值。它实际上是一种局部影像变换,使得在影像不同位置处的灰度方差和灰度均值具有近似相等的数值,即影像反差小的区域的反差增大,影像反差大的区域的反差减小,以达到影像中灰度的微小信息得到增强的目的。Wallis 滤波器可以表示为如下形式:

$$f(x,y) = [g(x,y) - m_g] \frac{cs_f}{cs_g + (1-c)s_f} + bm_f + (1-b)m_g \qquad (7\text{-}12)$$

式中：$g(x,y)$ 为原影像的灰度值；$f(x,y)$ 为 Wallis 变换后结果影像的灰度值；m_g 为原影像的局部灰度均值；s_g 为原影像的局部灰度标准偏差；m_f 为结果影像局部灰度均值的目标值；s_f 为结果影像的局部灰度标准偏差的目标值；$c \in [0,1]$ 为影像方差的扩展常数；$b \in [0,1]$ 为影像的亮度系数，当 $b \to 1$ 时影像均值被强制到 m_f，当 $b \to 0$ 时影像的均值被强制到 m_g。或者也可以表示为：

$$f(x,y) = g(x,y)r_1 + r_0 \tag{7-13}$$

式中：$r_1 = \dfrac{cs_f}{cs_g + (1-c)s_f}$，$r_0 = bm_f + (1-b-r_1)m_g$，参数 r_1,r_0 分别为乘性系数和加性系数，即 Wallis 滤波器是一种线性变换。

典型的 Wallis 滤波器中 $c=1, b=1$，此时 Wallis 滤波公式变为：

$$f(x,y) = [g(x,y) - m_g] \cdot (s_f/s_g) + m_f \tag{7-14}$$

此时，$r_1 = \dfrac{s_f}{s_g}$，$r_0 = m_f - r_1 m_g$。

一幅影像的均值反映了它的色调与亮度，标准偏差则反映了它的灰度动态变化范围，并在一定程度上反映了它的反差。一方面，考虑到相邻地物的相关性，理想情况下获取的多幅影像在色彩空间上应该是连续的，应该具有近似一致的色调、亮度与反差，近似一致的灰度动态变化范围，因而也应该具有近似一致的均值与标准偏差。因此，要实现多幅影像间的色彩平衡，就应该使不同影像具有近似一致的均值与标准偏差，这是一个必要条件。另一方面，由于在真实场景中地物的色彩信息在色彩空间上是连续的，因此在整个场景中，尽管不同影像范围内地物的色彩信息仍然存在差异，存在变化，但一般来说，这些差异、变化都是局部的，其整体信息的变化是很小的。而影像的整体信息可以通过整幅影像的均值、方差等统计参数反映出来，所以可以对不同影像以标准参数为准，进行标准化的处理，从而获取影像间的整体映射关系，这是一个充分条件。因此可以采用基于 Wallis 滤波器方法进行多幅影像间的匀光处理。

7.6.4 特殊区域的自动检测与处理

影像中存在一些特殊区域，典型特殊区域比如大面积的水域以及水域由于镜面反射形成的太阳斑等。由于这些特殊区域的存在，会影响通常情况下匀光处理的效果，特别是多幅影像匀光处理时，会使影像间的整体信息差别较大，不满足采用标准化处理的条件。为了使匀光处理获得更好的处理效果，需要对这些特殊区域进行单独处理，使其排除在通常情况下的匀光处理之外。大面积的水域等特殊区域与其他部分影像相比，其影像的纹理信息相对比较贫乏，因而可以依据相应的统计参数来自动对特殊区域进行检测。由于方差反映了纹理强度信息,因此可以采用局部影像的方差作为统计参数来检测水面等特殊区域。

根据要检测的特殊区域的尺度,将影像划分成互不重叠的小块,然后分别统计各影像块的局部影像的方差,设定一个方差的阈值,方差小于阈值的块就认为该影像块为特殊区域。然后对各相邻的特殊区域影像块进行合并,最后形成初始的特殊区域。为获得"分辨率"更高的特殊区域范围,对于处于初始特殊区域边缘的影像块以及与特殊区域相邻的影像块,需要进行进一步的分裂处理,按一定的尺度将其进一步细分为更小的影像块,计算各小影像块的方差,设定一个合适的阈值,判断这些细分的影像块是否仍为特殊区域,然后再将相邻的特殊区域影像块进行合并就形成了"分辨率"更高的特殊区域的范围。基于分裂合并的特殊区域确定原理如图 7-19 所示。图中格网表示在一定尺度下对影像进行的划分,椭圆表示影像中特殊区域的范围,阴影部分的格网表示每次分裂的尺度递减为前次分裂尺度的一半,经两次分裂合并后检测出来的特殊区域的大致范围。

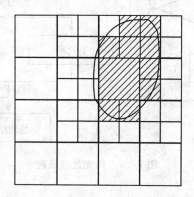

图 7-19　基于分裂合并的特殊区域确定原理

通过这样不断的分裂合并,可以方便快速地得到特殊区域的大致范围,特殊区域的"分辨率"取决于分裂的尺度。如果需要得到比较严格的特殊区域的范围,在得出初始特殊区域后,就将其中心作为聚类中心,采用聚类分析的方法可以得出比较严格的特殊区域范围。获得特殊区域之后,就可以对其采用不同的处理方法和处理方式。可以不对其进行处理,也可以将其按照某一标准参数进行处理。

7.6.5 影像匀光处理流程

基于上述原理,在进行匀光处理时,应首先进行单幅影像的匀光处理,然后再进行区域范围内多幅影像的匀光处理。只有首先保证一幅影像内部的色彩平衡,在此基础上再进行多幅影像的匀光处理,才能保证后续的镶嵌处理中,在重叠区进行的色彩过渡处理更容易,才能更好地保证镶嵌影像的色彩平衡。同时,还需对特殊区域进行确定并单独处理,以获得更好的处理效果。完整的匀光处理流程如图 7-20 所示。

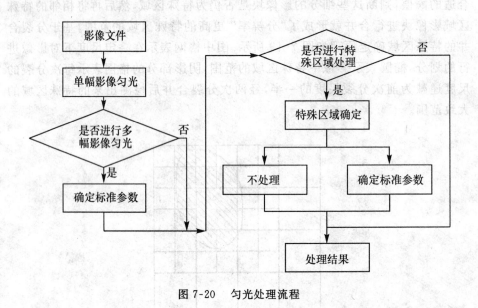

图 7-20　匀光处理流程

最后需要说明的是,如何有效地解决好影像的色彩平衡问题是有一定难度的,且与人的视觉心理现象有关,进一步的研究仍在进行之中。

本章思考题

1. 什么是像片纠正?为什么要进行像片纠正?
2. 纠正像片与原始航摄像片有什么区别?
3. 数字微分纠正有何优点?简述间接法数字微分纠正的基本原理和纠正过程。

4. 什么是立体正射影像对?如何制作立体正射影像对?立体正射影像对有何应用?

5. 什么是真正射影像?如何制作真正射影像?

6. 正射影像质量控制主要包括哪几个方面的内容?

7. 影像匀光的目的是什么?如何进行影像匀光?

第8章 数字摄影测量的仪器设备及产品

当代新型数字传感器技术、全球定位技术、通信技术以及计算机技术等的发展为数字摄影测量的发展提供了广阔的机遇和前景,使得当代数字摄影测量的仪器设备及其产品也与传统的摄影测量仪器设备与产品有所不同。本章主要从摄影测量影像数据获取和数据处理的角度,简单地介绍数字航空摄影机的性能与特点、数字摄影测量数据处理系统的主要功能、产品及其应用等,在此基础上,概要地介绍了新一代数字摄影测量系统 DPGrid 的性能与特点。

8.1 数字航空摄影机简介

航空摄影是国家基础测绘数据源获取的重要手段。在摄影测量实现由模拟到全数字的转变后,随着摄影技术从传统胶片摄影到数字摄影的转变,航空摄影也开始走入数字时代。数字航摄仪是传统航摄仪的升级换代产品,目前,国际上大像幅数字航摄仪的应用已比较成熟。

数字航摄仪可分为框幅式(面阵CCD)和推扫式(线阵CCD)两种。由于受到CCD制作工艺的限制,大尺寸面阵CCD的次残品率很高,目前还难以生产出相当于传统胶片像幅大小的面阵CCD。为了不降低飞行效率,使得一次飞行获取的地面范围与传统航摄相当,一般数字航摄仪是通过多镜头并行操作的办法来解决大范围地面覆盖需求与面阵CCD尺寸较小之间的矛盾。线阵CCD的制造相对简单,较容易制造出大扫描宽度的数字航摄仪。

现有的商业化大像幅框幅式数字航摄仪主要有 DMC、UltraCam-D 和 DiMAC 等,而推扫式数字航摄仪主要有 ADS40。本节主要对 DMC、ADS40、UltraCam-D 和国产 SWDC 数字航摄仪进行简单介绍,包括上述几种数字航摄仪的成像方式、性能参数及其主要特点等。通过对数字航摄仪和胶片航摄仪的比较,进一步阐述数字航摄仪在成像原理、测图精度、飞行效率、感光能力等方面的情况。

8.1.1 DMC 数字航摄仪

DMC(digital mapping camera)数字航摄仪由 Z/I Imagine 公司研制开发，它是基于面阵 CCD 技术的大像幅测量型数字航摄仪，其外观如图 8-1 所示。

DMC 镜头系统由 Carl Zeiss 公司特别设计和生产，它由 8 个镜头组合而成，位于中间的为 4 个全色镜头，位于周围的是 4 个多光谱镜头(红、绿、蓝以及近红外)，如图 8-2 所示。每个单独镜头配有大面阵的 CCD 传感器。4 个全色镜头为 $7K \times 4K$ 的 CCD 传感器，像素大小为 $12\mu m \times 12\mu m$，提供了大于 12bit 的线性响应高动态范围；4 个多光谱镜头为 $3K \times 2K$ 的 CCD 传感器。

图 8-1 DMC 数字航摄仪

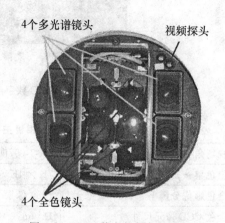
图 8-2 DMC 数字航摄仪镜头组

在航摄飞行中，DMC 数字航摄仪的 8 个镜头同步曝光(间隔小于 10^{-8} s)，一次飞行可同步获取黑白、真彩色和彩红外像片数据，如图 8-3 所示。具体获取原理是，镜头的设计和安装使得 4 个全色镜头所获得的数字影像有部分的重叠，然后可以将所获得的 4 幅中心投影影像拼接成一幅具有虚拟投影中心、固定虚拟焦距(120mm)的虚拟中心投影"合成"影像，影像大小为 7680 像素 × 13824 像素。同样，4 个多光谱镜头能获得覆盖 4 个全色镜头所获得影像范围的影像，通过影像匹配和融合技术，可将 4 个多光谱镜头所获得的影像与全色的"合成"影像进行融合，进而获得高分辨率的真彩色影像数据或彩红外影像数据，影像大小同样为 7680 像素 × 13824 像素。

DMC 采用 TDI(time delayed intergration)方式进行像移补偿，能补偿高速飞行引起的飞行方向模糊。为保持色彩还原的真实性，DMC 各色彩范围之间保留了一定的重叠。表 8-1 简明列出了 DMC 数字航摄仪的主要性能参数。

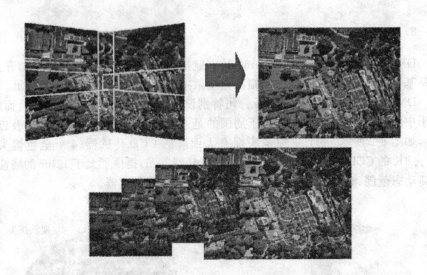

图 8-3 DMC 数字航摄仪成像原理图

表 8-1　　　　　　　　　DMC 相机主要性能参数

视场角	69.3°(旁向)×42°(航向)			
全色单一 CCD 面阵大小	7K×4K			
全色影像分辨率	7680 像素×13824 像素(最终输出影像)			
全色 CCD 像元尺寸	12 μm×12 μm			
像移补偿	TDI 方式			
全色镜头系统	4 个镜头,$f=120mm/1:4.0$,4 个 7 K×4 K CCD			
多光谱波段数	4 个,R,G,B,近红外(可定制其他波段)			
多光谱相机分辨率	3 K×2 K			
合成多光谱影像分辨率	7680 像素×13824 像素(最终输出影像)			
多光谱镜头系统	4 个镜头,$f=25mm/1:4.0$			
快门值和光圈系数	连续可调,快门 1/50~1/300s,光圈 $f4$ 到 $f22$			
标配机内存储容量(MDR)	840GB(可存储大于 2000 幅影像)			
最大连拍速度	2s/幅			
辐射分辨率	12bit(所有相机)			
各波段波长	全色	360~1040 nm		
	蓝	380~580nm	红	560~700 nm
	绿	450~670 nm	近红外	675~1030 nm

8.1.2 ADS40 数字航摄仪

2000 年在第 19 届 ISPRS 大会上,Leica 公司推出了 ADS40(airborne digital sensor)数字航摄仪,ADS40 采用三行(前视、下视、后视)线阵 CCD 传感器获取全色影像,另外 4 条线阵 CCD 传感器可获得蓝、绿、红和彩红外影像。该航摄仪必须与 IMU/DGPS 系统集成来对每行扫描数据进行校正。ADS40 的外观及工作原理分别如图 8-4 和图 8-5 所示。

图 8-4 ADS40 数字航摄仪

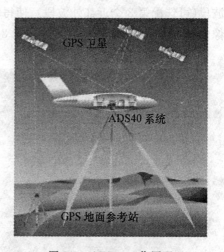

图 8-5 ADS40 工作原理

ADS40 数字航摄仪采用的 CCD 传感器成像器件是线阵式的排列,ADS40 的焦平面最多可以容纳 15 条 CCD 线阵,每 3 条 CCD 线阵为一组,可以同时容纳 5 组。

典型的 ADS40 使用了 10 条 CCD 线阵,其中 4 条 12K 的线阵用于 RGB 和 NIR(红外)的多光谱感光,全色波段使用了 3 对 CCD 线阵分别对前视、下视和后视 3 个方向感光,用于获取立体影像。下视朝向正下方(角度为 0°),前视角度为 28.4°,后视角度为 14.2°,RGB 向前倾斜 16.1°,NIR 向后倾斜 2°。

全色波段的每对 CCD 线阵都采用两条 12000 个元件的 CCD 线阵,两条 CCD 线阵以半个像素的大小(3.25μm)交错排列,以获得高一倍的地面分辨率,这与 SPOT5 卫星获取 2.5m 分辨率的影像的原理是一致的。这样 ADS40 能够获取

24K宽度的条带数字影像(高分辨率模式,high resolution),这是目前面阵数字航摄仪所望尘莫及的(最宽的DMC为13824像素)。

ADS40的成像方式不同于传统航摄仪的中心投影构像,传统的航摄是在航线上按照设计的重叠度拍摄像片,每张像片是中心投影。ADS40得到的是线中心投影的条带影像,每条扫描线有其独立的摄影中心,拍摄得到的是一整条带状无缝隙的影像。

ADS40成像的最大特点就在于它的全色波段采用了3对CCD线阵对前视、下视和后视3个方向同时获取影像的办法。3个全色波段以及RGB和近红外4个波段(可选配第2个近红外波段),使得ADS40可以利用一次飞行获得丰富的影像信息。ADS40的影像获取方式如图8-6所示。

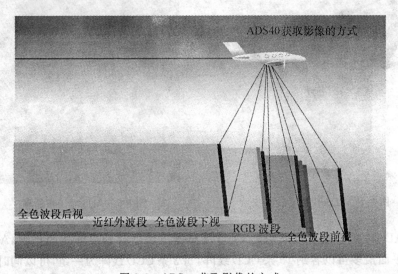

图 8-6　ADS40获取影像的方式

ADS40前视与后视影像的基高比为0.8,大于常规宽角镜头的基高比(152mm镜头,60%的航向重叠,基高比为0.6),有利于提高高程的量测精度。另外,ADS40前视、下视、后视获得了所有地物的3°重叠影像,所有地物用两个像对分别量测后加权计算平均值,可以提高量测的精度和可靠性。

推扫成像方式具有获取高质量影像的潜力,但是线阵式的航空传感器给摄影测量工作也带来了新的挑战。由于在飞行过程中,传感器的位置和姿态一直处于不断的变化之中,传感器对地面的每条扫描轨迹与其他扫描轨迹之间是不平行的,因此线阵CCD传感器得到的影像(0级数据)是扭曲变形的(如图

8-7(a))。必须使用 GPS/IMU 数据对原始影像进行逐行的纠正。逐行纠正是根据原始影像的每一扫描行和它所对应的传感器位置和姿态数据(外方位元素)完成的,并能够将精度恢复到亚像元的水平上。纠正后生成的 1 级影像数据不仅可以消除影像变形,具有很好的几何特征,而且具有坐标信息(如图 8-7(b))。

(a)0级影像   (b)1级影像

图 8-7　0 级影像到 1 级影像转换示意图

表 8-2 简明列出了 ADS40 数字航摄仪的主要性能参数。

表 8-2　　　　　　　　**ADS40 相机主要性能参数**

数据采集性能	
CCD 线阵动态范围	12bit
A/D 转换器采样率	14bit
数据带宽	16bit
数据格式	压缩 Raw 文件
数据压缩因子	2.5～25 倍
压缩数据辐射分辨率	8bit,适应信号水平
线记录间隔	$\geqslant 1.2$ ms($\leqslant 800$Hz)
最高地面分辨率	5cm

续表

相机参数	
焦距	62.77mm
CCD 像元大小	6.5 μm
全色波段线阵	2×12000 像素（交叉排列）
RGB 和 NIR 波段线阵	12000 像素
FOV 视场角	46°
前视与下视方向夹角	28.4°
后视与下视方向夹角	14.2°
前视与后视方向夹角	42.6°

	光谱参数	
	波段	波长（nm）
	Pan（全色）	465～680
	Red（红）	610～660
各光谱波段	Green（绿）	535～585
	Blue（蓝）	430～490
	NIR1（近红外 1）	703～757
	NIR2（近红外 2，可选）	833～887

8.1.3 UltraCam-D 数字航摄仪

UltraCam-D（简称 UCD）数字航摄仪由奥地利 Vexcel 公司开发生产，也是属于多镜头组成的框幅式数字航摄仪，一次摄影可同时获取黑白、彩色和彩红外影像。UltraCam-D 数字航摄仪的外观如图 8-8 所示。

与 DMC 数字航摄仪一样，UltraCam-D 也采用了由 8 个小型镜头组成的镜头组，底部中央由 4 个焦距为 100mm（或 75mm、125mm 可选）的镜头组成全色波段镜头组，周围布置了 4 个焦距为 28mm 的镜头，分别为 R、G、B 和近红外波段镜头。共有 13 块大小为 4008 像素×2672 像素的 CCD 面阵传感器担负感光的责任，

图 8-8 UltraCam-D 数字航摄仪

其中9个为全色波段,另外四个为R、G、B和近红外波段。

与DMC数字航摄仪不一样的是,UltraCam-D全色波段使用的4个镜头采取的是直线对齐的方式,包括1个主镜头和3个附属镜头,9块CCD传感器分别排列在4个镜头后,负责对拼接影像的9个区域感光。执行航摄任务时,全色波段相机镜头的安置方向与航线方向保持一致,如图8-9所示。当相机拍摄时,由计算机控制4个镜头的快门在同一地点上方依次开启曝光,即首先1号镜头开始曝光,当2号镜头到达同一位置时开始曝光,3号、4号镜头也在到达同一位置时才开始曝光,这样拼接起来的影像就相当于具有相同摄影中心的中心投影影像,相对于DMC的虚拟投影中心而言从理论讲更严密。4个镜头中的3号镜头是主镜头,对应着拼接影像四角的4块CCD面阵,决定了拼接影像具有稳定、刚性的几何特性。由于主镜头获取了四角影像,再利用9个CCD面阵影像之间的同名点,利用内插法可生成11500像素×7500像素的全色波段影像,如图8-10所示。UltraCam-D的曝光间隔小于1s,最短可达0.75s,为高航向重叠提供了可能。

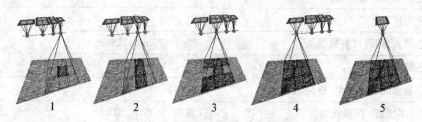

图8-9 UltraCam-D成像过程示意图

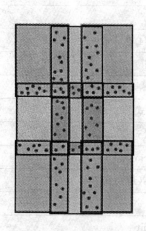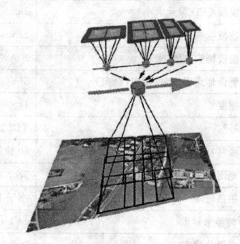

图8-10 UltraCam-D影像拼接示意图

UltraCam-D 影像拼接采用的是内含法，相对于 DMC 采用的外扩法更加稳定可靠。DMC 的 4 个全色镜头为倾斜摄影，外扩法形成的合成影像中间分辨率最好，四周相对较差，而 UltraCam-D 用内含法形成的合成影像中间和四周是一致的。

表 8-3 简明列出了 UltraCam-D 数字航摄仪的主要性能参数。

表 8-3　　　　　　　　UltraCam-D 相机主要性能参数

影像产品特点	
影像画幅	相当于 23cm×15cm 的胶片画幅
影像数据格式	TIFF,JPEG,Tiled TIFF
相机传感器部分参数	
全色单一 CCD 面阵大小	4008 像素×2672 像素
全色波段影像大小	11500 像素×7500 像素
全色波段 CCD 像元大小	$9\mu m$
焦平面尺寸	103.5mm×67.5mm
全色镜头焦距(可更换镜头)	100mm(75mm,125mm)
全色镜头光圈	$F=1/5.6$
全色影像底点视场角,横向(纵向)	55°(37°)
彩色(多光谱)获取能力	4 波段,R、G、B、NIR
彩色波段影像大小	4008 像素×2672 像素
彩色波段 CCD 像元大小	$9\mu m$
彩色波段镜头焦距	28mm
彩色波段镜头光圈	$F=1/4.0$
彩色影像地点视场角,横向(纵向)	65°(46°)
快门速度	1/500～1/60s
像移补偿	TDI 方式
最大像移补偿能力	50 像素
最高地面点分辨率,500m 航高(300m)	5cm(3cm)
最小拍摄间隔	小于 1s(最快 0.75s)
A/D 转换采样率	14 bit
彩色光谱分辨率	>12 bit

8.1.4 国产 SWDC 系列数字航摄仪

SWDC 系列数字航空摄影仪是在国家测绘局、科技部中小企业创新基金的支持下,在刘先林院士的主持下,由中国测绘科学研究院、北京四维远见信息技术有限公司等多家单位联合开发研制的。该数字航空摄影仪的系列产品包括 SWDC-1(单镜头)、SWDC-2(双镜头)和 SWDC-4(4 镜头)几种类型,其中 4 镜头相机最适合航测生产使用,图 8-11 为 SWDC-4 数字航摄仪及其相关配套设备。

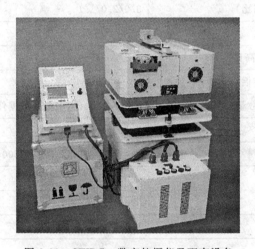

图 8-11　SWDC-4 数字航摄仪及配套设备

SWDC 系列产品的制作原理是基于多台非量测型相机。经过精密相机检校和拼接,集成测量型 GPS 接收机、数字罗盘、航空摄影控制系统、地面后处理系统,经多相机高精度拼接生成虚拟影像,以提供数字摄影测量数据源,是一种能够满足航空摄影规范要求的大面阵数字航空摄影仪。该系列产品的显著特点是:相机镜头可更换(3 组)、幅面大、视场角大、基高比大、高程精度高达(1/10000),能实现空中摄影自动定点曝光;通过精密 GPS 辅助"空三",可使航摄外业控制的工作量大大减少;产品具有较强的数据处理软件功能,可实现对所获取影像的准实时、高精度纠正与拼接。

下面以四镜头 SWDC-4 相机为例,给出其主要技术参数指标,见表 8-4。

表 8-4　　　　　　　　　　SWDC-4 的技术指标

焦距	35mm/50mm/80mm
畸变差	$<2\times10^{-6}$
像素大小	$6.8\mu m/9\mu m$
拼接后虚拟影像像元数	$13K\times11K/11K\times8K$
像元角(弧度)	$1/3888\mid1/5555\mid1/8888(9\times10^{-6}$ 时)
彩色/黑白	24bit RGB 真彩,无彩红外
旁向视场角 $2\omega y$	112°/91°/59°
旁向覆盖能力(宽高比)	3.0/2.0/1.1
航向视场角 $2\omega x$	95°/74°/49°
60% 重叠度时的基高比	0.87/0.59/0.31
数据存储器(数码伴侣)	40～100G
一次飞行可拍影像数量	850～1700(空中更换数据伴侣可加倍)
最短曝光间隔	3s
快门方式,曝光时间	中心镜间快门:1/320,1/500,1/800
光圈	最大 3.5
感光度(ISO)	50/100/200/400
影像文件大小	$1300M(9\times10^{-6}$ 时)

SWDC-4 相机的优越性还表现在如下方面：

(1) 可以更换镜头,以适应不同应用场合。SWDC-4 可更换 35mm、50mm、80mm 三种焦距,其 80mm 焦距的 SWDC-4 技术指标与进口数码相机几乎一样,而短焦距的 SWDC-4 可以用在有高程精度要求的场合和国家中小比例尺的地形图测绘。

(2) 短焦距的 SWDC-4 可以获得大的 GSD(像元的地面尺寸),即对于小的摄影比例尺,由于 SWDC 的角像元(CCD 尺寸除以焦距)比其他数码相机约大 1 倍,所以在同样的成图比例尺条件下(同样的 GSD 条件下),航高可以降低 1 倍,有利于争取飞行天气,加上数码相机可以调整感光度,在阴天、轻雾等天气条件下飞行,经过图像预处理也可以获得合格的影像。另外,短焦距的 SWDC-4 旁向视场角大(90°/110°),有利于航线数的减少。

(3) 接近方形的影像(11∶8)与传统照片形状相似,符合作业员习惯。

(4) 高程精度高。50mm/35mm 焦距的 SWDC-4 基高比大(0.59/0.8),有利于高程精度的提高。

(5) 具有按测区的匀光匀色处理功能。由于拼接影像的内部重叠度为 10%,大大高于其他数码相机,这就为拼接影像的色彩均衡提供了良好的基础,同时可对整个测区影像进行匀光匀色,有利于正射影像的制作。

(6) 直接的天然真彩色。SWDC 的彩色不是用融合彩色,而是 BAYER 彩色,它是在黑白的 CCD 上面蒙上一层品字形的阵列滤光片,然后通过算法恢复像元的 RGB 值,具有逼真度好的特点,特别是对植被(树林、农作物)影像,色彩表现自然。

(7) 内置双频 GPS 接收机,利用该接收机可实现高精度定点曝光,并记录曝光时刻的位置数据(投影中心精确坐标),为 GPS 辅助空三提供原始数据,可以大量节省外业控制点。

8.2 胶片航摄仪与数字航摄仪的比较

传统胶片航摄仪通过胶片获取地面影像信息,然后经过冲洗、扫描、数字测图等工序获得各种数字地图产品。采用胶片航摄仪进行航空摄影对天气情况有严格的要求,尤其是中小比例尺真彩色航空摄影,相对航高一般在 3000m 以上,即使在碧空条件下,胶片的色彩也不能还原到理想的情况。

随着计算机技术和传感器技术的发展,出现了大像幅数字航摄仪,它可为摄影测量直接提供数字影像。数字影像可以用计算机进行图像增强和色彩还原和纠正,相比胶片的摄影处理更加方便有效。

胶片航摄仪和数字航摄仪的差异主要体现在以下几个方面。

1. 影像获取方式

传统胶片航摄仪利用胶片感光来获取负片,数字航摄仪采用 CCD(charge coupled device,电荷耦合器件) 直接获得数字影像。一台数字航摄仪可同时获取全色、真彩色及彩红外数字影像,而传统胶片航摄仪一次飞行只能获得一种影像。不但如此,由于数字航摄仪不需要胶片,因此在航空摄影过程中,只要影像的记录速度和存储能力许可,可以在几乎不增加摄影成本的情况下大大提高摄影像片的重叠度。像片重叠度的提高可为后续处理中的正射影像制作和多片前方交会等打下良好的基础。图 8-12 表示胶片航摄仪和数字航摄仪在影像获取重叠度方面的差异,胶片航空摄影航向重叠一般为 60%,而数字航空摄影的航向重叠可达到 90% 左右。

CCD 是利用曝光时产生的电流强度来表示受到光照的强弱,其光学动态范围(相当于胶片的宽容度)就是 CCD 所能感受到最明亮和最微弱光线之间的范围。现代的电子技术和计算机技术使 CCD 的光学动态范围比胶片的宽容度要大;同时 CCD 传感器对曝光量的响应是线性的,而胶片的感光特性曲线则是非线性的;借助滤光片 CCD 可以将对红绿蓝光线的感应限定在理想的光谱范围,而彩色胶片光谱范围重叠较多,故 CCD 获得的影像更容易进行色彩还原。所以,使用 CCD 的数字航摄仪可以在较差的天气情况下,获得令人满意的影像,即数字航摄仪的影像获取能力较传统胶片航摄仪要强。

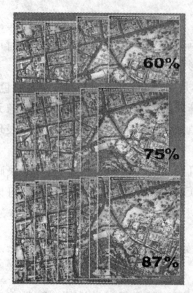

图 8-12　像片重叠度比较

数字航摄仪不但减少了冲洗、扫描等环节,也避免了影像扫描时的信息损失。因为,数字图像的计算机处理比胶片的摄影处理更加方便,且数字图像的复制是无损的,而晒印像片或底片扫描的过程都将带来噪声的增加和影像的损失,甚至还有几何变形。另外,采用 CCD 的数字航摄仪相对胶片航摄仪的另一个优势是不需要胶片压平装置。

2. 像移补偿(FMC,forward motion compensation)

航摄仪在低空拍摄时,由于飞机飞行速度很快,必须采用像移补偿装置来防止出现影像在飞行方向的模糊。胶片航摄仪的像移补偿方法是机械式的,使位于焦平面的胶片在曝光时以适当速度移动以获得清晰的影像。数字航摄仪一般采用 TDI 的像移补偿方式。我们知道,若快门时间足够短,则可以不用像移补偿,但由于受胶片感光度的限制,胶片需要足够的曝光时间,所以胶片航摄仪采用了机械式的像移补偿。数字航摄仪 CCD 的 TDI 方式相当于将多个在短时间内以极快快门速度拍摄的影像加上像点位移量后叠加在一起,同一像元的信号是从航向的多个 CCD 单元获得电流的累加获得,这样既消除了像点位移,又保证了具有足够的曝光量。

3. 像幅大小

胶片航摄仪的像幅大小为 23cm × 23cm，若使用 18μm 的扫描分辨率扫描（一般情况下，高于 18μm 的扫描分辨率扫描只会增加噪声，而不能提取更多的信息，少数大比例尺航片的扫描分辨率可能会达到 14μm），影像大小约为 12700 像素 × 12700 像素。框幅式数字航摄仪像幅一般是长方形的，如：DMC 影像大小为 13824 像素（旁向）× 7680 像素（航向），UCD 影像大小为 11500 像素（旁向）× 7500 像素（航向）。由此可以看出，胶片航摄仪、DMC、UCD 的旁向像素数量大体相当。若获取同样地面分辨率的影像，飞行效率相似（航线数接近）。但是航向若以相同重叠度，则框幅式数字航摄仪的基高比相对于胶片航摄仪要小，其高程精度要差一些。

总体而言，数字航空摄影比胶片航空摄影有明显的优势，主要表现在：

(1) 数字摄影直接以数字形式进行影像记录和后续处理，不需暗室及扫描操作，有利于全数字化流程处理。

(2) 数字传感器可以以 12 位或 16 位的辐射量进行影像记录，影像信息量更加丰富，可以更好地识别阴影中的地物特征和区别有微小颜色变化差异的区域。图 8-13 为在相同的摄影光照条件下，胶片摄影和数字摄影结果对影像上阴影中信息表现能力的差异。

(3) 数字传感器能够一次飞行获取多光谱影像，而光学胶片相机则需要多次飞行。

(4) 数字传感器与 POS 的集成设计，有利于测图过程中减少对地面控制点的要求，具有更好的几何精度。

(a) 胶片摄影　　　　　　　(b) 数字摄影

图 8-13　阴影中信息的表现能力差异

8.3 数字摄影测量系统的功能与产品

8.3.1 数字摄影测量系统概述

数字摄影测量系统(digital photogrammetry system,简称 DPS)又被称作为数字摄影测量工作站(digital photogrammetry workstation,简称 DPW),美国的摄影测量学者还习惯称之为软拷贝(softcopy)摄影测量工作站。

数字摄影测量系统的研制由来已久,有关它的发展历史在第3章已有所提及,这里不再重复。需要强调指出的是,随着数字摄影测量的迅速发展,数字摄影测量工作站得到了愈来愈广泛的应用,它的品种也越来越多。Heipke 教授曾就数字摄影测量工作站的发展作了一个很好的回顾与分析。他根据系统的功能、自动化的程度与价格,将国际市场上的 DPW 分为四类:第一类是自动化功能较强的多用途数字摄影测量工作站,由 Autometric、LH System、Z/I Imaging、Erdas、Inpho 与 Supresoft 等公司提供的产品即属于此类产品。第二类是较少自动化的数字摄影测量工作站,包括 DVP Geomatics,ISM,KLT Associates,R-Wel 及 3D Mapper,Espa Systems,Topol Software/Atlas 与 Racures 等公司提供的产品。第三类是遥感系统,由 ER Mapper,Matra,MircoImages,PCI Geomatics 与 Research Systems 等公司提供,大部分没有立体观测能力,主要用于生产正射影像。第四类是用于自动矢量数据获取的专用系统,包括 ETH 与 Inpho 等提供的产品。

在中国,适普(Supresoft)公司的 VirtuoZo 数字摄影测量工作站是根据 ISPRS 的前名誉会员、中国科学院前院士王之卓先生于 1978 年提出的"全数字自动测图系统"(fully digital automatic mapping system)方案进行研究、由武汉大学(原武汉测绘科技大学)张祖勋院士主持研究开发的成果。最初的 VirtuoZo SGI 工作站版本于 1994 年 9 月在澳大利亚黄金海岸(gold coast)推出,被认为是有许多创新特点的数字摄影测量工作站。1998 年由 Supresoft 推出其微机 NT 版本。另一套较为著名的数字摄影测量工作站是由中国测绘科学研究院刘先林院士主持开发的 JX4。

不管是国内还是国外开发的数字摄影测量工作站,DPW 实质上是一套人(作业员)与机(计算机)交互完成作业的系统。但到目前为止,无论是 DWP 的研究、开发者,还是 DPW 的使用者,大多数是将 DPW 作为一台摄影测量"仪器",用它来完成摄影测量的作业和生产。如果我们将 DPW 作为一个"人-机"协同的系统来进行思考,那么,基于 DPW 的作业模式与传统的摄影测量作业模式是有很大差别的。应该将 DPW 按一个"系统",而不是一台"仪器"来考虑其系统的结构与功能、系统的作业模式与产品以及系统的进一步发展。

需要说明的是,随着数字摄影测量技术及其相关科学与技术的快速发展,数字摄影测量系统的软硬件组成、系统结构、作业模式以及可能的产品及其表达形式都在不断的发展变化中。下面仅从传统数字摄影测量系统的角度简单介绍 DPS/DPW 的最基本软硬件组成、系统功能及其主要产品。

8.3.2 数字摄影测量系统的软硬件组成及主要功能

1. 硬件组成

数字摄影测量系统的硬件主要由计算机及其外部设备组成。其中计算机可以是个人计算机(PC)、集群计算机(多台个人计算机联网)、小型机或工作站。外部设备又可分为立体观测及操作控制设备与输入输出设备。

(1) 立体观测及操作控制设备。计算机显示屏可以配备为单屏幕或双屏幕,立体观测装置可以是以下四种类型之一:

① 红绿眼镜。
② 立体反光镜。
③ 闪闭式液晶眼镜。
④ 偏振光眼镜。

操作控制设备可以是以下三种方法之一:

① 手轮、脚盘与普通鼠标。
② 三维鼠标与普通鼠标。
③ 普通鼠标。

(2) 输入输出设备。输入设备主要指影像数字化仪(扫描仪),输出设备主要包括矢量绘图仪和栅格绘图仪等。

2. 软件组成

数字摄影测量系统的软件主要由数字影像处理软件、解析摄影测量软件、模式识别软件及辅助功能软件等组成。

(1) 数字影像处理软件主要包括:影像旋转、影像滤波、影像增强、特征提取等。

(2) 解析摄影测量软件主要包括:定向参数计算、空中三角测量解算、核线关系解算、坐标计算与变换、数值内插、数字微分纠正、投影变换等。

(3) 模式识别软件主要包括:特征识别与定位(包括框标的识别与定位)、影像匹配(同名点、线与面的识别)、目标识别等。

(4) 辅助功能软件主要包括:数据输入输出、数据格式转换、注记、图廓整饰、质量报告、人机交互等。

3. 主要功能

大多数的数字摄影测量系统应具备以下基本功能：

(1) 影像数字化

利用高精度影像数字化仪(扫描仪)将像片(负片或正片)转化为数字影像。

(2) 影像预处理

大多数系统有一些基本的影像处理功能，包括反差增强、色彩调整、直方图变换、几何变换等，少数系统还有更强的影像处理功能。

(3) 坐标量测

包括基于单像的量测、基于双像的立体量测和基于多影像间匹配的交互量测。

(4) 影像定向

包括内定向、相对定向和绝对定向。

(5) 自动空中三角测量

包括自动内定向、连续相对的自动相对定向、自动选点、自动转点、模型连接、航带构成、构建自由网、自由网平差、粗差剔除、控制点半自动量测与区域网平差解算等。进一步地还应包括 GPS 辅助空中三角测量的功能。

(6) 构成核线影像

按照核线关系，将影像的灰度沿核线方向予以重新排列，构成核线影像对，以便立体观测及将二维影像匹配转化为一维影像匹配。

(7) 影像匹配

进行密集点的影像匹配，以便建立数字地面模型。

(8) 建立数字地面模型及其编辑

由密集点影像匹配的结果与定向元素计算同名点的地面坐标，然后内插格网点高程，建立矩形格网 DEM 或直接构建 TIN。

(9) 自动绘制等高线

基于矩形格网 DEM 或 TIN 跟踪等高线。其他功能包括断面图、体积等的派生计算与可视化。

(10) 制作正射影像

基于矩形格网 DEM 与数字微分纠正原理，制作正射影像。

(11) 正射影像镶嵌与修补

根据相邻正射影像重叠部分的差异，对相邻正射影像进行几何与色彩或灰度的调整，以达到无缝镶嵌。对正射影像上遮挡或异常的部分，用邻近的影像块或适当的纹理代替。

(12) 数字测图

基于数字影像的机助量测、矢量编辑、符号化表达与注记。单像测图，通常是指利用影像,特别是正射影像作为背景来进行特征提取与向量更新,不需要利用数字高程模型确定高程。

(13) 制作影像地图

矢量数据、等高线与正射影像叠加,制作影像图地图。

(14) 制作透视图、景观图

根据透视变换原理与 DEM 制作透视图,将正射影像叠加到 DEM 透视图上制作真实三维景观图。

(15) 制作立体匹配片

根据 DEM 引入视差,由正射影像制作立体匹配片,或者由原始影像制作立体匹配片。

(16) GIS 功能

包括栅格与矢量数据的叠合,基于栅格和矢量数据的空间分析和可视化表达,特别是地形的三维显示(正射影像叠置在数字高程模型上)。

(17) 近景摄影测量功能

非量测型相机的数据处理、序列影像的获取与分析等。

(18) 遥感功能

主要包括多光谱影像分类、影像配准、变化检测等。

8.3.3 数字摄影测量系统的作业模式及主要产品

1. 作业模式

原则上,数字摄影测量工作站是对影像进行自动化量测与识别的系统。数字摄影测量工作站的自动化功能可分为:

① 半自动(semi-automatic)模式,它是在人、机交互状态下进行工作;

② 自动(automated)模式,它需要作业员事先定义,输入各种参数,以确保其完成操作的质量;

③ 全自动(full-automated)模式,它完全独立于作业员的干预。

目前数字摄影测量工作站所具有的全自动模式功能还不多,一般还处在半自动与自动模式之间。而自动工作模式所需要的质量控制参数的输入,取决于作业员的经验。因此,在运行数字摄影测量工作站的自动工作模式时,所需要输入参数的多少、对作业员所需经验的多少,应该是衡量数字摄影测量工作站是否强健(robust)的一个重要指标。一个好的自动化系统应该具备的条件是:所需参数少,系统对参数不敏感。目前,不少数字摄影测量工作站实质上是一台用于处理数字影像的解析测图仪,基本操作以人工为主。从发展的角度而言,这一类数字摄影测量工作站不能属于真正意义上的数字摄影测量的范畴。因为数字摄影测量与解析摄影测量之间的本质差别，不仅仅在于是否能处理数字影像，最重要的是应该考察其是否将数字摄影测量与计算机科学中的数字图像处理、模式识别、计算机视觉等密切地结合在一起，将摄影测量的基本操作不断地实现半自动化、自动化，这是数字摄影测量的本质所在。例如影像的定向、空中三角测量、DEM 的采集、正射影像的生成，以及地物测绘的半自动化与自动化，使它们变得愈来愈容易操作。对于一个操作人员而言，这些基本操作似乎是一个"黑匣子"，他们并不一定需要摄影测量专业理论的培训。只有这样，数字摄影测量才能获得前所未有的广泛应用。

就目前而言，数字摄影测量仍处在发展之中，对影像物理信息的自动提取——自动识别方面的研究还很不完善，即使是对影像几何信息的自动提取——自动量测，也还存在许多需要研究与解决的问题，因此，在现阶段其作业方式只可能是自动、半自动及人工操作三种方式相结合。

(1) 自动化与人工干预

在自动化作业状态下"作业"，应无须任何人工干预。系统无法处理的问题应自动记录下来留给人工进行后处理，而不能因此使整个系统停止工作去等待人工干预，系统应能继续正常地运行下去。人工干预应是自动化处理的"预处理"与"后处理"。这就意味着：自动化的作业过程与人工干预不是一个交互的过程，而是分开来的两个部分。人工干预作为自动化系统的"预处理"与"后处理"，以交互方式为自动化作业做准备及处理善后工作，如必要的数据准备、必要的辅助量测工作及处理自动化过程所残留的尚无法解决的问题等。按此策略设计的数字摄影测量工作站，虽还需要"人工干预"，但它采用批处理方式，能充分发挥系统的效率。

(2) 人工干预与半自动化

在数字摄影测量工作站中，人工的干预不应和模拟测图与解析测图中的相同，即完全由人工控制，而应尽可能地达到半自动化。即在大多数情况下，只需作业人员给出一些简单的"指示"、或概略位置、或近似值，系统就能自动地处理。此时虽然不是自动化地进行处理，仍然属于半自动化，但这种半自动化比起解析测图与计算机辅助测图(数字测图)中的半自动化，其自动化的程度则更进了一步。特别需要指出的是，在数字摄影测量工作站中，大部分的人工干预与半自动化的处理，依然是借助于影像匹配来代替人眼的立体观测及借助于特征提取与定位来代替人工的实时量测。

2. 主要产品

数字摄影测量工作站的产品从内容到形式都很丰富，而且，随着数字摄影测量工作站处理功能的不断增强，其应用领域的不断扩大，以及各应用领域对产品内容和表达形式的特殊要求的变化，其产品只会越来越丰富。就目前而言，数字摄影测量工作站的产品主要包括三大类:影像产品、点和矢量产品、影像和矢量相结合的产品。

(1) 影像产品

影像产品主要包括:

① 原始影像镶嵌图。

② 纠正影像及其镶嵌图。

③ 数字正射影像(DOM)及其镶嵌图。

④ 正射影像立体匹配片。

⑤ 真正射影像及其镶嵌图。

(2) 点和矢量产品

点和矢量产品主要包括:

① 影像定向参数及加密点坐标,主要为空三加密的结果。

② 数字高程模型(DEM),包括断面图、立体透视图。

③ 数字表面模型(DSM)。

④ 数字线画地图(DLG),包括平面图、等高线图、地形图和各种专题图等。

⑤ 三维目标模型(矢量形式)。

以上所说的数字高程模型(DEM)、数字正射影像(DOM)、数字线画地图(DLG)及数字栅格地图(DRG)构成了俗称"4D"产品的主要内容,如图8-14所示。

(a) 数字高程模型(DEM)

(b) 数字正射影像(DOM)

(c) 数字线画地图(DLG)

(d) 数字栅格地图(DRG)

图 8-14 数字摄影测量 4D 产品

(3) 影像和矢量相结合的产品

影像和矢量相结合的产品主要包括：

① 影像地形图，即将等高线套合到正射影像上的结果。

② 立体景观图。

③ 带纹理贴面的三维目标模型。

除了上述主要产品外，还有各种可视化的立体模型。各种工程设计所需的三维信息，各种信息系统、数据库所需的空间信息等都属于数字摄影测量工作站产品的范畴。

8.4 数字摄影测量系统简介

数字摄影测量系统的任务是基于数字影像或数字化影像完成摄影测量作业。按照瑞士苏黎世联邦理工大学 Grun 教授的统计，截至 1996 年 7 月，已有 18 个商用数字摄影测量系统问世。表 8-5 列出其中比较有代表性的 8 个系统的有关信息。

表 8-5　　　　　　　　　部分数字摄影测量系统简介

	公司	系统	计算机	主要功能	推出时间	影像类型
1	Leica / Helava	DPW670 DPW770	SUN	OR、AT、DTM、TIN、OP、DM、VI、OM、SCA、DAT	1994 年	框幅式 卫星影像
2	Intergraph	InterMAP 6887 ImageStation	Intergraph Workstation	OR、AT、DTM、TIN、OP、DM、VI、OM、SCA、DAT	1989 年	框幅式 SPOT
3	Zeiss	PHODIS AT, ST	SGI	OR、AT、DTM、TIN、OP、DM、SCA、DAT、MAP、OM、GIS	1992 年	框幅式
4	Vision Int'l	Softplotter	SGI	OR、AT、DTM、TIN、IP、OP、DM	1994 年	框幅式 SPOT
5	VirtuoZo Inc.	VirtuoZo	SGI	OR、DTM、OP、TIN、VI、DM	1992 年	框幅式 SPOT
6	INPHO	MATCH-T, AT	SGI	OR、DTM、DAT、GPS	1993 年	框幅式
7	DAT/ EM	Digitus	Various	OR、AT、OP、DM	1993 年	框幅式
8	ERDAS/ Automatic	Orthomax	SUN SGI	AT、DM、DTM、OP、OR、IP、RS	1992 年	框幅式 SPOT

进入2000年后,随着计算机科学与技术、网络与通信技术、新型高分辨率遥感影像获取和处理技术、全球定位与定向系统(POS)技术、机载激光雷达(Lidar)技术等的快速发展以及与数字摄影测量系统的高度集成,特别是数字航空摄影机与非量测型数字相机的广泛应用,使数字摄影测量系统的体系结构和系统功能又得到进一步的发展。目前的数字摄影测量系统功能已经远远超出了传统解析测图仪的功能,并且已经融合了遥感图像处理以及地理信息系统的绝大多数功能,甚至很难再称之为"数字摄影测量系统"了。

鉴于当代数字摄影测量系统的体系结构和系统功能还在不断的发展和完善之中,下面仅简要介绍几种典型的传统数字摄影测量系统。

8.4.1 Helava 数字摄影测量系统

由 Leica 公司经销的 Helava 数字摄影测量系统如图 8-15 所示。其硬件系统包括:

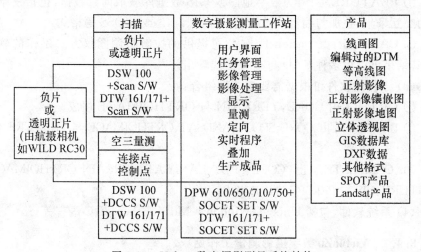

图 8-15 Helava 数字摄影测量系统结构

(1) 用于扫描与空中三角测量的数字扫描工作站 DSW100(digital scanning workstation),它由 Helava 扫描仪和 STEP486e 以及影像处理器等组成。Helava 扫描仪的量测分辨率为 1μm,精度高于 3μm,最大扫描速度为 35mm/s,像元尺寸为 8~75μm,可进行彩色扫描。配备两个 CCD 摄像机,可同时获取两个不同分辨率的影像。

(2) 数字摄影测量工作站。有 3 种型号,分别是 DPW610/710,DPW650/750 与 DPW161/171,DPW610 与 DPW710 采用 STEP486e 微机,采用偏振光进行立体观

测。DPW650/750 使用 SUN SPARC 工作站,而 DTW 则是 DPW 与 DSW 相结合的产物,即 DTW161 = DSW100 + DPW610,DTW171 = DSW100 + DPW710。

软件系统包括以下模块:

(1)SCAN 与 DCCS 模块。该模块在 DSW100,DTW161 及 DTW171 上运行,分别进行扫描与点的量测任务。

(2)工作站软件包 SDCET SET。其主要模块如下:

① CORE:所有的工作站必须配置的模块,管理所有的基本摄影测量操作,如任务管理、影像管理与处理、定向、显示、实时程序、影像叠加与量测等。

② SPOT:SPOT 影像的输入与处理。

③ LANDSAT:Landsat 影像的输入与处理。

④ TERRAIN:采用分层松弛相关自动提取 DEM,通过交互编辑进行后处理。

⑤ ORTHOIMAGE:基于 DEM 计算正射影像与正射影像镶嵌图。

⑥ PERSPECTIVE:三维观察,单幅或以漫游或飞行方式的系列图的观察。

⑦ FEATURE/GIS:为数字地图或 GIS 数据库获取向量数据,包括三维特征的交互采集、叠加与编辑及转换成 DTED、DXF 或 MOSS 等格式。

⑧ CADMAP:由 Design Data 公司提供的按解析测图仪方式工作的软件包,其结果可以用多种 CAD 与 GIS 格式输出。

(3)工作站软件可根据需要有 3 种组合:

① ORTHO:由 CORE,TERRAIN 与 ORTHOIMAGE 组成。

② BASELINE:由 CORE、SPOT、LANDSAT、ORTHOIMAGE 与 FEATURE/GIS 组成。

③ COMPLETE:由 CORE、SPOT、LANDSAT、TERRAIN、ORTHOIMAGE、FEATURE/GIS 与 PERSPECTIVE 组成。

(4)系统软件,包括 Unix、X-Windows、Motif、Ethernet、C 语言等。

8.4.2 VirtuoZo 数字摄影测量工作站

数字摄影测量工作站 VirtuoZo 由武汉大学张祖勋院士主持研究开发。1985 年完成了 WuDAMS(Wuhan Digital Automatic Mapping System)1.0 版本,后与澳大利亚 Geonautics 公司合作,于 1994 年 9 月在澳大利亚黄金海岸正式推出了第一个商品化的 SGI 工作站版本,并将 WuDAMS 更名为 VirtuoZo。1998 年由适普公司(Supresoft)推出其微机 NT 版本。

VirtuoZo 全数字摄影测量系统是一个功能齐全、高度自动化的现代摄影测量系统,能完成从自动空中三角测量(AAT)到测绘各种比例尺数字线画地图

(DLG)、数字高程模型(DEM)、数字正射影像图(DOM)和数字栅格地图(DRG)的生产。VirtuoZo NT 采用最先进的快速匹配算法确定同名点,匹配速度高达 500～1000 点/s,可处理航空影像、SPOT 影像、IKONOS 影像和近景影像等。VirtuoZo NT 不但能制作各种比例尺的测绘产品,也是 GPS、RS 与 GIS 集成、三维景观、城市建模和 GIS 空间数据采集等最强有力的操作平台。VirtuoZo 不但改变了我国传统的测绘模式,提高了生产效率,同时也在国民经济建设各部门得到了广泛的应用。

VirtuoZo 数字摄影测量工作站的外观如图 8-16 所示。

图 8-16 VirtuoZo 数字摄影测量工作站

VirtuoZo NT 系统具有以下特点:

(1) 自动化性能与工作站版本相当。能自动进行影像内定向、相对定向、相对纠正、影像匹配、建立数字高程模型(DEM)、绘制等高线、制作正射影像,可在屏幕上显示立体影像、景观图、透视图,对多个影像模型自动进行 DEM 拼接并给出精度信息与误差分布,对正射影像、等高线影像以及套合等高线的正射影像进行无缝镶嵌。

(2) 地物数字化功能与解析测图仪相当。利用计算机屏幕代替解析测图仪主机、用数字影像代替模拟像片、用数字光标代替光学测标,直接在计算机上进行地物数字化;手轮、脚盘的运动驱动立体模型的移动,收到与解析测图仪相同的效果。可以将量测的结果叠加在立体影像上,便于检查遗漏和所测地物的精度;可以从匹配产生的视差格网中内插出地物点的高程。

(3) 成本低。系统在微机上运行,其硬件价格大大低于工作站版本所需的工作站价格和解析测图仪的价格,不仅有利于生产单位购买使用,更有利于教学单位作为教学设备使用。

VirtuoZo NT 工作流程图如图 8-17 所示。

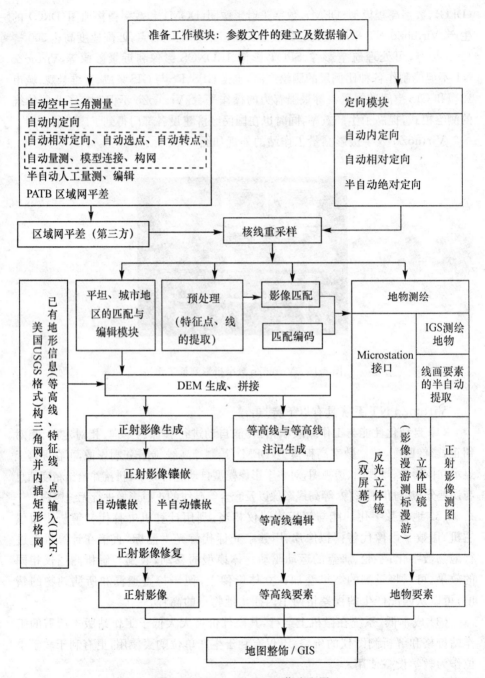

图 8-17 VirtuoZo NT 工作流程图

8.4.3 JX-4C 数字摄影测量工作站

JX-4C DPS 是由中国测绘科学研究院刘先林院士主持研制开发的一套半自动化的微机数字摄影测量工作站。该工作站结合生产单位的作业经验，主要用于各种比例尺的数字高程模型（DEM）、数字正射影像（DOM）、数字线画图（DLG）生产，是一套实用性强，人机交互功能好，有很强的产品质量控制的数字摄影测量工作站。

JX-4C 数字摄影测量工作站的外观如图 8-18 所示。

图 8-18 JX-4C 数字摄影测量工作站

JX-4C 数字摄影测量工作站具有以下特点：

（1）精度高。子像元级的观测平台保证向量测图可达到很高的精度；采用 TIN 的立体编辑生成特征线、特征点，使 DEM 精度高，等高线形态好；由于 DEM 精度高，加上正射纠正采用严密公式解算，使 DOM 达到很高的质量。

（2）JX-4C 采用 1024×768 高分辨率的 24bit 专业彩色立体图形图像漫游卡，双屏幕显示，使得系统处理立体影像时，立体影像清晰、稳定，具有不可比拟的优势。

（3）JX-4C 采用硬件漫游，并行数据传输，传输速率快，漫游速度快，且影像漫游非常平稳。

（4）JX-4C 在测大比例尺的矢量图时高程可达到很高精度，满足大比例尺规范要求。

（5）系统所用的数据格式都采用开放的国际常用的格式。

JX-4C 数字摄影测量工作站的软件配置如下：
① 3D 输入、3D 显示驱动模块。
② 全自动内定向、相对定向及半自动绝对定向模块。
③ 影像匹配模块。
④ 核线纠正及重采样模块。
⑤ TIN 及 DEM 立体编辑模块。
⑥ 自动生成 DEM 及 DEM 拼接模块。
⑦ 自动生成等高线模块。
⑧ 自动生成 DOM 及 DOM 无缝镶嵌模块。
⑨ 整体批处理模块(内定向、相对定向、核线重采样、DEM 及 DOM 等)。
⑩ 等高线与立体影像套合及编辑模块。
⑪ 向量测图模块。
⑫ 地图符号生成器模块。
⑬ 栅格地图修测模块。
⑭ Microstation 实时联机测图接口软件和数据转换模块。
⑮ AutoCAD 实时联机测图接口模块。
⑯ ArcGIS 实时联机测图接口模块。
⑰ 由 TIN 生成正射影像模块。
⑱ 空三加密数据导入模块。
⑲ 投影中心参数直接安置模块。
⑳ 三维立体景观图模块。
㉑ 影像处理 ImageShop 模块。
㉒ 数据转换和 DEM 裁切等多个实用小工具软件。

8.5 基于网格的全数字摄影测量系统

由于高性能台式机的出现，摄影测量工作站有可能在硬件上使用基于多核 64 位 CPU 的刀片计算机，在软件上使用 64 位操作系统和 64 位高级语言 C++，以及能够作并行化的计算处理，这为摄影测量工作站从全数字化过渡到全自动化提供了基础。目前，数字摄影测量系统正在经历一场从数字摄影测量工作站(DPW)到数字摄影测量网格(DPGrid)的变革。

8.5.1 海量影像自动处理系统"像素工厂"简介

随着数码相机的广泛使用,影像数据量的膨胀已超越了普通计算机硬件的发展水平,迫切需要一种能够处理海量数据、进行并行计算和自动化生产高精度产品的新一代数字摄影测量系统。像素工厂(pixel factory,简称PF)是当今世界一流的遥感影像自动化处理系统,它集自动化、并行处理、多种影像兼容性、远程管理等特点于一身,通过机柜系统解决海量数据问题,大大缩短了数码相机影像处理的周期,代表了当前摄影测量与遥感影像数据处理技术的发展方向,主要用于地形图测绘、城市规划、城市环境变化监测等。

1. 像素工厂系统概述

像素工厂这套系统是由法国的信息地球公司(INFOTERRA)研制开发的。INFOTERRA是欧洲航空防务与航天公司(EADS)的全资子公司。INFOTERRA的核心业务是地理数据的生产,它也是世界上最大的地理数据存储机构之一。

像素工厂是一套用于大型生产的遥感影像处理系统,有专门的硬件配置(优化的网络、计算机组、巨大的存量)和与该硬件结构对应的算法,能够进行并行计算,使生产效率大大提高。通过具有若干个强大计算能力的计算节点,输入数码影像、卫星影像或者传统光学扫描影像,在少量人工干预的条件下,经过一系列的自动化处理,输出包括DSM、DEM、正射影像和真正射影像等产品,并能生成一系列其他中间产品。

像素工厂系统具有4个用户界面:Main Window、Administrator Console、Information Console、Activity Window,所有的软件功能模块均内嵌在这4个界面的菜单中。目前,像素工厂在国内市场尚处于起步阶段,在法国、日本、美国、德国有许多成功的项目案例,在数码相机越来越流行的今天,该系统必将得到测绘领域越来越广泛的应用。

2. 像素工厂主要工作流程

像素工厂系统的数据处理是一个自动化的过程,可以对项目进度进行计划和安排,生产数字表面模型(DSM)和真正射影像(True Ortho)的内在工作流程如图8-19所示。

(1)导入数据。像素工厂可以处理不同传感器的数据源,如卫星影像(SPOT5,HRS,Aster,IKONOS,QuickBird,LandSat)、卫星雷达影像(ERS,Radarsat,SRTM)、数码航空遥感影像(ADS40,UCD,DMC)、传统胶片影像(RC30,RMK,LMK)等。

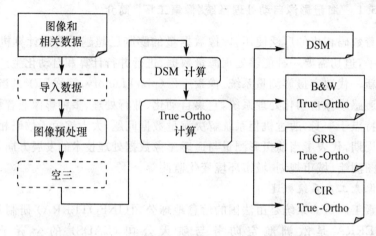

图 8-19 DSM 和真正射影像生产工作流程图

(2) 图像预处理。进行不同的校正(大气校正、辐射校正等)时,同时考虑所有的图像,整个操作过程中保证图像一致,这对制作真正射影像尤为有利。

(3) 空中三角测量。在航空摄影测量的飞机上装上惯性测量装置(IMU)和差分 GPS 接收机,就可以精确地知道飞机在任意时刻的姿态和位置。IMU/GPS 使得空中三角测量非常方便,甚至只需很少的地面控制点(GCP)就能完成精确的几何平差。

(4) 数字表面模型(DSM)计算。像素工厂能够在地面分辨率 25cm ~ 1m 范围内自动计算 DSM,不需要任何人工干预。虽然一些传统摄影测量系统提供自动计算 DSM 功能,但是在批量生产的工作流程中不太完整。

图像数据导入到像素工厂后,系统根据一定的算法创建立体像对,并将计算量分配到多个可用的节点上并行处理,加快影像自动匹配的速度。高程信息的可信度与相应图像处理的人工量不成任何比例关系,其质量是均匀的。

高程信息不仅仅反映了独立地物的高程,而且还考虑了所有地面物体(包括自然的和人工的建筑物、桥梁、植被等)的高程。只有 DSM 才能执行正射影像的真正射校正,得到保证图像任意点的几何精度的真正射影像。

(5) 真正射计算。真正射影像是基于数字表面模型(DSM)对高重叠度的遥感影像进行纠正而获得的。在城市区域较大的航片重叠度,能保证对某一较高建筑多视角立体匹配,获取此建筑物的周围信息,以满足生成真正射影像的需要。

像素工厂中正射校正是全自动化和分布式的,这样的处理用较少的时间和人力,就能垂直地看到地面和地面上方每个点(排除了建筑物倾斜)。而且,这种一次恢复算法避免了传统摄影测量中像片镶嵌和装饰的影响。

3. 与传统处理方法比较的优势

像素工厂与传统的数字摄影测量测图软件相比,其优点主要表现在如下几个方面:

(1) 像素工厂是目前世界上唯一能生产真正射影像的系统。若要生成真正射影像,影像需要较高的重叠度,以保证地面无遮挡现象。像素工厂是为数码相机技术而设计的,数码相机为提供大量冗余数据提供了可能,为生产真正射影像提供了条件,为三维城市建模提供了良好的数据源。

(2) 多种传感器的兼容性。像素工厂系统能够兼容当前市场上的主流传感器,可以处理如 ADS40、UCD、DMC 等数码影像,也能处理 RC30 等传统胶片扫描影像。因为像素工厂能够通过参数的调整来适应不同的传感器类型,只要获取相机参数并将其输入系统,像素工厂系统就能够识别并处理该传感器的图像,即像素工厂系统是与传感器类型无关的遥感影像处理系统。

(3) 并行计算和海量在线存储能力。通过并行计算技术,像素工厂系统能够同时处理多个海量数据的项目,系统根据不同项目的优先级自动安排和分配系统资源,使系统资源最大限度地得到利用。系统自动将大型任务划分为多个子任务,把这些子任务交给各个计算节点去执行,节点越多,可以接受的子任务越多,整个任务需要的处理时间就越少。因此,像素工厂系统能够提高生产效率,大大缩短整个工程的工期,使效益达到最大化。

同时,数据计算过程中会生成比初始数据更加大量的中间数据和结果数据,只有拥有海量的在线存储能力,才能保证工程连续自动地运行。像素工厂系统使用磁盘阵列实现海量的在线存储技术,并周期性地对数据进行备份,尽可能避免意外情况造成的数据丢失,确保了数据的安全。

(4) 自动处理功能。传统软件生产 DEM 和 DOM 是以像对为单位一个一个进行处理的,而像素工厂是将整个测区的影像一次性导入处理,在整个生产流程中,系统完全能够且尽可能多地实现自动处理。从空三解算到最终产品,系统根据计划自动将整个任务自动划分成多个子任务交给计算节点进行处理,最后自动整合得到整个测区的影像产品。通过自动化处理,大大减少了人工劳动,提高了工作效率。

(5) 开放式的系统构架。像素工厂系统是基于标准 J2EE 应用服务开发的系统,使用 XML 实现不同节点之间的交流和对话,在 XML 中嵌入数据、任务以及工作流等,支持跨平台管理,兼容 Linux、Unix、True64 和 Windows。像素工厂系统有外部访问功能,支持 Internet 网络连接(通过 http 协议、RMI 等),并可以通过 Internet(例如 VPN)对系统进行远程操作。可以通过 XML/PHP 接口整合任何第三方软件,辅助系统完成不同的数据处理任务。

4.像素工厂的不足

当然,就目前而言,像素工厂也存在一些不足,主要表现在:

(1) 像素工厂的自动处理需要一些前提条件。像素工厂处理航空影像需要提供 POS 和 GPS 数据,以及适量的地面控制点。如果航空影像不带有 POS 和 GPS 数据,只有地面控制点,则像素工厂就需要使用其他软件进行空三解算,使用其结果进行后续的处理任务,且目前仅支持北美的 Bingo、海拉瓦的 Orima 软件的空三结果,国内 VirtuoZo 和 JX4 需要再转换。

(2) 像素工厂只是影像处理软件,只能生产 DSM/DEM/DOM/TRUE ORTHO 以及等高线,不是测图软件,因此如果做 DLG 等矢量图,只能使用其他测图软件完成。

(3) 像素工厂系统庞大复杂,需要操作人员有较高的技术水平和一定的生产经验。

8.5.2 数字摄影测量网格 DPGrid 简介

摄影测量经历了三个发展阶段,由模拟摄影测量,经解析摄影测量发展到今天的数字摄影测量时代,实现了摄影测量的完全计算机化,由计算机+相应的摄影测量软件构成的摄影测量工作站(DPW),将全部摄影测量的功能用软件实现,替代了传统的全部的各种精密光学、机械(+计算机)的摄影测量仪器。为此,在 20 世纪 90 年代初,数字摄影测量曾被称为"软拷贝"摄影测量(soft photogrammetry)。如果说数字摄影测量是将计算机完全替代了摄影测量仪器,那么 DPGrid 则是进一步将网络技术引进了摄影测量。

DPGrid 的基本特点是,引入了数字摄影测量发展的新的理论研究成果,使数字摄影测量具有更高的自动化能力;将计算机网络、集群处理的发展引入了数字摄影测量;将摄影测量自动化与人机交互完全分开,使摄影测量具有更高的生产效率。DPGrid 由两部分组成:

(1) 自动化部分:基于刀片机(blade)的集成处理系统。

(2) 人工处理部分:基于网络、全无缝测图系统(DPGrid.$_{SLM}$)。

GDPGrid 同样也将摄影测量的生产分为两部分:

(1) 刀片机的集成处理系统完成诸如全自动的空中三角测量,DSM 的生成,正射影像图的生成。

(2) 由 DPGrid.$_{SLM}$ 实现全无缝测图。

1. 基于刀片机的集成处理系统

图 8-20 所示为武汉大学研制开发的基于刀片机的集成处理系统。图 8-20(a) 为系统的全貌图;图 8-20(b) 为刀片机系统;图 8-20(c) 是刀片机集成处理系统结构图。刀片机由 PC 机作为主控进行集群处理。目前,该系统由 20 个刀片、5T 的磁盘阵列和 4 台 PC 机组成。

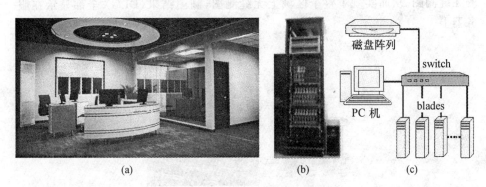

图 8-20　基于刀片机的集群处理系统

2. 基于网络的全无缝测图系统(DPGrid.$_{SLM}$)

图 8-21 是基于网络的全无缝测图系统(DPGrid.$_{SLM}$)示意图,其中图 8-21(a) 是系统结构示意图,图 8-21(b) 是该系统用于实际测图生产项目的情况。

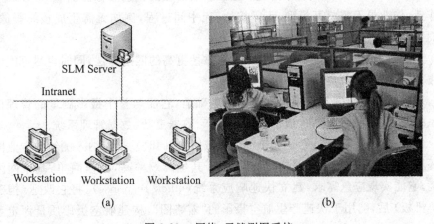

图 8-21　网络、无缝测图系统

图 8-22 是 DPGrid.$_{SLM}$ 的流程。按生产单位的实际情况（测图的作业员人数、测图工作站的台数、测图区域的大小）对基于 DPGrid 的空中三角测量结果生成的影像叠拼图（或正射影像图）进行分区（如图将区域分为相互之间有一定的重叠的两个分区），将分区内的原始影像与区域网空三的结果，由服务器分发到无缝测图工作站。作业员从一个模型可以无缝地进入下个模型进行模型间的无缝测图。在作业员之间的重叠部分，它们之间是互相"透明"的，保证了作业员之间的无缝测图。从而实现了整个区域上无缝测图，测图结果（DLG）全部显示在服务器上。

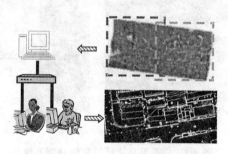

图 8-22 网络、无缝测图系统流程

3. 系统的特点

基于网格的数字摄影测量系统比传统的数字摄影测量工作站具有更抽象、更简单、更单纯的特点。在一般情况下，人工只需编制"工程文件"，量测控制点，系统就能进行全自动空中三角测量，直接生成区域的正射影像图。在 DPGrid.$_{SLM}$ 中作业，作业员无需打开模型、无需接边；无中间过程，例如无需生成核线影像，从而也能节省存储空间。

系统效率更高。系统不仅仅引入了可靠性更高的匹配算法，同时也尽可能地减去中间流程，作业员的操作简单、重复。

新一代的摄影测量系统建立在网络基础上，它能与整个摄影测量的管理信息系统（MIS）连接起来，构成摄影测量生产、数据更新、数据管理系统。

作为一个生产单位，它是基于一个局域网络，同时它也能纳入测绘的专业网络环境，实现摄影测量的"网格"计算。由于其生产效率高，操作简单，基于网络环境，它能实现应急需求，建立快速响应系统（quick response）。将它改造（构建为单机板）后，能用于快速产生航空摄影的"缩略图"，构建航空摄影质量评定系统。

本章思考题

1. 简述数字航空相机 ADS40、DMC、UCD 和 SWDC 各自的特点。
2. 试比较数字航空相机与传统胶片航空相机各自的优缺点。
3. 数字摄影测量工作站的主要硬件和软件组成是什么？
4. 数字摄影测量工作站有哪些主要功能？
5. 数字摄影测量工作站的主要产品是什么？
6. VirtuoZo 全数字自动化测图系统的软件功能模块有哪些？试绘出其软件框图。
7. 就目前而言，全数字自动化测图还存在什么困难？你对解决这一问题有何看法？
8. 简述海量影像自动处理系统"像素工厂"的主要特点及其功能。
9. 简述基于网格的新一代数字摄影测量系统 DPGrid 的主要特点。

第9章 高分辨率遥感卫星影像及其应用

高分辨率遥感图像一般是指遥感图像的空间分辨率小于5m。按照这个标准，1999年发射的IKONOS卫星应该是高分辨率遥感的先河。在不到5年的时间里，先后有多颗高分辨率卫星升空，并且运行良好。如2001年发射的QuickBird卫星，2002年发射的SPOT-5卫星等，并且还有一系列高分辨率卫星即将发射。所有这些表明一个新的遥感技术时代——高分辨率遥感卫星时代已经向我们走来。

高分辨率遥感能精细地描述地面目标的细部特征，甚至达到对地面目标写真的程度，它改变了人们对传统航天遥感的认识：宏观性和不确定性。它的出现不是简单意义上的应用领域的拓展，而是真正使遥感技术从定性走向定量、从宏观走向微观，这不能不算是空间对地观测领域的一次飞跃，同时也为"数字地球"提供了重要的技术支撑。遥感图像应用于地图的测绘和GIS基础信息的获取已成为可能。

然而，由于大多数高分辨率遥感卫星的传感器与常规的框幅式光学摄影机在成像几何方面存在较大甚至是本质的差别，使得前面介绍的针对框幅式航空像片的几何处理模型不能直接应用于航天遥感图像。尽管如此，摄影测量解决几何定位问题的方法，例如用三点共线方程描述像点、传感器与相应物点的关系，从而由像点解求物点坐标，依据立体影像的特征（如灰度值、边缘）进行同名像点量测等，仍然可以应用于遥感图像，而只需要根据不同传感器的成像机理修改常规的数学模型。因此，摄影测量方法是遥感图像几何处理的必要手段。为此，本章首先对以线阵列CCD传感器为代表的遥感图像成像机理及其几何处理作简要介绍，然后介绍高分辨率遥感图像的若干应用。

9.1 卫星影像制图概述

9.1.1 卫星影像制图的目的和意义

地图资料陈旧是长期以来世界各国普遍存在的问题。卫星影像的出现和卫星影像制图的发展为解决地图资料现势性问题打开了新局面。随着遥感技术的发展,遥感器的分辨率越来越高,遥感影像所包含的信息也越来越丰富,利用遥感影像进行空间信息更新及测制地形图发挥着越来越重要的作用。卫星遥感数据已经普遍地应用于制作卫星影像地图、专题地图,更新和修编普通地图、航空图和地形图,以及制作浅海地区海图等。表 9-1 列出了不同比例尺地形图对遥感图像地面分辨率的需求。另外,几种典型卫星影像分辨率与成图比例尺的关系如表 9-2 所示。

表 9-1　　不同比例尺地形图对遥感影像地面分辨率的需求

制图比例尺	1∶25 万	1∶5 万	1∶2.5 万	1∶1 万	1∶5000
测绘制图需求 /m		3～5	2	0.8～1	0.4～0.5
更新图件需求 /m	20～30	5～10	3～5	2	约 1

表 9-2　　卫星影像分辨率与成图比例尺的关系

卫星影像名称	分辨率 /m	按规范规定最大成图比例尺	仅用于一般判读的成图比例尺
MSS	79	1∶50 万	1∶25 万
TM	30	1∶10 万	1∶5 万
SPOT 1-4	20,10	1∶5 万	1∶2.5 万
SPOT -5	10,2.5	1∶2.5 万	1∶1 万
IKONOS	4,1	1∶1 万	1∶5000
Quick Bird	2.44,0.61	1∶5000	1∶2000

为了用于 1∶10 万及更大比例尺的测图,对空间遥感最基本的要求是其空间分辨率和立体成像能力,表 9-3 列出了几种具备这一能力的卫星系统。特别值得一提的是,美国成功发射的 IKONOS-2 卫星和快鸟卫星开辟了高空间分辨率商业卫星的新纪元。

表 9-3　　几种现有制图卫星系统

卫星系统	发射者	发射时间	扫描宽度/km	分辨率/m	立体模式
Spot1-4	Spot Image	1986,1990,1998	60	10 Pan	异轨
IRS 1 C/D	ISRO	1995,1997	70	5.8 Pan	异轨
KFA-1 000	RKK	Resours-F1	66～105	5	单像/立体
KVR-1 000	RKK	空间站	22	2	单像/立体
KVR-3 000	RKK	空间站	5	0.5	单像/立体
MOMS/02-P	DLR	1996	37	6	同轨三线阵
IKONOS 2	Space Imaging	1999	11.3	0.82	同轨
Quick Bird	Earth Watch	2001	22	0.61	同轨
Orbview3	Orbimage	1999	8	1	同轨
Orbview4	Orbimage	2000	8	1～2	同轨
Eros B	West Indian Space	1999	13.5	1.3	同轨
Spot 5	Spot Image	2001	60	2.5	同轨/异轨
CartoSat-1	ISRO	2005	30	2.5	同轨二线阵
ALOS(PRISM)	JAXA	2006	35	2.5 Pan	同轨三线阵

卫星影像制图的目的和意义主要表现在以下几个方面。

1. 加强地图资料的现势性

地图资料陈旧是当前世界各国普遍存在的问题。由于传统测图大多依赖于航空摄影资料，使问题长期不能得到有效解决，卫星遥感数据则是解决地图现势性的可靠资料。用这种资料绘制或修测地图，将是从根本上改变地图资料陈旧状况的有效手段。

2. 缩短地图成图周期

卫星遥感制图技术的日益发展，为快速成图和地图更新开辟了一条崭新的途径，现在已有可能在几周，甚至几天内编制一幅具有全新内容的地图。

3. 降低地图生产成本

卫星遥感制图能有效地降低成本，这对于大规模地图生产具有重要意义。利用航空摄影资料来更新地图所耗费的人力、物力和财力都是相当可观的，而卫星遥感制图的成本要低廉得多。

4. 军事意义突出

卫星遥感制图具有突出的军事意义。因为它不受国界、境域和海域的限制，因而能监视和跟踪重要军事目标，能实时、重复地收集地面信息，是目前现势性最强的军事测绘与情报资料。

9.1.2 卫星影像制图的优缺点

1. 卫星遥感影像更新信息的优越性

(1) 使用卫星遥感数据修测地图,比常规方法大大缩短了时间。

(2) 在测图或更新修测地图的作业中使用卫星像片要比使用航空像片的数量大大减少,从而大量地避免了烦琐重复的像片处理工作,同时降低了成本。

(3) 卫星遥感制图使用的图像资料标准一致,规格统一,是短时间在相同的条件下获得的,能保障地图产品在内容上的协调和作业过程的统一。

2. 卫星遥感制图的主要缺点

(1) 因为高分辨率和高几何精度的卫星遥感数据是公开出售的,它涉及一个国家主权与国家安全,容易引起争端。目前技术先进的遥感卫星多是西方发达国家发射的,高分辨率卫星遥感数据的使用会受到某些限制。

(2) 卫星遥感影像应用往往受季节变化的影响。因为遥感数据记录的是地面状况,所以冬夏之间的差异明显。如果遥感数据的季节不统一,也会给测图工作带来麻烦。

9.2 几种典型的高分辨率遥感卫星系统

9.2.1 SPOT-5 卫星系统

SPOT-5 卫星于 2002 年 5 月 4 日由 Ariane 4 火箭从圭亚那航天发射中心将其成功送入太空。它采用倾角 98.7°、高 822km 的太阳同步轨道,重 3000kg,当地时间 10:30 左右通过赤道。SPOT-5 卫星由法国空间局(CNES)设计,与比利时和瑞典合作完成,设计寿命 5 年,是 SPOT 系列地球观测系统的最后一颗卫星,性能也最先进。

1. 传感器系统

SPOT-5 上除搭载高分辨率几何成像装置 HRG(high resolution geometric,起源于 SPOT4 的 HRVIR)和植被探测器(vegetation)外,新增了一套高分辨率立体成像装置 HRS(high resolution stereoscopic)。

HRG 装置由法国 THOMSON 公司制造的两条线阵 CCD 探测器构成,每条长 12 000 像元,CCD 器件的物理尺寸为 6.5μm×6.5μm,它们安置在同一焦平面上,并在飞行方向和线阵方向上分别交错半个像元排列。通常情况下,HRG 装置可获取 5m 分辨率的全色影像。为进一步提高分辨率,HRG 采用了一种新的成像模式——超级模式(supermode),可将地面分辨率提高到 2.5m,即所谓的"亚像元"技术。HRG 的成像条带保持以往 60km 的宽度,长度在 60km 到 80km 之间。SPOT-5 的传感器系统还集成了 3 条多光谱波段(G、R、NIR)和 1 条短波红外(SWIR)线阵 CCD 探测器,能分别获取 10m 分辨率的多光谱影像和 20m 分辨率的短波红外影像。

SPOT-5 在 SPOT-1 到 4 号卫星的基础上进一步提高了立体成像能力,可以获取同轨或异轨立体影像。HRG 装置通过侧摆可在不同轨道对同一地区成像,获取异轨立体;HRS 装置由前视、后视相机组成,相机的望远镜系统在轨道面内前后偏离铅垂线的夹角均为 20°。飞行期间,前视传感器首先对目标成像,90s 后后视相机对该地区第二次成像,因此 HRS 装置在同一轨道上几乎在同一时刻以同一辐射条件获取立体影像,避免了由于成像时间差过大引起的影像色调变化,便于后续的摄影测量处理。HRS 装置的线阵 CCD 探测器长 12 000 像素,工作在全色波段,影像的分辨率在飞行方向为 10m,线阵方向为 5m,立体覆盖面积为 600km×120km。HRS 装置获取的同轨立体影像的基高比可达 0.84,能更精确地测定卫星的位置和姿态,从而有效地提高了影像的定位精度。

为了进行比较,表 9-4 列出了 SPOT-1/2/3 星载高分辨率可见光传感器(HRV)、SPOT-4/5 星载高分辨率可见光-红外传感器(HRVIR)和 SPOT-4/5 植被传感器的主要特征参数。

表 9-4 　　　　　SPOT 卫星传感器的主要特征参数

SPOT-1/2/3 HRV 和 SPOT-4 HRVIR			SPOT-5 HRVIR			SPOT-4/5 植被传感器		
波段	光谱分辨率(μm)	星下点空间分辨率(m)	波段	光谱分辨率(μm)	星下点空间分辨率(m)	波段	光谱分辨率(μm)	星下点空间分辨率(km)
1	0.50～0.59	20×20	1	0.50～0.59	10×10	1	0.43～0.47	1.15×1.15
2	0.61～0.68	20×20	2	0.61～0.68	10×10	2	0.61～0.68	1.15×1.15
3	0.79～0.89	20×20	3	0.79～0.89	10×10	3	0.78～0.89	1.15×1.15
全色	0.51～0.73	10×10	全色	0.51～0.73	10×10			
SWIR	1.58～1.75	20×20	SWIR	1.58～1.75	20×20	SWIR	1.58～1.75	1.15×1.15
传感器	线阵列推扫式		线阵列推扫式			线阵列推扫式		
幅宽	60km±50.5°		60km±27°			2250km±50.5°		
数据传输率	25 Mb/s		50 Mb/s			50 Mb/s		
重访周期	26d		26d			1d		
轨道	822km,太阳同步		822km,太阳同步			822km,太阳同步		

2. 数据产品简介

SPOT-5 数据产品总体分为两类：SPOT Scene 产品和 SPOT View 产品。

（1）SPOT Scene 产品

① 1A 级产品。只经过辐射校正，基本是原始影像，适合专业人员进行正射纠正和提取 DEM。不考虑地形起伏的影响，1A 级产品的定位精度优于 50m。

② 1B 级产品。经过辐射校正和简单几何纠正，主要包括全景畸变、地球自转和曲率影响以及卫星高度变化造成的影像变形纠正，适合进行几何测量（距离、角度、面积）、像片解译和专题研究。不考虑地形起伏的影响，1B 级产品的定位精度优于 50m。

③ 2A 级产品。2A 级产品利用全球 1km×1km 间距的 DEM 经过几何纠正，并与标准的地图投影（UTM WGS84）相匹配，纠正过程没有用到地面控制点。重采样采用的数学模型以成像参数（卫星星历、姿态等）为基础，消除了影像的系统性畸变，并进行了地图投影（UTM WGS84）必需的几何变化。2A 级产品的定位精度优于 50m。

（2）SPOT View 产品

① 2B 级产品。2B 级产品是精确的地理参考产品，它按照指定的方式进行了地图投影，并利用地面控制点提高纠正的精度。几何纠正的重采样模型以卫星成像参数（卫星星历、姿态等）和地面控制点为基础，补偿了影像系统性畸变，并进行了标准地图投影（兰伯特等角投影，UTM，极地面投影，多圆锥投影等）必需的几何变换。2B 级产品的定位精度依赖于地面控制点的精度，在纠正平面上一般优于 30m。

② 3 级产品。3 级产品利用 DEM 纠正了地形起伏引起的残余视差，是具有地理参考的正射影像产品。几何纠正模型以卫星成像参数（星历、姿态等）、地面控制点和 DEM 为基础，补偿了影像的系统性畸变，并进行了标准地图投影（兰伯特等角投影，UTM，极地面投影，斜切赤道投影，多圆锥投影等）必需的几何变换。3 级产品的定位精度依赖于 DEM 和地面控制点的精度，如果 DEM 数据从全球地理参考数据库——Reference3D 中提取，定位精度可达到 15m。

9.2.2 IKONOS 卫星系统

IKONOS 是空间成像公司（Space Imaging）为满足高解析度和高精确度空间信息获取而设计制造，是全球首颗高分辨率商业遥感卫星。IKONOS 卫星由洛克希德-马丁公司（Lockheed Martin）制造，它采用太阳同步轨道，轨道倾角 98.1°，平均飞行高度 681km，轨道周期 98.3min，通过赤道的当地时间为上午

10:30，在地面上空平均飞行速度为 6.79km/s，卫星平台自身高 1.8m，直径 1.6m。卫星的设计寿命为 7 年。IKONOS-1 于 1999 年 4 月 27 日发射失败，同年 9 月 24 日，IKONOS-2 由 Athena II 火箭于加利福尼亚州的范登堡空军基地发射成功，紧接着于 10 月 12 日成功接收到第一幅影像。

1. 传感器系统

IKONOS 卫星的传感器系统由美国伊斯曼-柯达公司(Eastman Kodak)研制，包括一个 1m 分辨率的全色传感器和一个 4m 分辨率的多光谱传感器，其中的全色传感器由 13816 个 CCD 单元以线阵列排成，CCD 单元的物理尺寸为 $12\mu m \times 12\mu m$，多光谱传感器分 4 个波段，每个波段由 3454 个 CCD 单元组成。传感器光学系统的等效焦距为 10m，视场角(FOV)为 $0.931°$，因此当卫星在 681km 的高度飞行时，其星下点的地面分辨率在全色波段最高可达 0.82m，多光谱可达 3.28m，扫描宽度约为 11km。传感器可倾斜至 $26°$ 立体成像，平均地面分辨率为 1m 左右，此时扫描宽度约为 13km。IKONOS 的多光谱波段与 Landsat TM 的 1~4 波段大体相同，并且全部波段都具有 11 位的动态范围，从而使其影像包含更加丰富的信息。

IKONOS 卫星载有高性能的 GPS 接收机、恒星跟踪仪和激光陀螺。GPS 数据通过后处理可以提供较精确的轨道星历信息；恒星跟踪仪用以高精度确定卫星的姿态，其采样频率低；激光陀螺则可高频地测量成像期间卫星的姿态变化，短期内有很高的精度。恒星跟踪数据与激光陀螺数据通过卡尔曼滤波能提供成像期间卫星较精确的姿态信息。GPS 接收机、恒星跟踪仪和激光陀螺提供的较高精度的轨道星历和姿态信息，保证了在没有地面控制的情况下，IKONOS 卫星影像也能达到较高的地理定位精度。

与 Landsat 和 SPOT 1~4 卫星相比，IKONOS 卫星的成像方式更加灵活，其传感器系统采用独特的机械设计，可以十分灵活地以任意方位角成像，偏离正底点的摆动角甚至可达到 $60°$。IKONOS 卫星 $360°$ 的照准能力使其既可侧摆成像以获取异轨立体或缩短重访周期，也可通过沿轨道方向的前后摆动同轨立体成像，具有推扫、横扫成像的能力。

IKONOS 卫星能获取同轨立体影像。当卫星接近目标时，传感器光学系统先沿着轨道向前倾斜，照准目标区域并采集第一幅影像，接着控制系统操纵传感器向后摆动，大约 100s 后再次照准目标区并采集第二幅影像。由于 IKONOS 卫星利用单线阵 CCD 传感器，通过光学系统的前后摆动实现同轨立体成像，因此，相应的立体覆盖是不连续的。

IKONOS 卫星传感器的主要特征参数如表 9-5 所示。

表 9-5　IKONOS 卫星、OrbView-3 卫星和 Quickbird 卫星的传感器特征参数

Space Imaging 公司			ORBIMAGE 公司			Digital Globe 公司		
IKONOS			OrbView-3			Quickbird		
波段	光谱分辨率(μm)	星下点空间分辨率(m)	波段	光谱分辨率(μm)	星下点空间分辨率(m)	波段	光谱分辨率(μm)	星下点空间分辨率(km)
1	0.45~0.52	4×4	1	0.45~0.52	4×4	1	0.45~0.52	2.44×2.44
2	0.52~0.60	4×4	2	0.52~0.60	4×4	2	0.52~0.60	2.44×2.44
3	0.63~0.69	4×4	3	0.63~0.69	4×4	3	0.63~0.69	2.44×2.44
4	0.76~0.90	4×4	4	0.76~0.90	4×4	4	0.76~0.90	2.44×2.44
全色	0.45~0.90	1×1	全色	0.45~0.90	1×1	全色	0.45~0.90	0.61×0.61
传感器	线阵列推扫式			线阵列推扫式			线阵列推扫式		
幅宽	11km			8km			20~40km		
数据传输率	25 Mb/s			50 Mb/s			50 Mb/s		
重访周期	<3d			<3d			随纬度变化在1~5d		
轨道	681km,太阳同步			470km,太阳同步			600km,非太阳同步		

2. 数据产品简介

在空间成像公司所发布的 IKONOS 影像产品白皮书中,根据 CE90(圆形误差达 90% 的可靠性)及 LE90(线性误差达 90% 的可靠性)的大小将 IKONOS CARTERRA 产品分为五级,分别称为 Geo、Reference、Pro、Precision 和 Precision Plus,如表 9-6 所示。

表 9-6　IKONOS 卫星各级产品的基本信息

产品类型	定位精度			正射纠正	采集角度	构成立体
	CE90	RMS	NMAS			
Geo	≤50m	N/A	N/A	否	60°~90°	否
Reference	≤25.4m	≤11.8m	1:50 000	是	60°~90°	是
Pro	≤10.2m	≤4.8m	1:12 000	是	66°~90°	否
Precision	≤4.1m	≤1.9m	1:4800	是(GCP)	72°~90°	是
Precision Plus	≤2m	≤0.9m	1:2400	是(GCP)	75°~90°	否

(1) 简单几何纠正产品

① CARTERRA™ Geo 产品。IKONOS 的 Geo 级产品包括 1m 分辨率的全色影像、4m 分辨率的多光谱影像以及融合后的 1m 分辨率的彩色影像，适用于宏观观察和判读。Geo 级产品经过简单几何纠正，消除了影像采集引起的几何误差，并将影像按照统一的地面采样间隔（GSD）和给定的地图投影方式重新采样。Geo 产品没有消除地形起伏造成的影像移位，能达到的定位精度有限。不含地形起伏影响的 Geo 产品标称精度为 50m CE90，不适合测图。

② CARTERRA™ Geo Ortho Kit 产品。2001 年 6 月，Space Imaging 发布了 Geo Ortho Kit 产品，它是 Geo 产品的一个分支，适用于专业用户。Geo Ortho Kit 产品包括 Geo 级影像及相应的传感器成像几何模型（image geometry model——IGM，即 RPC 模型）。依据 IGM，用户可以利用 DTM 和地面控制点自己制作高精度的正射影像。

(2) 正射纠正产品

正射纠正是为了消除地形起伏引起的误差。IKONOS 经正射纠正后的影像包括 Reference、Pro、Precision 和 Precision plus。

① CARTERRA™ Reference 产品。包括 1m 分辨率全色影像、4m 分辨率多光谱影像和融合后的 1m 分辨率彩色影像，适用于大面积测图以及需要 1∶5000 比例尺正射影像的工程项目。它经过正射纠正和镶嵌，定位精度可达 25m CE90。

② CARTERRA™ Pro 产品。包括 1m 分辨率全色影像、4m 分辨率多光谱影像和 1m 分辨率彩色影像，适用于无法获取控制点或地面控制昂贵、困难时，需要高空间分辨率、中等比例尺定位精度正射影像的工程项目。Pro 级产品的定位精度可达 10m CE90，是无地面控制条件下生成的最高精度的正射影像产品，能提供全球 1∶12 000（NMAS）比例尺的正射影像。

③ CARTERRA™ Precision 产品。包括 1m 分辨率全色影像、4m 分辨率多光谱影像和 1m 分辨率彩色影像。Precision 级产品的精度相当于比例尺为 1∶4800（NMAS）地形图的定位精度，适用于大面积、大比例尺城区规划工程项目。Precision 级影像采集时传感器高度角一般在 72°以上，要达到其标称的 4m CE90 的定位精度，用户需要向 Space Imaging 提供 1m 精度的地面控制点和 5m 精度的 DTM。

④ CARTERRA™ Precision plus 产品。只包括 1m 分辨率全色影像和 1m 分辨率彩色影像。Precision plus 产品是 Space Imaging 提供的最精确的 IKONOS 影像产品，能提供大多数城市规划项目所需的精度，定位精度最高可达 2m

CE90。Precision Plus 产品的生成同样需要向 Space Imaging 提供高精度的地面控制点和高质量的 DTM。

(3) 立体影像产品

IKONOS 的立体影像产品仅有 1m 分辨率的 Reference 和 Precision 两种级别。Space Imaging 提供给用户的 IKONOS 立体影像产品还附带传感器模型的有理多项式函数系数文件(RPC),RPC 文件提供地面点空间交会、DEM 提取和正射纠正等摄影测量处理所需的传感器模型参数。IKONOS 立体影像产品一般多经过核线重采样。

① Reference 级立体产品。该产品生成仅利用了星载 GPS 接收机、恒星跟踪仪和激光陀螺提供的轨道星历、卫星姿态以及焦平面的视场角映射(field angle map——FAM)信息。不需要地面控制点,Reference 级立体产品能达到 25m CE90 的平面精度和 22m LE90 的高程精度,也称为标准立体产品。

② Precision 级立体产品。利用少量地面控制点消除系统性误差,Precision 级立体产品可达到 4m CE90 的平面精度和 5m LE90 的高程精度,也称为精确立体产品。

(4) 产品选项

① 影像的位深度(灰度级):8 位或 11 位。

② 影像格式:单像采用 GeoTIFF 或未压缩 NITF 2.0 格式,立体影像采用 TIFF 格式(核线投影)或 GeoTIFF 格式(地图投影)。

③ 投影方式:UTM,国家平面投影,横轴墨卡托投影等。

④ 基准面或参考椭球:WGS84,NAD83,NAD27。

(5) IKONOS 数据产品及其应用方面问题的进一步说明

① IKONOS 的数据问题。实际上最可能提供给用户且定位精度最低的产品是地理产品(Geo 级产品)。它的定位精度为 50m CE90,这是指影像内任一点 90% 时间内在其地球表面真实点 50m 的水平范围内。如果影像是在偏离天底点方向成像,在山区影像精度会更差些。因此,这样的产品仅能满足 1:100 000 比例尺成图的几何精度要求。此外,地理产品的立体影像一般不向用户发布且用户也不能得到原始影像。用户得到的地理产品也并非真正的原始影像,它是经过系统倾斜校正并已地理参考到横轴墨卡托(UTM)坐标系统的影像。其高精度表现在 IKONOS 的轨道参数和姿态数据分别是由高精度的全球定位系统(GPS)和卫星跟踪器观测得到的。此外,卫星的瞬时视场角很小(如 < 1°),因此,经系统校正后倾斜部分的残余位移可假定是线性的。

精确产品(Precision 级)虽然定位精度可达 4m CE90,但却非常昂贵。同时为了获得精确产品,用户必须向空间成像公司提供用于正射校正的地面控制点(GCPs)和数字地面模型(DEM),GCPs 的精度应在 1m 以内且 DEM 的精度应在 5m 以内。

② 应用中存在的问题。不像其他的商业卫星,IKONOS 没有向用户提供详细的轨道参数。而用户要得到精确的 IKONOS 正射影像就必须向空间成像公司提供 1m 精度的 GCPs 和 5m 精度的 DEM,这样不仅导致用户获得影像的时间延迟,而且国家不允许用户公开本国的制图信息,况且精确的正射产品的价格比地理产品的价格要高得多。也许这也是 IKONOS 影像没有得到广泛应用的主要原因之一。

9.2.3 QuickBird 卫星系统

QuickBird 是 2001 年 10 月 18 日在美国发射成功的高分辨率商业遥感卫星,QuickBird 在空间分辨率(0.61m)、多光谱成像(1 个全色通道、4 个多光谱通道)、成像幅宽(16.5km×16.5km)、成像摆角等方面具有显著的优势,能够满足更专业、更广泛应用领域的遥感用户,为用户提供更好、更快的遥感信息源服务。

1. 传感器系统

QuickBird 卫星是为高效、精确、大范围地获取地面高清晰度影像而设计制造的。与 IKONOS 卫星类似,QuickBird 卫星也具有推扫、横扫成像能力,可以获取同轨立体或异轨立体,但一般情况下通过推扫获取同轨立体,立体影像的基高比在 0.6~2.0 之间,但绝大多数情况下位于 0.9~1.2 范围内,适合三维信息提取。根据纬度的不同,卫星的重访周期在 1~3.5d 之间。垂直摄影时,QuickBird 卫星影像的条带宽为 16.5km,比 IKONOS 宽 60%,当传感器摆动 30°时,条带宽约 19km。在当前运营和即将发射的商业遥感卫星中,QuickBird 卫星能提供最大的条带宽度、最大的在线存储容量和最高的地面分辨率。QuickBird 卫星传感器的主要特征参数如表 9-5 所示。

与 SpaceImaging 公司销售 IKONOS 卫星影像的策略不同,DigitalGlobe 公司同时提供严密传感器模型和有理多项式系数模型来处理 QuickBird 卫星影像,以满足不同用户的需要。严密传感器模型是依据传感器的成像几何关系,利用成像瞬间地面点、透视中心和相应像点三点共线的几何关系建立的数学模型,是摄影测量学最常采用的成像模型,具有最高的定位精度,但形式较为复杂。严密模型所需的传感器成像参数、姿态参数和轨道星历保存在影像支持数据

(image support data——ISD)文件中。RPC模型是对严密传感器模型的拟合,它直接提供了地面坐标同像点坐标之间的映射关系,理想情况下也能达到跟严密模型相当的定位精度。

2. QuickBird 影像产品

根据处理程度和定位精度的不同,DigitalGlobe 将 QuickBird 卫星影像分为五级,如表 9-7 所示,其中 Ortho 自定义级产品的定位精度依赖于用户提供的地面控制点和 DEM 的精度。

(1) Basic 级影像产品。Basic 级产品只经过辐射校正和传感器扭曲校正,消除了传感器光学畸变、扫描畸变、扫描速率不均匀引起的影像变形,没有进行几何纠正和地图投影,是最原始的影像产品,适合专业的摄影测量处理。利用提供的影像支持数据和 DEM,Basic 级影像能达到 14m 的平面精度(RMSE,相当于 23m CE90),其中不包括成像几何和地形起伏的影响。

表 9-7 **QuickBird 影像产品及其定位精度**

产品级别	处理形式	定位精度		覆盖范围
		CE90/m	RMSE/m	
Basic 级	原始影像	23	14	全球
Standard 级	几何纠正	23	14	全球
Ortho 1:25 000 级	正射纠正	12.7	7.7	全球
Ortho 1:12 000 级	正射纠正	10.2	6.2	美国本土
Ortho 1:4800 级	正射纠正	4.1	2.5	美国本土
Ortho 自定义级	正射纠正	可变	可变	全球

用户可以采用 RPC 模型和严格传感器模型对 Basic 级影像进行正射纠正,利用高质量的 DEM 和亚米级精度的地面控制点,QuickBird 严格传感器模型能达到 RMSE 2~5m 的定位精度,RPC 模型能达到 RMSE 3~6m 的定位精度。

Basic 级全色影像的分辨率在 0.61m(星下点)到 0.72m(倾斜 25°)之间,多光谱影像的分辨率在 2.44m(星下点)到 2.88m(倾斜 25°)之间。每景 Basic 全色影像为 27 424 行、27 552 列,多光谱影像为 6856 行、6888 列,覆盖面积约 272km^2。

(2) Standard 级影像产品。Standard 级影像产品经过辐射校正、传感器畸变校正、几何校正,消除了平台定位和姿态误差、地球自转、地球曲率等造成的影像变形,并进行了地图投影。Standard 产品包括分辨率为 0.6m 或 0.7m 的全色、真彩色或全色锐化影像以及分辨率为 2.4m 或 2.8m 的多光谱影像。

Standard 级产品具体可分为两类:

① Standard 产品。这是利用粗 DEM 消除了地形起伏(相对于参考椭球)生成的产品。Standard 影像的平均定位精度是 23m CE90,其中不包括地形起伏和侧视成像的影响。

② Ortho Ready Standard 产品。这种产品没有消除地形起伏的影响,适合进行正射纠正。Ortho Ready Standard 产品的定位精度为 23m CE90,其中不包括地形起伏和传感器侧视成像的影响。如果利用高质量的 DEM、亚米级精度的地面控制点和 RPC 参数进行处理,可以达到 RMSE 3~10m 的定位精度。

(3) 正射纠正产品。正射纠正产品经过了辐射校正、传感器校正、几何校正和正射纠正,并投影到指定的基准面上。正射纠正产品包括有分辨率为 0.6m 或 0.7m 的全色、真彩色或全色锐化影像以及分辨率为 2.4m 或 2.8m 的多光谱影像。

正射纠正产品需要 DEM 和地面控制点来消除地形起伏影响。当生成 1:25 000、1:12 000 和 1:4800 比例尺的正射影像时,需要用 DEM 和地面控制点进行正射纠正,生成自定义级正射纠正产品,但 DigitalGlobe 不保证自定义级正射纠正产品的质量和定位精度。

(4) Basic 立体影像产品。Basic 立体像对是由两景 Basic 级影像构成的,它们由传感器沿轨道前后倾斜成像获取,具有 90% 的航向重叠,用于提取 DEM 或三维地物采集。Basic 立体影像仅经过辐射校正和传感器校正,全色影像的分辨率大约为 0.78m(倾斜 30°)。

QuickBird Basic 立体影像是同轨采集的前后立体。飞行期间,传感器首先沿轨道向前倾斜约 30°,并采集第一景影像,接着成像系统向后摆动,以约 30° 的倾斜角采集第二景影像。Basic 立体影像的基高比在 0.6~2.0 之间,大多数情况下在 0.9~1.2 之间,适用于目标的三维定位。

QuickBird Basic 立体影像产品的影像支持文件(ISD)主要包括立体文件(Stereo File),它包含了立体采集的几何参数:交会角(convergence angle)、不对称角(asymmetry angle)和平分线高度角(bisector elevation angle——BIE),它们反映了两条光线在地面点上交会的几何关系。交会角是前后两条光线在交会平面内的夹角;不对称角是交会角平分线与地面点铅垂线在交会面上的投影之间的夹角;平分线高度角则是指交会角平分线与水平面之间的夹角。

9.2.4 其他高分辨率遥感卫星简介

1. OrbView-3 卫星系统

ORBIMAGE 公司于 2003 年 6 月 26 日发射了 OrbView-3 卫星,获取了空间分辨率为 1m×1m 的全色影像数据,以及 4 个波段空间分辨率为 4m×4m 的可见光和近红外多光谱影像。OrbView-3 卫星在距地球 470km 的太阳同步轨道上运行,赤道上空的过境时间为上午 10:30,其扫描幅宽为 8km。传感器对地球上各点的重访周期小于 3d,具有 45°的侧视能力。OrbView-3 卫星系统传感器的主要特征参数如表 9-5 所示。

2. IRS 卫星系统

印度国家遥感局(Indian National Remote Sensing Agency,INRSA)已经成功发射了几个中等分辨率的卫星系统。印度遥感(indian national remote sensing,IRS)计划始于 1988 年发射的 IRS-1A 系统,其后在 1991 年发射了第二颗这样的卫星(IRS-1B)。这两颗卫星都装备了接收多光谱数据的传感器,它们的空间分辨率分别为 72.5m(与 MSS 相似)和 36.25m(与 TM 相似),传感器采用的是线性成像自扫描传感器(LISS)。其中 LISS-I 接收 72.5m 分辨率的数据,而 LISS-II 接收 36.25m 的数据,它们使用的波段基本上与 TM 的第 1 波段到第 4 波段相同。

IRS 的第二代卫星运作始于 IRS-1C 与 IRS-1D,它们分别于 1995 年和 1997 年发射。这些系统在设计上是相同的,它们都装载了 3 个传感器。其中 LISS-III 的分辨率为 23m(在中红外波段的分辨率为 70m),全色传感器的分辨率为 5.8m,而宽扫描场传感器(WiFS)的分辨率为 188m。

IRS 的第三代卫星主要包括 IRS-P3、IRS-P4 和 IRS-P5,其中 2005 年 5 月发射的印度 Cartosat-1(IRS-P5)立体测图卫星能提供真 2.5m 高分辨率全色影像和同轨立体像对,像对生成 DEM 制图精度可达1:25 000。

3. ALOS 卫星系统

日本 NASDA 已发射了两颗陆地观测卫星 JERS-1 和 ADEOS-1。2006 年 1 月发射的 ALOS(Advanced Land Observing Satellite)卫星是日本在 1992 年发射的 JERS-1 和 1996 年发射的 ADEOS-1 之后的又一颗更加先进的陆地观测技术卫星,它同时也具有高分辨率(星下点空间分辨率为 2.5m)、费用低等特点。ALOS 携带两种遥感传感器:AVNIR-2(Advanced Visible and Near Infrared Radiometat-2)和 PALSAR(Phased Array type L-band SAR)。AVNIR-2 由立体制图全色遥感器 PRISM(panchromatic remote sensing instrument for stereo mapping)和多光谱(MS)两个模块组成。

4. WorldView-I 和 WorldView-II 卫星系统

Digitalglobe 的下一代商业成像卫星系统，由两颗(WorldView-I 和 WorldView-II)卫星组成。其中 WorldView-I 已于 2007 年 9 月成功发射。WorldView-I 运行在高度 450km、倾角 98°、周期 93.4min 的太阳同步轨道上，平均重访周期为 1.7d，星载大容量全色成像系统，每天能够拍摄多达 50 万 km² 的 0.46m 分辨率图像。卫星还具备现代化的地理定位精度能力和极佳的响应能力，能够快速瞄准要拍摄的目标和有效地进行同轨立体成像。WorldView-I 已成为全球分辨率最高、响应最敏捷的商业成像卫星。

9.3 线阵列 CCD 传感器的构像方程

用一种称为电荷耦合器件 CCD(charge coupled device)的探测器制成的传感器称为 CCD 传感器。这种探测器是由半导体材料制成的。在这种器件上，受光或电激作用产生的电荷靠电子或空穴运载，在固体内移动，以产生输出信号。将若干个 CCD 元器件排成一行，称为 CCD 线阵列传感器。例如法国 SPOT 卫星使用的传感器 HRV 就是一种 CCD 线阵传感器，其中全色 HRV 用 6000 个 CCD 元器件组成一行。若将若干个 CCD 元器件排列在一个矩形区域中，即可构成面阵列传感器。每个 CCD 元器件对应于一个像元素。目前，长线阵、大面阵 CCD 传感器已经问世，长线阵可达 12000 个像元素，长为 96mm；大面阵可达到 5120 像素×5120 像素，像幅为 61.4mm×61.4mm。每个像元素的地面分辨率可达到 2～3m，甚至 1m 以内。

面阵列 CCD 传感器获取图像的方式如图 9-1 所示，它与框幅式摄影机相似，某一瞬间获得一幅完整的影像，因而是一个单中心投影，其构像关系可直接使用框幅式中心投影的航空像片的构像关系式。

线阵列传感器获取图像的方式如图 9-2 所示，线阵列方向与飞行方向垂直，在某一瞬间得到的是一条线影像。一幅影像由若干条线影像拼接而成，所以又称为推扫式扫描成像。这种成像方式在几何关系上与缝隙摄影机的情况相同。

若传感器阵列以其卫星轨道方向为轴向两旁倾斜 Ω_0 角以取得另一航带上的影像对(法国 SPOT 卫星的情况，见图 9-3)，则构像方程可写为：

$$\begin{bmatrix} 0 \\ y \\ -f \end{bmatrix} = \lambda \boldsymbol{R}_{\Omega_0}^{\mathrm{T}} \boldsymbol{R}^{\mathrm{T}} \begin{bmatrix} X_A - X_S \\ Y_A - Y_S \\ Z_A - Z_S \end{bmatrix} \qquad (9-1)$$

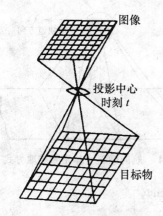

图 9-1 面阵列传感器成像方式

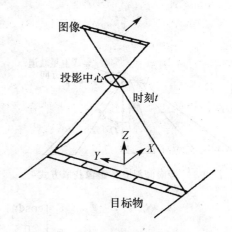

图 9-2 线阵式传感器成像方式

式中：

$$\boldsymbol{R}_{\Omega_0} = \begin{bmatrix} 1 & 0 & 0 \\ 0 & \cos\Omega_0 & -\sin\Omega_0 \\ 0 & \sin\Omega_0 & \cos\Omega_0 \end{bmatrix}$$

将其代入式(9-1)并整理，得到相应的共线方程式：

$$\left. \begin{array}{l} 0 = -f \dfrac{a_1(X_A - X_S) + b_1(Y_A - Y_S) + c_1(Z_A - Z_S)}{a_3(X_A - X_S) + b_3(Y_A - Y_S) + c_3(Z_A - Z_S)} \\ f \dfrac{y\cos\Omega_0 + f\sin\Omega_0}{f\cos\Omega_0 - y\sin\Omega_0} = -\dfrac{a_2(X_A - X_S) + b_2(Y_A - Y_S) + c_2(Z_A - Z_S)}{a_3(X_A - X_S) + b_3(Y_A - Y_S) + c_3(Z_A - Z_S)} \end{array} \right\} \quad (9\text{-}2)$$

反算式为：

$$\left. \begin{array}{l} \dfrac{(X_A - X_S)}{(Z_A - Z_S)} = \dfrac{a_2(y\cos\Omega_0 + f\sin\Omega_0) - a_3(f\cos\Omega_0 - y\sin\Omega_0)}{c_2(y\cos\Omega_0 + f\sin\Omega_0) - c_3(f\cos\Omega_0 - y\sin\Omega_0)} \\ \dfrac{(Y_A - Y_S)}{(Z_A - Z_S)} = \dfrac{b_2(y\cos\Omega_0 + f\sin\Omega_0) - b_3(f\cos\Omega_0 - y\sin\Omega_0)}{c_2(y\cos\Omega_0 + f\sin\Omega_0) - c_3(f\cos\Omega_0 - y\sin\Omega_0)} \end{array} \right\} \quad (9\text{-}3)$$

当传感器阵列在其卫星轨道方向内向前或向后倾斜 Φ_0 时(见图 9-4)，类似于旁向倾斜 Ω_0 的情况，可写出成像关系式：

$$\begin{bmatrix} 0 \\ y \\ -f \end{bmatrix} = \lambda \boldsymbol{R}_{\Phi_0}^\mathrm{T} \boldsymbol{R}^\mathrm{T} \begin{bmatrix} X_A - X_S \\ Y_A - Y_S \\ Z_A - Z_S \end{bmatrix} \quad (9\text{-}4)$$

式中：

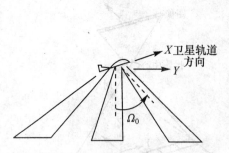 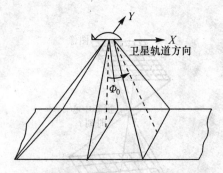

图 9-3　旁向倾斜立体影像获取方式　　图 9-4　航向倾斜立体影像获取方式

$$\boldsymbol{R}_{\Phi_0} = \begin{bmatrix} \cos\Phi_0 & 0 & -\sin\Phi_0 \\ 0 & 1 & 0 \\ \sin\Phi_0 & 0 & \cos\Phi_0 \end{bmatrix} \tag{9-5}$$

将式(9-5)代入式(9-4),经整理得出相应的共线方程式:

$$\left. \begin{aligned} f\tan\Phi_0 &= -f\frac{a_1(X_A - X_S) + b_1(Y_A - Y_S) + c_1(Z_A - Z_S)}{a_3(X_A - X_S) + b_3(Y_A - Y_S) + c_3(Z_A - Z_S)} \\ \frac{y}{\cos\Phi_0} &= -f\frac{a_2(X_A - X_S) + b_2(Y_A - Y_S) + c_2(Z_A - Z_S)}{a_3(X_A - X_S) + b_3(Y_A - Y_S) + c_3(Z_A - Z_S)} \end{aligned} \right\} \tag{9-6}$$

及其反算式为:

$$\left. \begin{aligned} \frac{(X_A - X_S)}{(Z_A - Z_S)} &= \frac{a_1 f\sin\Phi_0 + a_2 y - a_3 f\cos\Phi_0}{c_1 f\sin\Phi_0 + c_2 y - c_3 f\cos\Phi_0} \\ \frac{(Y_A - Y_S)}{(Z_A - Z_S)} &= \frac{b_1 f\sin\Phi_0 + b_2 y - b_3 f\cos\Phi_0}{c_1 f\sin\Phi_0 + c_2 y - c_3 f\cos\Phi_0} \end{aligned} \right\} \tag{9-7}$$

9.4　线阵列 CCD 传感器影像的几何处理

　　CCD 线阵列传感器采用推扫式成像方式(见图 9-2),在每一成像时刻是中心投影,得到一条线影像。一幅图像由若干条线影像构成,形成一个多中心投影方式。对于这种影像,在进行几何处理(包括几何纠正和立体定位)时,除了使用相应的构像方程式(9-2)或式(9-6)外,还必须考虑外方位元素随时间变化的因素。但是,若把每条线的 6 个外方位元素都作为独立参数来求解,这是不可能的,原因是不同线影像外方位元素之间是相关的。为此,通常采用"中心投影加改正"的方法,即首先将一幅影像当做框幅式中心投影影像来看待,这时它只有一组外方位元素,实际上这组外方位元素相应于某一个起算时刻(通常选择像幅的中心)的线影像;然后,考虑到 CCD 传感器通常是装在卫星上的,具有很平稳的轨道和姿态变化率很小的特点,因此在某一范围内,可以认为外方位元素是近似随时间线性变化的,而且当选取运行方向为影像上 x 轴时,用像点在整幅图像上的 x 坐标值表示该像点的成像时刻,这样,外方位元素随时间变化的影响可以用下面的关系式来描述:

$$\left.\begin{aligned}X_S &= X_{S_0} + x \cdot \Delta X_S + \cdots \\ Y_S &= Y_{S_0} + x \cdot \Delta Y_S + \cdots \\ Z_S &= Z_{S_0} + x \cdot \Delta Z_S + \cdots \\ \varphi &= \varphi_0 + x \cdot \Delta \varphi + \cdots \\ \omega &= \omega_0 + x \cdot \Delta \omega + \cdots \\ \kappa &= \kappa_0 + x \cdot \Delta \kappa + \cdots\end{aligned}\right\} \quad (9\text{-}8)$$

式中:$X_{S_0}, Y_{S_0}, Z_{S_0}, \varphi_0, \omega_0, \kappa_0$ 为像幅中心对应的影像线的外方位元素;$X_S, Y_S, Z_S, \varphi, \omega, \kappa$ 为某一影像线的外方位元素,如图 9-5 所示;$\Delta X_S, \Delta Y_S, \Delta Z_S, \Delta \varphi, \Delta \omega, \Delta \kappa$ 为外方位元素随时间线性变化率。

由以上分析可知,对于 CCD 阵列传感器影像,可采用与框幅式中心投影影像相类似的方法,利用线中心投影的构像关系式(9-2)或式(9-6),并且考虑外方位元素的线性变化特性式(9-8),即可实现几何处理。下面分别从几何纠正和立体定位两个方面加以说明。

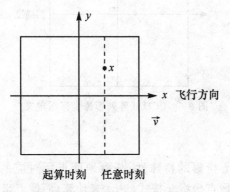

图 9-5 线阵列图像的处理方法

9.4.1 单片几何纠正

对 CCD 阵列传感器影像进行几何纠正时,通常采用以共线方程作为数学模型的数字微分纠正方法,其过程与 7.2 节中介绍的航空像片数字微分纠正过程相类似,即在已知数字高程模型(DEM)和影像的外方位元素(包括起算时刻的 6 个元素和 6 个元素的变化率)以及等效主距 f 与倾角 Ω_0 或 Φ_0 的情况下,由 DEM 提供的每个格网中心点的地面坐标,按共线方程计算其相应于原始影像上的像点坐标,最后由像点坐标按双线性内插方式求得该点的灰度值,并赋给纠正后的正射影像的相应像元。不同之处在于:

1. 影像坐标系的选择

对于由若干条线阵列影像构成的像幅,影像坐标系的原点设在像幅的中心,该点所在的扫描线方向为 y 轴,垂直方向为 x 轴,构成右手直角坐标系,如图 9-6 所示。例如法国在 1986 年发射的 SPOT 卫星,每幅影像由 6000 条扫描线影像组成,每条线上又有 6000 个像元。于是,坐标原点就在第 3000 条线的第 3000 个像元上,第 3000 条线就是影像的 y 轴,而各线上第 3000 个像元的连线就是 x 轴。这样,进行影像坐标与扫描坐标之间的转换(即内定向)时只有坐标原点的平移,而无旋转。

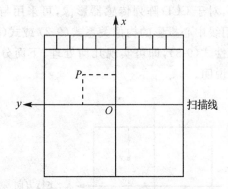

图 9-6　CCD 线阵列影像坐标系定义

2. 像点坐标的计算

由于 CCD 线中心投影的特殊性,任意地面点所对应的外方位元素是未知的,它需由所对应的像点坐标 x 按式(9-8)来计算,而像点坐标 x 又是待求的。因此,不可能像框幅式中心投影影像那样,直接由共线方程解算出像点的影像坐标,而应是一个迭代解算的过程。迭代解算的基本思想是:先给定 x 一近似的值 x_0(一般为 0),代入式(9-8)计算出该点的外方位元素,然后代入式(9-2)或式(9-6)的第一式,如果此时的 x_0 是正确的,则式(9-2)或式(9-6)的第一个等式成立;否则利用等式右边算出的数值 Δx 修正原近似值 x_0,即

$$x_0^i = x_0^{i-1} + \Delta_x \tag{9-9}$$

式中：i 为迭代次数，重复此过程，直到 $|\Delta_x|$ 小于给定的限差，迭代计算结束。根据迭代计算出的 x 以及由此计算的外方位元素，由式(9-2)或式(9-6)的第二式的右边计算出相应的改化坐标 $\bar{y}$，即

$$\bar{y} = \frac{y\cos\Omega_0 + f\sin\Omega_0}{f\cos\Omega_0 - y\sin\Omega_0} \tag{9-10}$$

或

$$\bar{y} = \frac{y}{\cos\Phi_0} \tag{9-11}$$

由此得像点的真正影像坐标：

$$y = \frac{\bar{y}\cos\Omega_0 - f\sin\Omega_0}{f\cos\Omega_0 + \bar{y}\sin\Omega_0} \tag{9-12}$$

或

$$y = \bar{y}\cos\Phi_0 \tag{9-13}$$

上述计算得到的像点坐标(x,y)除以像元尺寸(如 SPOT 卫星影像每个像元的大小为 $13\mu m$)并作坐标原点的平移后，可作为双线性内插的依据。

9.4.2 双像解析摄影测量

由于 CCD 阵列传感器的多中心投影成像方式，使得无论是旁向重叠构成的立体像对(SPOT 影像情况，图 9-7(a))，还是航向重叠构成的立体像对(MOMS 影像的情况，图 9-7(b))，都不存在唯一的"摄影基线"，因而在进行双像解析摄影测量时，多采用空间后方交会-空间前方交会方法和光束法平差方法，而不采用相对定向-绝对定向方法。

1. 空间后方交会-空间前方交会

(1) 空间后方交会。无论是图 9-7 中的哪一种情况，其空间后方交会的过程是相同的，并与框幅式中心投影的航空像片相类似，不同之处仅仅在于：

① 待求的每幅影像的未知数有 12 个，即起算时刻的 6 个外方位元素及其相应的 6 个线性变化率，由此可知，用于空间后方交会的误差方程变为：

$$\left.\begin{aligned}
v_x &= a_{11}\mathrm{d}X_{s_0} + a_{12}\mathrm{d}Y_{s_0} + a_{13}\mathrm{d}Z_{s_0} + a_{14}\mathrm{d}\varphi_0 + a_{15}\mathrm{d}\omega_0 + a_{16}\mathrm{d}\kappa_0 + xa_{11}\mathrm{d}\Delta X_s + \\
&\quad xa_{12}\mathrm{d}\Delta Y_s + xa_{13}\mathrm{d}\Delta Z_s + xa_{14}\mathrm{d}\Delta\varphi + xa_{15}\mathrm{d}\Delta\omega + xa_{16}\mathrm{d}\Delta\kappa - l_x \\
v_y &= a_{21}\mathrm{d}X_{s_0} + a_{22}\mathrm{d}Y_{s_0} + a_{23}\mathrm{d}Z_{s_0} + a_{24}\mathrm{d}\varphi_0 + a_{25}\mathrm{d}\omega_0 + a_{26}\mathrm{d}\kappa_0 + xa_{21}\mathrm{d}\Delta X_s + \\
&\quad xa_{22}\mathrm{d}\Delta Y_s + xa_{23}\mathrm{d}\Delta Z_s + xa_{24}\mathrm{d}\Delta\varphi + xa_{25}\mathrm{d}\Delta\omega + xa_{26}\mathrm{d}\Delta\kappa - l_y
\end{aligned}\right\}$$

$$\tag{9-14}$$

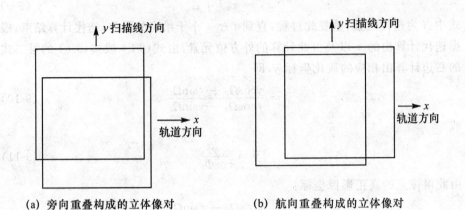

(a) 旁向重叠构成的立体像对　　　　(b) 航向重叠构成的立体像对

图 9-7　CCD 阵列影像立体像对的构成

② 在计算误差方程式的系数和常数项对,必须用改化的像点坐标,对于图 9-7(a) 的情况,改化的像点坐标为:

$$\left.\begin{array}{l}\bar{x}=0\\ \bar{y}=\dfrac{y\cos\Phi_0+f\sin\Phi_0}{f\cos\Phi_0-y\sin\Phi_0}\end{array}\right\} \quad (9\text{-}15)$$

对图 9-7(b) 的情况:

$$\left.\begin{array}{l}\bar{x}=f\tan\Phi_0\\ \bar{y}=\dfrac{y}{\cos\Phi_0}\end{array}\right\} \quad (9\text{-}16)$$

各点的 x 坐标量测值用于按式(9-8) 计算相应的外方位元素。

③ 对每一个点,都必须按各自的外方位角元素值计算相应的旋转矩阵 $\boldsymbol{R}$。

(2) 空间前方交会。当已知左、右影像的外方位元素时,由同名点的影像坐标求得相应的地面坐标,是一个空间前方交会的问题。CCD 阵列传感器影像的空间前方交会原理与框幅式中心投影影像的原理基本相同。所不同的是,对每一对点都要重新计算旋转矩阵 $\boldsymbol{R}_{左}$、$\boldsymbol{R}_{右}$ 及基线分量 B_X、B_Y、B_Z。下面简要介绍其主要步骤及有关的计算公式。

设某一对同名像点为 p_i、p_i',它们的影像坐标分别为 (x_1,y_1) 和 (x_2,y_2),对应的地面点为 $P_i(X_i,Y_i,Z_i)$。

① 由 x_1,x_2 按式(9-8) 分别计算出 p_i、p_i' 对应的外方位元素 $(X_{S_1},Y_{S_1},Z_{S_1},\varphi_1,\omega_1,\kappa_1)$ 及 $(X_{S_2},Y_{S_2},Z_{S_2},\varphi_2,\omega_2,\kappa_2)$,并由 $\varphi_1,\omega_1,\kappa_1$ 及 $\varphi_2,\omega_2,\kappa_2$ 按下式计算相应的旋转矩阵:

$$R = \begin{bmatrix} a_1 & a_2 & a_3 \\ b_1 & b_2 & b_3 \\ c_1 & c_2 & c_3 \end{bmatrix}$$

式中:

$$\left.\begin{aligned} a_1 &= \cos\varphi\cos\kappa - \sin\varphi\sin\omega\sin\kappa \\ a_2 &= -\cos\varphi\sin\kappa - \sin\varphi\sin\omega\cos\kappa \\ a_3 &= -\sin\varphi\cos\omega \\ b_1 &= \cos\omega\sin\kappa \\ b_2 &= \cos\omega\cos\kappa \\ b_3 &= -\sin\omega \\ c_1 &= \sin\varphi\cos\kappa + \cos\varphi\sin\omega\sin\kappa \\ c_2 &= -\sin\varphi\sin\kappa + \cos\varphi\sin\omega\cos\kappa \\ c_3 &= \cos\varphi\cos\omega \end{aligned}\right\}$$

② 计算 p_i、p_i' 的像空间辅助坐标 (X_1, Y_1, Z_1) 及 (X_2, Y_2, Z_2)，计算公式分别为:

$$\begin{bmatrix} X \\ Y \\ Z \end{bmatrix} = R \begin{bmatrix} 1 & 0 & 0 \\ 0 & \cos\Omega_0 & -\sin\Omega_0 \\ 0 & \sin\Omega_0 & \cos\Omega_0 \end{bmatrix} \begin{bmatrix} 0 \\ y \\ -f \end{bmatrix} \quad (9\text{-}17\text{a})$$

或

$$\begin{bmatrix} X \\ Y \\ Z \end{bmatrix} = R \begin{bmatrix} \cos\Phi_0 & 0 & -\sin\Phi_0 \\ 0 & 1 & 0 \\ \sin\Phi_0 & 0 & \cos\Phi_0 \end{bmatrix} \begin{bmatrix} 0 \\ y \\ -f \end{bmatrix} \quad (9\text{-}17\text{b})$$

③ 计算投影系数 N_1, N_2:

$$\left.\begin{aligned} N_1 &= \frac{B_X Z_2 - B_Z X_2}{X_1 Z_2 - X_2 Z_1} \\ N_2 &= \frac{B_X Z_1 - B_Z X_1}{X_1 Z_2 - X_2 Z_1} \end{aligned}\right\}$$

式中:

$$\left.\begin{aligned} B_X &= X_{S_2} - X_{S_1} \\ B_Y &= Y_{S_2} - Y_{S_1} \\ B_Z &= Z_{S_2} - Z_{S_1} \end{aligned}\right\}$$

④ 计算地面坐标 (X_i, Y_i, Z_i):

$$\left.\begin{array}{l} X_i = N_1 X_1 + X_{S_1} \\ Y_i = N_1 Y_1 + Y_{S_1} \\ Z_i = N_1 Z_1 + Z_{S_1} \end{array}\right\}$$

2. 光束法平差

将左右影像的外方位元素及其相应的变化率以及待定点的地面坐标同时作为未知数，纳入平差系统进行整体求解，称为 CCD 阵列影像的光束法平差。其误差方程可以由式(9-14)导出：

$$\left.\begin{array}{l} v_x = a_{11}\mathrm{d}X_{S_0} + a_{12}\mathrm{d}Y_{S_0} + a_{13}\mathrm{d}Z_{S_0} + a_{14}\mathrm{d}\varphi_0 + a_{15}\mathrm{d}\omega_0 + a_{16}\mathrm{d}\kappa_0 + \\ \qquad xa_{11}\mathrm{d}\Delta X_S + xa_{12}\mathrm{d}\Delta Y_S + xa_{13}\mathrm{d}\Delta Z_S + xa_{14}\mathrm{d}\Delta\varphi + \\ \qquad xa_{15}\mathrm{d}\Delta\omega + xa_{16}\mathrm{d}\Delta\kappa - a_{11}\mathrm{d}X - a_{12}\mathrm{d}Y - a_{13}\mathrm{d}Z - l_x \\ v_y = a_{21}\mathrm{d}X_{S_0} + a_{22}\mathrm{d}Y_{S_0} + a_{23}\mathrm{d}Z_{S_0} + a_{24}\mathrm{d}\varphi_0 + a_{25}\mathrm{d}\omega_0 + a_{26}\mathrm{d}\kappa_0 + \\ \qquad xa_{21}\mathrm{d}\Delta X_S + xa_{22}\mathrm{d}\Delta Y_S + xa_{23}\mathrm{d}\Delta Z_S + xa_{24}\mathrm{d}\Delta\varphi + \\ \qquad xa_{25}\mathrm{d}\Delta\omega + xa_{26}\mathrm{d}\Delta\kappa - a_{21}\mathrm{d}X - a_{22}\mathrm{d}Y - a_{23}\mathrm{d}Z - l_y \end{array}\right\} \quad (9\text{-}18)$$

其解算过程类似于常规的光束法平差，在此不作赘述。

9.5 基于有理函数的通用传感器模型

9.5.1 传感器模型的概念

高分辨率遥感卫星的出现，使得利用卫星遥感立体影像实现地面目标的高精度定位与大比例尺测图成为可能。传感器成像几何模型的建立是进行摄影测量立体定位处理的基础，它反映了地面点三维空间坐标与相应像点在像平面坐标系中二维坐标之间的数学关系。遥感影像的传感器模型有多种，主要可分为两大类。

1. 物理传感器模型

这种模型考虑成像时造成影像变形的物理意义如地表起伏、大气折射、相机物镜畸变以及卫星的位置、姿态变化等，然后利用这些物理条件构建成像几何模型。通常这类模型数学形式较为复杂且需要较完整的传感器信息，但由于其在理论上是严密的，因而模型的定位精度较高，故也称其为严密传感器模型。在该类传感器模型中，最有代表性的是摄影测量中以共线方程为基础的传感器模型。

2. 通用传感器模型

这种模型不考虑传感器成像的物理因素，直接采用数学函数如多项式、直接线性变换方程以及有理函数多项式等形式来描述地面点和相应像点之间的几何关系。这类方法一般适用于平坦地区,并且与具体传感器无关。数学模型形式简单、计算速度快是其优点,属于理论不甚严密的表达形式。

在传统的摄影测量领域,应用较多的是物理传感器模型。由于物理传感器模型与传感器物理和几何特性紧密相关,因此不同类型的传感器需要不同的模型。随着遥感技术和航天技术的发展,航天测绘传感器的地面分辨率大幅度提高,框幅式相机在摄影测量领域的垄断地位已被打破,传感器获取立体影像的方式日渐复杂,已不限于单线阵 CCD 传感器通过绕飞行方向侧摆(如 SPOT)或三线阵 CCD(如 MOMS)的方式获取立体影像。一个典型的例子是美国空间成像公司 IKONOS 卫星的传感器,它可以按需要绕其轴线进行任意角度的转动,以获取感兴趣区域的立体影像。传感器技术的发展给摄影测量提出了新的挑战并带来了新的应用问题:每一种新的传感器面世,我们都要根据其成像几何关系专门为其建立传感器模型,并在已有的摄影测量软件中加入相应模块进行支持,这就大大增加了程序设计、软件升级以及维护的难度。对线阵 CCD 推扫式遥感影像,高空间分辨率的特点决定了卫星成像传感器长焦距和窄视场角的特征,如 IKONOS 的焦距为 10m,而视场角小于 1°。对于这种成像几何关系,如果采用基于共线方程的物理传感器模型描述,将导致定向参数之间的强相关,影响定向的精度和稳定性,从而削弱遥感影像高分辨率的固有优势。另外,物理传感器模型的建立涉及传感器物理构造、成像方式及各种成像参数,一些高分辨率商业遥感卫星(例如 IKONOS 等)的传感器信息出于技术保密的目的暂时不向用户公开,在不知道轨道参数和成像参数的情况下,不可能使用严格的物理传感器模型处理其影像。鉴于上述原因,同时由于通用传感器模型与具体的传感器无关,因而更能适应传感器成像方式多样化的发展要求,所以通用传感器模型的研究已成为当前摄影测量与遥感领域的一个重要的研究方向。

9.5.2 有理函数的定义

有理函数模型(rational function model,简称 RFM)是将像点坐标(r,c)表示为以相应地面点空间坐标(X,Y,Z)为自变量的多项式的比值,如式(9-19)所示。

$$\left. \begin{array}{l} r_n = \dfrac{p_1(X_n, Y_n, Z_n)}{p_2(X_n, Y_n, Z_n)} \\ c_n = \dfrac{p_3(X_n, Y_n, Z_n)}{p_4(X_n, Y_n, Z_n)} \end{array} \right\} \qquad (9\text{-}19)$$

式(9-19)中的(r_n, c_n)和(X_n, Y_n, Z_n)分别表示像素坐标(r,c)和地面点坐标(X,Y,Z)经平移和缩放后的标准化坐标，取值位于$-1.0 \sim 1.0$之间，其变换关系为

$$\left. \begin{array}{l} X_n = \dfrac{X - X_0}{X_s}, \quad Y_n = \dfrac{Y - Y_0}{Y_s}, \quad Z_n = \dfrac{Z - Z_0}{Z_s} \\ r_n = \dfrac{r - r_0}{r_s}, \quad c_n = \dfrac{c - c_0}{c_s} \end{array} \right\} \quad (9\text{-}20)$$

式中：$(X_0, Y_0, Z_0, r_0, c_0)$为标准化的平移参数，$(X_n, Y_n, Z_n, r_n, c_n)$为标准化的比例参数。RFM采用标准化坐标的目的是减少计算过程中由于数据数量级差别过大引入的舍入误差。

多项式中每一项的各个坐标分量X,Y,Z的幂最大不超过3，每一项的各个坐标分量的幂的总和也不超过3（通常有1，2，3三种取值）。另外，分母项p_2和p_4的取值可以有两种情况：$p_2 = p_4$（可以是一个多项式，也可以是常量1），$p_2 \neq p_4$。每个多项式的形式如下：

$$\begin{aligned} p &= \sum_{i=0}^{m_1} \sum_{j=0}^{m_2} \sum_{k=0}^{m_3} a_{ijk} X^i Y^j Z^k = a_0 + a_1 Z + a_2 Y + a_3 X + a_4 ZY + a_5 ZX \\ &\quad + a_6 YX + a_7 Z^2 + a_8 Y^2 + a_9 X^2 + a_{10} ZYX \\ &\quad + a_{11} Z^2 Y + a_{12} Z^2 X + a_{13} Y^2 Z + a_{14} Y^2 X \\ &\quad + a_{15} ZX^2 + a_{16} YX^2 + a_{17} Z^3 + a_{18} Y^3 + a_{19} Z^3 \end{aligned} \quad (9\text{-}21)$$

在公式(9-21)中，a_{ijk}是多项式的系数。式(9-19)也可以写成如下形式：

$$\begin{aligned} r &= \dfrac{(1 \quad Z \quad Y \quad X \quad \cdots \quad Y^3 \quad X^3) \cdot (a_0 \quad a_1 \quad \cdots \quad a_{19})^{\mathrm{T}}}{(1 \quad Z \quad Y \quad X \quad \cdots \quad Y^3 \quad X^3) \cdot (1 \quad b_1 \quad \cdots \quad b_{19})^{\mathrm{T}}} \\ c &= \dfrac{(1 \quad Z \quad Y \quad X \quad \cdots \quad Y^3 \quad X^3) \cdot (c_0 \quad c_1 \quad \cdots \quad c_{19})^{\mathrm{T}}}{(1 \quad Z \quad Y \quad X \quad \cdots \quad Y^3 \quad X^3) \cdot (1 \quad d_1 \quad \cdots \quad d_{19})^{\mathrm{T}}} \end{aligned} \quad (9\text{-}22)$$

上式多项式的系数称为有理函数的系数(rational function coefficient，简称RFC)。在模型中由光学投影引起的畸变表示为一阶多项式，而像地球曲率、大气折射及镜头畸变等的改正，可由二阶多项式趋近。高阶部分的其他未知畸变可用三阶多项式模拟。式(9-19)是RFM的正解形式，其反解的公式如式(9-23)所示：

$$\begin{aligned} X_n &= \dfrac{p_5(r_n, c_n, Z_n)}{p_6(r_n, c_n, Z_n)} \\ Y_n &= \dfrac{p_7(r_n, c_n, Z_n)}{p_8(r_n, c_n, Z_n)} \end{aligned} \quad (9\text{-}23)$$

式中：多项式$p_i (i = 5,6,7,8)$形式如下：

第9章 高分辨率遥感卫星影像及其应用

$$p_i(r,c,Z) = a_0 + a_1 Z + a_2 c + a_3 r + a_4 cZ + a_5 rZ + a_6 cr + a_7 Z^2 \\
+ a_8 c^2 + a_9 r^2 + a_{10} crZ + a_{11} cZ^2 + a_{12} rZ^2 + a_{13} c^2 Z \\
+ a_{14} c^2 r + a_{15} r^2 Z + a_{16} cr^2 + a_{17} Z^3 + a_{18} c^3 + a_{19} r^3$$

不同于共线方程,有理函数模型只能提供物方到像方或像方到物方之中的某一个方向变换,反变换需要对正变换模型线性化,通过一定初始值下的迭代过程来完成。

RMF 实质上是多项式模型的扩展形式。在引入 RMF 之前,先来回顾一下传统的共线方程。

共线方程作为一种物理传感器模型,它描述了投影中心、地面点和相应像点共线的几何关系,因此需考虑成像时的几何条件:传感器的姿态与投影中心的位置。传统的框幅式影像成像的共线方程如下式所示:

$$\left. \begin{array}{l} x = -f \dfrac{a_1(X-X_S)+b_1(Y-Y_S)+c_1(Z-Z_S)}{a_3(X-X_S)+b_3(Y-Y_S)+c_3(Z-Z_S)} \\ y = -f \dfrac{a_2(X-X_S)+b_2(Y-Y_S)+c_2(Z-Z_S)}{a_3(X-X_S)+b_3(Y-Y_S)+c_3(Z-Z_S)} \end{array} \right\} \tag{9-24}$$

以 SPOT 为例,线阵列 CCD 推扫式图像的每一行影像的外方位元素是随时间变化的,通常可以用时间的多项式来描述。由于卫星在太空飞行时不再考虑大气干扰,又加上采用惯性平台、跟踪恒星的姿态控制系统等先进技术,其姿态变化可认为是相当平稳的。假设每一幅图像的像平面坐标原点在中央扫描行的中点,则可认为每一扫描行的外方位元素是随着 x 值(飞行方向)变化的,其构像方程式可用如下的数学模型进行描述:

$$\left. \begin{array}{l} 0 = -f \dfrac{a_1(X-X_{Si})+b_1(Y-Y_{Si})+c_1(Z-Z_{Si})}{a_3(X-X_{Si})+b_3(Y-Y_{Si})+c_3(Z-Z_{Si})} \\ y_i = -f \dfrac{a_2(X-X_{Si})+b_2(Y-Y_{Si})+c_2(Z-Z_{Si})}{a_3(X-X_{Si})+b_3(Y-Y_{Si})+c_3(Z-Z_{Si})} \end{array} \right\} \tag{9-25}$$

$$\left. \begin{array}{l} X_{Si} = X_{S0} + \dot{X}_S \cdot x \\ Y_{Si} = Y_{S0} + \dot{Y}_S \cdot x \\ Z_{Si} = Z_{S0} + \dot{Z}_S \cdot x \\ \varphi_i = \varphi_0 + \dot{\varphi} \cdot x \\ \omega_i = \omega_0 + \dot{\omega} \cdot x \\ \kappa_i = \kappa_0 + \dot{\kappa} \cdot x \end{array} \right\} \tag{9-26}$$

式中:$(X_{S0}, Y_{S0}, Z_{S0}, \varphi_0, \omega_0, \kappa_0)$ 为中央扫描行的外方位元素;$(\dot{\varphi}, \dot{\omega}, \dot{\kappa}, \dot{X}_S, \dot{Y}_S, \dot{Z}_S)$ 为外方位元素的一阶变率。从式(9-24)可以推出直接线性变换(DLT)的

公式：

$$x = \frac{A_1 X + B_1 Y + C_1 Z + D_1}{A_3 X + B_3 Y + C_3 Z + 1}$$
$$y = \frac{A_2 X + B_2 Y + C_2 Z + D_2}{A_3 X + B_3 Y + C_3 Z + 1} \quad (9\text{-}27)$$

将式(9-26)代入式(9-25)，然后将外方位元素按泰勒级数展开，取一次项即可以得出下式：

$$x = A_1 X + B_1 Y + C_1 Z + D_1$$
$$y = \frac{A_2 X + B_2 Y + C_2 Z + 1}{A_3 X + B_3 Y + C_3 Z + D_3} \quad (9\text{-}28)$$

从式(9-23)、式(9-27)及式(9-28)中我们可以发现 RFM 的雏形。当式(9-19)中的 $p_2 = p_4 = 1$ 时，RFM 也就变为一般的多项式。与常用的多项式模型比较，RFM 实际上是多种传感器模型的一种更通用的表达方式，它适用于各种传感器模型。

基于 RFM 的传感器模型并不要求了解传感器的实际构造和成像过程，因此它适用于不同类型的传感器，而且新型传感器只是改变了获取参数这一部分，应用上却独立于传感器的类型。根据以上特点，很多卫星资料供应商把 RFM 作为影像传递的标准。这种通用的传感器模型通常是用严格的传感器模型变换得到的。据报道，IKONOS 影像供应商首先解算出严格传感器模型参数，然后利用严格模型的定向结果反求出有理函数模型的参数，最后将 RFC 作为影像元数据的一部分提供给用户，这样用户可以在不知道精确传感器模型的情况下进行影像纠正以及后续的影像数据处理。与严格的传感器模型不同，有理函数模型不需要了解每一种类型成像传感器的物理特性，例如轨道参数和平台的定向参数，因此可以说 RFM 是一种通用传感器模型。

9.5.3 有理函数的解算

为了采用最小二乘原理求解 RFC，需要将方程(9-19)线性化得出下列误差方程式：

$$v_r = \left[\frac{1}{B} \quad \frac{Z}{B} \quad \frac{Y}{B} \quad \frac{X}{B} \quad \cdots \quad \frac{Y^3}{B} \quad \frac{X^3}{B} \quad \frac{-rZ}{B} \quad \frac{-rY}{B} \quad \cdots \quad \frac{-rY^3}{B} \quad \frac{-rX^3}{B}\right] \cdot J - \frac{r}{B}$$

$$v_c = \left[\frac{1}{D} \quad \frac{Z}{D} \quad \frac{Y}{D} \quad \frac{X}{D} \quad \cdots \quad \frac{Y^3}{D} \quad \frac{X^3}{D} \quad \frac{-rZ}{D} \quad \frac{-rY}{D} \quad \cdots \quad \frac{-rY^3}{D} \quad \frac{-rX^3}{D}\right] \cdot K - \frac{c}{D}$$

(9-29)

式中：

$$B = (1 \quad Z \quad Y \quad X \quad \cdots \quad Y^3 \quad X^3) \cdot (1 \quad b_1 \quad \cdots \quad b_{19})^T$$

$$J = (a_0 \quad a_1 \quad \cdots \quad a_{19} \quad b_1 \quad b_2 \quad \cdots \quad b_{19})^T$$

$$D = (1 \quad Z \quad Y \quad X \quad \cdots \quad Y^3 \quad X^3) \cdot (1 \quad d_1 \quad \cdots \quad d_{19})^T$$

$$K = (c_0 \quad c_1 \quad \cdots \quad c_{19} \quad d_1 \quad d_2 \quad \cdots \quad d_{19})^T$$

写成矩阵形式:

$$V_r = MJ - R \tag{9-30}$$

$$\begin{bmatrix} B_1 v_{r1} \\ B_2 v_{r2} \\ \vdots \\ B_n v_{rn} \end{bmatrix} = \begin{bmatrix} 1 & Z & \cdots & X_1^3 & -r_1 Z_1 & -r_1 X_1^3 \\ 1 & Z & \cdots & X_2^3 & -r_2 Z_2 & -r_2 X_2^3 \\ \vdots & & & & & \vdots \\ 1 & Z & \cdots & X_n^3 & -r_n Z_n & -r_n X_n^3 \end{bmatrix} \cdot J - \begin{bmatrix} r_1 \\ r_2 \\ \vdots \\ r_n \end{bmatrix}$$

法方程式为:

$$M^T W_r M J - M^T W_r R = 0$$

式中:

$$W_r = \begin{bmatrix} \dfrac{1}{B_1^2} & 0 & \cdots & 0 \\ 0 & \dfrac{1}{B_2^2} & \ddots & \vdots \\ \vdots & \ddots & \ddots & 0 \\ 0 & \cdots & 0 & \dfrac{1}{B_n^2} \end{bmatrix}$$

由于原始方程式是非线性的,故最小二乘的求解需要迭代进行,其中取 W_r 为单位阵,可以解算出 J 的初值,然后迭代求解直至各改正数小于限差为止。这是求解行方向的过程,列方向与之类似。行列同时求解误差方程:

$$\begin{bmatrix} V_r \\ V_c \end{bmatrix} = \begin{bmatrix} M & 0 \\ 0 & N \end{bmatrix} \cdot \begin{bmatrix} J \\ K \end{bmatrix} - \begin{bmatrix} R \\ G \end{bmatrix} \tag{9-31}$$

也就是:

$$V = TI - G$$

法方程式为:

$$T^T W T I - T^T W G = 0 \tag{9-32}$$

式中:

$$W = \begin{bmatrix} W_r & 0 \\ 0 & W_c \end{bmatrix}$$

整体求解过程如下:首先取 W 为单位矩阵,求解出 I 的初值,然后由式

(9-31)迭代求解直至各改正数小于限差为止。

9.5.4 有理函数的特点分析

当遥感卫星影像获取的详细信息如轨道参数及成像方式无法得知时,以地面控制点强制用数学模式进行坐标转换,是较为常用且简单的方法,如多项式变换、仿射变换以及有理函数模式等。一般而言,以多项式变换进行纠正最为简单且迅速,但采用一般的多项式作为模型时,它在确定系数的点拟合很好,而在其他点的内插值可能有明显偏离,且与相邻 GCP 不协调,即在某些点处产生振荡现象。这导致了多项式近似计算中误差的界限明显超出平均误差。平面仿射变换因可顾及两变换坐标系之间的平移、旋转、两轴尺度不一致及两轴不正交等因素,故常用于卫星影像的纠正,但因其忽略了点位高程变化所产生的高差移位,故在地形起伏较大地区,无法获得理想的纠正精度。而 RFM 在多项式中加入控制点高程因子,且增加了多项式之阶数及系数,并以有理多项式形式(即分子、分母均为多项式)使模式能更接近真实地表的变化。

有理函数最早用于美国国防机构以及商业制图机构,现在已经在大量的摄影测量工作站如 ZI Imaging 影像工作站和 LH 系统的 SOCET Set 中使用。通过分析我们归纳出该模型的下列优缺点。

1. 主要优点

(1)模型的建立与传感器无关。

(2)模型可以为实时测图操作提供足够的运算速度。

(3)模型支持任何坐标系统。

(4)采用该模型不需要对现有的软件系统进行改造,就可支持新型传感器。

(5)适合于各种性质的遥感影像,包括面阵 CCD、线阵 CCD、雷达影像等。

2. 主要不足

(1)该方法无法为局部的变形建立模型。

(2)很多参数没有物理含义,对这些参数的作用和影响无法做出定性的解释和确定。

(3)解算过程中由于零分母造成的失效,影响该模型的稳定性。

(4)多项式系数间有相关的可能,降低模型的稳定性。

(5)如果图像的范围过大或者图像有高频的影像变形,则精度无法保证。

RFM 和精确传感器模型的本质差别在于精确传感器模型对于每一个地面点和其相应的像点都是严格成立的,而 RFM 的函数关系从理论上讲只在确定系数的点(控制点)上是严格成立的,而在其他点是不成立的。实际应用中,由于有理函数的系数是通过 GCP 数据利用最小二乘法原理确定的,因此,RFM 的函数关系在所有的点都不严格成立。也就是说,有理函数的拟合曲面并不严格通过 GCP,也就不能真实代表地表的起伏,而是以纯数学形式来套合地形。因此,有理函数的模型精度与地面控制点的精度、分布、数量及纠正范围密切相关。有理函数的系数没有具体的物理含义,我们只能通过检查点来分析、评定其精度,无法对系数的作用和影响作定性的分析,也就无法根据误差传播信息来进行精度分析和解法的优化,另外,也无法确定检查点之间的内插误差。

综上所述,RFM 作为一类抽象的传感器几何模型,其应用前景是令人鼓舞的,但是上述一系列问题仍然需要对其进行深入细致的分析和研究,进一步提高该模型的精度和稳定性以及实用性,使 RFM 的应用更加广泛。

9.6 基于高分辨率遥感影像的地物提取

9.6.1 地物提取概述

摄影测量与遥感技术长期追求的一个重要目标,就是实现空间信息采集的自动化和处理的智能化。从目前数字摄影测量的发展来看,自动空中三角测量与数字地面模型(DEM)的自动采集及快速制作正射影像中的大部分问题已得到较好的解决,成熟的商品化数字摄影测量系统大多已具备这些功能。然而对于地物的自动测绘,到目前为止的数字摄影测量工作站上,地物采集大多还靠人工判读、手工勾绘完成,只有少数系统针对某类地物实现了初步的半自动化采集功能,大部分的研究工作也只处于实验性阶段,在技术和理论上并无实质性进展,更无实用性成果。研究表明,地物测绘的自动化在现阶段很难得到彻底解决,它已经成为当前数字摄影测量迈向全自动化的一个"瓶颈"。地物自动测绘的困难主要来自于地物的制图特征提取及对地物理解的困难、视觉理论和硬件水平的限制以及影像数据的复杂性等原因。由于人们早已认识到地物自动测绘的困难,所以对于地物的自动测绘,开始本着不同的目标展开研究,近期目标便是计算机辅助的地物测图功能,即人机交互的、实用、半自动测绘方式;远期目标是实现地物的全自动测绘。地物全自动测绘的研究目前尚无系统的理论和方法出现。

人工地物是空间地理信息库中的重要元素,人工地物主要包括建筑物、桥梁、道路和大型工程构筑物,而在城市区域的高分辨率遥感影像中 80% 的目标是建筑物和道路。作为地物类别中的主体内容,建筑物和道路的识别与提取占有很大的比例。作为地形图中重要的成图元素,它们的识别与提取,直接影响地物测绘的自动化水平。而且建筑物和道路具有明显的定位特征,对它的识别和精确定位为特征提取、特征匹配、图像理解、制图和作为其他目标的参照体有重要的意义。更为重要的是,随着城市建设的快速发展,建筑物和道路是地理数据库中最容易增加和发生变化、也是最需要更新的部分,且更新工作量常常是巨大的。从实际应用的角度来说,实现遥感影像中建筑物和道路的识别能够满足遥感影像制图、地理信息系统的数据获取和自动更新的需要;从研究的角度出发,由于遥感影像中目标的高度多样性和复杂性,成功的建筑物和道路自动识别系统将为其他类型的影像理解问题提供具有普遍指导意义的理论和方法。因此,如何识别和提取遥感影像中的建筑物和道路,是摄影测量界重要的研究课题之一。

9.6.2 基于遥感影像的建筑物提取

基于遥感影像的建筑物提取不仅包含一幅或者多幅场景中建筑物的检测,而且包含对场景中各种建筑物的详细描述。这是一个包含识别、特征提取、特征属性计算、分组、构建几何模型、假设产生、假设检验等的复杂过程。其目标就是从复杂的场景中获得所需的三维信息。传统的过程都是采用人工判读、手工勾绘的方式来完成的,作业效率低、劳动强度大。因此,对于建筑物自动提取技术的研究是迫切需要的。作为一种重要的城市基础地理数据,房屋信息的自动识别和精确提取对于城市 GIS 数据获取与更新、影像理解、大比例尺制图以及其他许多应用都具有重要意义。下面从几个方面对基于遥感影像的建筑物提取技术进行概述。

1. 数据源

用于建筑物目标提取与重建的数据资源非常广泛,主要包括高分辨率遥感影像(单像、双像、多像)、近景影像、多光谱影像,以及其他辅助数据或线索,如DSM(激光扫描数据或摄影测量产品)、扫描地图数据或现有二维 GIS 数据,还包括其他附加知识和信息,例如太阳位置、数据获取时间、纹理、阴影以及地物反射特性,等等。上述数据资源和线索可以单独使用,也可以结合使用。为了完成建筑物目标的重建,我们需要的高精度三维信息,可以通过两幅影像或者多幅影像获取。基于多幅影像的提取与重建可以提高可靠性,另外也有利于识别遮挡区域、假设验证过程的处理。

建筑物重建处理过程中很重要的一点就是如何充分利用基本数据源的大量信息。在检测阶段,像颜色、DSM 等数据被证明有着特殊的利用价值。这些线索可以用来分离人工目标和其他的自然地物以及区别建筑物和其他的人工地物如道路、桥梁等。通过航空激光扫描所得的 DSM 是一种可靠且直接提供三维坐标的数据源,应用它甚至可以区分树冠和其周围的目标。激光扫描所得的 DSM 虽然高程精度很高,但平面精度无法与航空影像相比。

考虑到各种数据源(如高分辨率遥感影像、DSM 和二维平面图等)具有不同的特性,实际应用中通常利用多种数据源完成建筑物的提取与重建。这样不仅可以提高自动化程度,而且可以对提取结果进行相互验证,从而增加可靠性。

2. 建筑物模型选择

对于建筑物的重建而言,选择合适的建筑物模型是一个关键的步骤。建筑物重建的目标就是确定其几何特性和内部的拓扑关系,因此提取过程的首要条件就是确定目标的模型种类。现实世界中的建筑物是千姿百态的,为了提高所用模型的几何分辨率,通常需要增加许多自由灵活的结构元素和参数来描述它。复杂的建筑物模型可以实现对真实建筑物更好的表示。当然,模型分辨率的选择必须以数据源的分辨率为基础。

目前,在建筑物重建过程中,通常采用两种基本模型来描述建筑物:参数模型和一般模型。在参数模型中,模型单元的类型和关系是固定的,但是其几何尺寸是未知的。这种方法通常需要一组预先定义的建筑物模型库,或者一些已知的简单的建筑物体元的集合,用它们和图像进行匹配,根据匹配的结果从模型库中选择合适的模型或者建筑物体元。在一般模型中,模型基元的数目及其之间的几何和拓扑关系都是未知的,这种类型的模型允许目标模型在结构上随意变化,因此它能够根据一套数目不确定的几何参数确定目标的内部结构。采用参数模型的方法可以在提取几何模型的同时完成部分语义信息的提取,但是建筑物模型数目或者基元的数目限制了它的应用,所以参数模型的实际应用依赖于建筑物模型库的容量。对于城区场景中的不规则和复杂组合的人工地物,无法用参数模型来描述。虽然一般模型可以重建任意形状的建筑物,但由于建筑物的重建是由提取的图像特征进行几何重组来实现的,因此它的可靠性和成功率完全依靠于特征提取的结果。这些特征通常包括边缘线或者建筑物灰度均匀的表面。这种方法必须提取出所有体现建筑物结构的特征,然后才能重建建筑物。由于它不考虑任何一个先验知识,因此无法预测有关建筑物的遮挡部分或者丢失部分。为了解决这样的一个问题,通常采用从不同视点采集的多幅影像完成假设的产生和验证。

3. 特征提取策略

从提取策略来看,存在两种基本的路径:自下而上和自上而下。自下而上是数据驱动的策略。首先提取图像的基元如点、边界、灰度均匀区,然后编组成实体,最后通过产生建筑物存在的假设,重建整个建筑物。这里的主要问题是由于数据中噪声的存在造成低层次像素级的分割处理不稳定以及高层次特征编组中的不确定性。人造目标(例如建筑物的结构)不是任意的而是有特殊几何关系的结构,因此我们可以利用这些特性将提取的图像特征或者基元编组成屋顶或者假设的建筑物。特征编组和建筑物假设的生成过程通常采用概率松弛法、贝叶斯推理、几何和语义推理等方法。

自上而下的方法属于模型驱动,首先是特征提取,接着通过与目标模型库进行匹配,然后对场景中存在的建筑物产生假设,最后是假设验证。在匹配过程中,需要利用各种几何约束来减少搜索空间的大小,这样可以使特征组合的搜索空间得到控制。该技术的关键是目标模型本身的描述与建库。在现实生活中,建筑物的形状和类别千姿百态,要想精确描述每一种模型并把它们都保存在模型库中是不现实的,这也正是这种方法的缺点。

4. 目标检测与特征提取

建筑物检测是提取与重建的基础。这个过程通常采用一个粗糙的分割或者分类方法实现可能含有兴趣目标的区域与其背景区域的分割。从二维强度图像上进行检测和提取几何基元的方法不同于对三维线索如DSM的处理。在二维图像中,检测建筑物只能依赖一些简单的属性区分建筑物和非建筑物。在DSM中,则可以利用相对高度和高度突出区域的大小、形状等来判别兴趣区域的存在。

对于建筑物的特征提取,实际中所用的基元有多种类型:有的提取图像的角点来完成建筑物的重建;有的直接提取边界线然后编组成建筑物顶部的假设;有的首先提取图像中的三维边界然后将其编组成建筑物顶部的若干块状平面;有的或者直接提取屋顶的多边形,或者采用提取点、边界和区域相结合的方法。

5. 特征编组和建模

特征编组和建模是建筑物提取与重建的另一个关键步骤。特别是当采用一般的目标模型时,该项工作变得很复杂。在构造过程中首先要建立建筑物不同部分的邻接关系如拓扑关系,然后依一种合适的形式组织和描述它们,最后形成建筑物的假设。如果单纯从一幅影像上提取结构特征,然后仅利用二维几何关系来分组和重建建筑物,这种方法通常会引起建筑物模型的不确定性,并且会使产生的模型数量急剧膨胀。因为一幅图像只是三维世界的平面投影,仅仅包含一部分目标的信息,所以从单幅图像上推导出的目标的三维结构不是唯一的,故此通常采用其他的数据源如DSM或者多幅影像(至少两幅)作为辅助数据来消除这种不确定性。目前常用的策略是将二维的信息提前转化为三维信息,这样可以减少后续假设组合产生的数量膨胀。这种方法通常从图像中提取一些有意义的特征如二维点(三维建筑物的角点)、二维边界(建筑物的三维边界)、二维区域(建筑物屋顶的平面区域),通过立体匹配技术把这些提取出来的特征转换为相应的三维特征。

6. 自动化程度

对于地物的自动测绘,当前已有的研究表明,地物测绘的自动化在现阶段很难得到解决,是当前数字摄影测量迈向全自动化的一个"瓶颈"。目前地物自动测绘的困难主要来自于对地物的制图特征提取及对地物理解的困难性。由于人们早已认识到地物自动测绘的困难性,所以对于地物的自动测绘,开始本着不同的目标展开研究,第一种目标便是计算机辅助的地物测图功能,即人机交互的、实用、半自动测绘方式,第二种目标即地物的全自动测绘。

半自动的概念是指图像解译由作业员完成,而量测任务则由计算机来尽可能完成。这里的图像解译是指检测和构造,这个过程通常在单幅影像上依靠单一的线索来完成,而自动量测可以使用多幅影像进行特征提取和几何重建。它的目标就是通过自动技术辅助作业员脱离结构量测,从而提高以作业员为主的系统工作效率。半自动系统的目标就是要充分利用两点:首先是作业员对数据的理解以及控制整个获取过程,然后是机器能够处理大量的数据加速量测过程,从而提高整个系统的工作效率。

基于遥感影像的建筑物提取是一个通过影像来解决三维重建问题的复杂处理过程,造成其复杂性的主要原因在于:

(1)建筑物结构和形状的多样性不允许采用一种通用的目标模型来描述场景中各种类型的建筑物。对于那些具有规则几何形状的建筑物模型,即使给它很复杂的约束条件,也无法正确描述现实中的某些建筑物。这促使我们选择更为通用的目标模型,这就增加了问题的难度。

(2)建筑物之间的遮挡以及内部的遮挡,还有其他地物目标(如树、车等因素)的遮挡,导致无法提供完整的或者足够的建筑物结构信息。事实上,这个问题可以通过不同视点的多幅影像得到部分的解决,但这样一来问题的复杂性和计算量就增加了。

(3)阴影、噪声、低对比度、建筑物顶部的细碎结构以及其他目标的介入导致其他不相关的可疑数据出现,造成在高级阶段重建中和几何建模中的不确定性和混乱。这种问题可以通过其他的线索和约束条件得到部分解决。

(4)恢复建筑物形状的几何信息是困难的。成像传感器执行的二维采样处理过程是一个不可逆过程。因此,重建过程是一个从二维图像上恢复退化的三维信息的逆过程。虽然利用立体成像技术可以以一定的精度来实现这一过程,但这种关系是病态的。

(5) 城区的独立建筑物是建筑物自动重建的主要对象。人类识别两个相邻但不同的建筑物主要是依靠建筑物的轮廓线。当前检测独立建筑物的方法(如基于灰度的数学形态学、用辅助数据源的高程信息进行图像分类等技术),只能检测与周围能完全区分的建筑物目标。这意味着在密集的建筑群中自动重建建筑物必须有人工的干预,或者利用现有的二维 GIS 信息,如独立建筑物的平面图。

9.6.3 基于遥感影像的线状地物提取

1. 道路影像的基本特征

对遥感影像地物的自动提取首先必须明确所要提取的目标的定义及其特征。线状地物或线特征与其他地物的区分主要是几何上的。因此可以将它定义为有一定长度,可以用曲线(不管它是否封闭)来表示的地物。像道路、河流、水域的边界等都是线特征,其中道路的提取最为重要。

对特定地物的描述将导出相应的知识和约束,成为提取的基础。以道路为例,可将之描述为几何、光度或辐射度、拓扑、功能和关联上下文的特性。这里进一步将它描述为景物域和影像域知识以及这些约束的不同层次。道路的功能和上下文特性是其在景物域或物方空间的知识,偏重于语义描述;而道路的光度、几何和拓扑特性则由景物域的特征投影到影像域,它们有着直接对应的关系。表9-8 定义了线状地物的各种特性。

表 9-8　　　　　　　　　　线状地物的各种特性

几何特性	宽度:垂直于线长度方向的线状目标的横向(断面)尺度。 宽度的一致性:沿线长度方向的宽度变化程度。 形状、大小和朝向:反映了线状地物延伸的尺度和范围。 曲线:线的弯曲程度,不同的目标在不同的分辨率和考察的尺度范围、不同的环境和地形下,呈现不同的曲率和曲率变化率。 模式:在像道路连接等处,会形成"T"字形或十字形的几何模式。
辐射特性	线状目标的反射特性,以及与周围环境的对比度。 包括局部断面的平均光谱特征、光度一致性、对比度和局部断面(图像)直方图。
拓扑特性	完整性:各个段连接起来的程度。 连接性:连接类型,以及作为网络一部分的连接的正确性。

续表

上下文特性	周边区域的关联特性:包含线特征的区域内存在的关联目标,例如可以用高水平的语义表达的一些基本地物类别,如城区或农村(可以扩展为植被区域、荒地和居民区等)。 局部上下文线索:目标之间的关系,例如密度、朝向,大小,相邻目标的排列方式等。 高程断面:将线特征叠加到 DEM 上会得到一些有用的线索,如可以区分作为房屋的轮廓线和道路的线。
功能特性	人工目标在现实世界所实现的功能。 例如不同类型的道路、铁路作为交通网络系统的一部分,起着连接人类活动区和运输通道的作用。 由此可以导出其他特性,比如为了实现这一功能,道路一般比较平整(反映到影像则是道路路面的灰度一般较为均匀),形状上大多数情况下不会有剧烈的曲率变化,不会无故中断,段与段之间存在连接以形成网络等。

根据线状地物的特性定义,道路的特征可以总结成如下几个方面:

(1) 几何特征。长条状(一定的长度,大的长宽比)、曲率有一定的限制、宽度变化比较小、方向变换比较慢。

(2) 辐射特征。内部灰度比较均匀、与其相邻区域灰度反差较大、一般有两条明显的边缘线(边缘梯度较大)。

(3) 拓扑特性。不会突然中断,相互有交叉,连成网络。

(4) 功能特征。一般都有指向,与村庄、城镇等居民地或人工设施相连接。

(5) 关联特征。与道路相关的影响特征。如高架道路产生的阴影可能遮断道路表面的树木、路边的行树等。

2. 影像道路特征提取的基本过程

影像特征的提取,即从影像中提取有用的信息和视觉特征。按照 Marr 视觉理论,视觉从最初的原始数据(二维影像数据)到最终对三维环境的表达经历了 3 个层次:

(1) 要素图。它包含图像边缘点、线段、顶点、纹理等基本几何特征组成,这个层次称为低层次处理。

(2) 2.5 维图。它是介于要素图与三维图像模型之间的中间表示层次,包含物体表面的局部内在特征,这个层次称为中层次处理。

(3) 三维图。以物体为中心的三维描述,它是由要素图与 2.5 维图得到的。它包含对物体的理解、识别等,这个层次称为高层次处理。

与其他特征提取一样,道路特征提取同样遵循 Marr 视觉理论。道路特征提取应该在低、中、高三个层次上进行。道路特征提取方法主要分为以下阶段,如图 9-8 所示。

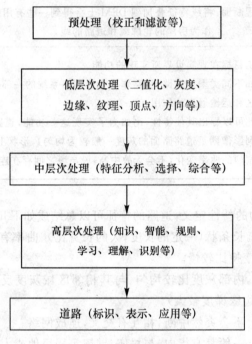

图 9-8　道路特征提取方法

对影像从不同角度进行分析,在各个层次采取适当的算法,即可得到不同的特征提取方法。影像道路特征提取与众多学科如计算机图形学、模式识别、人工智能、数学等密切相关,相关学科新的方法的应用,推动着道路特征提取方法的发展。

9.7　基于高分辨率遥感影像的变化检测

基于遥感影像的变化检测是通过遥感影像和不同时相的参考数据进行比较观测来提取、描述感兴趣目标或现象随时间变化的特征,并定量分析、确定其变化的过程。它具体包括五个方面的内容：
(1) 检测并判断感兴趣目标或现象是否随时间发生了变化。
(2) 定位发生变化区域的位置及其面积大小。
(3) 对变化检测结果的精度评定。
(4) 分析、鉴别变化前后地物的类型。
(5) 分析、评估变化在时间和空间上的分布模式，对其变化规律进行描述和解释，并对未来的变化进行预测，为科学决策提供依据。

前3个方面的内容是变化检测所要解决的基本和共性问题。

9.7.1 变化检测方法概述

变化检测的方法有很多种，李德仁院士根据变化检测的数据类型把变化检测方法分为七类：
(1) 基于不同时相新旧影像的变化检测方法；
(2) 基于新影像和旧数字线画图的变化检测方法；
(3) 基于新旧影像和旧数字地图的变化检测方法；
(4) 基于新的多源影像和旧影像/旧地图的变化检测方法；
(5) 基于已有的 DEM、DOM 和新的未纠正影像的变化检测方法；
(6) 基于旧的 DLG、DRG 和新的未纠正影像的变化检测方法；
(7) 基于已有的 4D 产品和新的立体重叠影像的三维变化检测方法。

根据是否先进行几何配准处理可把变化检测分为两类：一类是先进行影像配准的变化检测方法；另一类是变化检测与影像配准同步进行的方法。根据变化检测的信息层次把变化检测分为三个层次：像素级、特征级和决策级。根据图像是否进行分类又把变化检测分为两类：一类是图像直接比较方法；另一类是先分类后比较方法。

现有的基于遥感影像的变化检测方法可归纳如下，如图 9-9 所示。

变化检测方法通常是针对某种具体应用而提出的。有很多学者也对目前常用的各种变化检测方法进行了实验比较，但得出的结论往往大相径庭。但大多数研究者通过研究逐渐倾向于一种统一的意见：不存在一个普适的所谓"最佳"变化检测方法，针对不同的应用领域，各种变化检测方法具有各自的优点。

就目前而言，虽然对遥感影像的变化检测方法研究已较深入，也得到了一定程度的应用，但现有的变化检测方法仍然存在许多困难和问题，主要表现为：
(1) 有的变化检测方法主要是面向具体的应用提出来的，还没有系统地形成变化检测理论和合适的评价标准。目前对变化检测方法的选择，以及对具体变

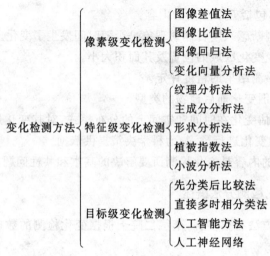

图 9-9 现有的变化检测方法

化检测方法本身一些步骤、参数的确定主要依靠经验指导,使得不同方法间和同一种方法不同情况下的变化检测结果不完全相同。

(2) 变化检测结果受数据预处理结果的影响较大,特别是不同时相数据都是遥感影像时,这种影响更为显著。

(3) 变化检测方法的通用性差。现有的变化检测方法都是在特定的应用条件下提出来的,从数据源、检测对象、地面环境到精度要求都不尽相同。当这些条件发生变化时其效果就会有差异,有的甚至不能实施。从数据源看,现有的变化检测方法主要研究的是 NOAA/AVHRR、MODIS、MSS、TM、ETM、SPOT 等中低分辨率影像,对高分辨率影像(如 Quickbird、IKONOS 等)主要还是用人工目视解译方法。因为空间分辨率越高,由于地物细部及投影差等的影响,图像配准就越困难。

(4) 不能集成多源数据进行分析。现有的变化检测方法主要还是停留在像素级的数据引导上,缺乏类似 GIS 知识引导的特征级变化检测方法。

鉴于上述分析,在进行具体的遥感影像变化检测方案选择时要注意以下几个方面的问题:

(1) 根据原始已有数据的不同,变化检测可以是基于多时相影像的,也可以是基于影像和 GIS 基础数据之间的。

(2) 变化检测选用方法取决于已有数据资料情况、变化检测的内容、用户的要求以及变化检测的精度要求等。

(3) 遥感影像波段选择不仅是光谱特征分类中的重要问题,也是变化检测中的关键步骤。不同的地物在不同的光谱波段有不同的光谱特性,反映在影像上就是地物信息的差异。根据应用目的和感兴趣的目标,选择适当的光谱波段影像,对于提高变化检测结果的精度是十分重要的。

9.7.2 变化检测的基本内容和步骤

一个完整的遥感影像变化检测工作流程依次包含以下步骤:数据预处理、变化检测、精度评估、产品输出。基于遥感影像变化检测的一般步骤和流程如图 9-10 所示。

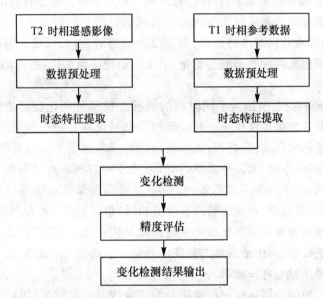

图 9-10　基于遥感影像变化检测的一般步骤

基于遥感影像变化检测的基本内容包括:

1. 变化检测内容的确定和数据选择

在进行变化检测处理以前,要对变化检测工程的内容进行全面的了解,准确定义工程要解决的问题,确定研究区域,了解检测对象的空间分布特点、光谱特性、时相变化以及背景环境等情况;然后根据具体的变化检测实际应用情况和将要采用的变化检测方案,选择能够满足要求的一定光谱、几何和时间分辨率的现势遥感影像。图 9-10 中 T1 时相的参考数据根据实际情况可以是遥感图像数据,也可以是 GIS、地形图或专题图等其他空间数据。

需要强调指出的是,不同遥感系统的时间分辨率、空间分辨率、光谱分辨率和辐射分辨率不同,选择合适的遥感数据是变化检测能否成功的前提。

2. 图像预处理

对遥感图像数据的预处理包括图像增强与滤波、图像剪裁、图像镶嵌、几何校正和辐射校正等,其目的是为了突出检测对象,提高解译能力。在这些预处理过程中,几何校正和辐射校正对变化检测结果的影响最大,因此显得十分关键。

(1) 几何校正的主要内容为几何配准。研究表明,要获得90%的变化检测精度,图像几何配准精度要求高于0.22个像素。几何配准的方式有两种:一种是以一个时相的遥感图像为参考,另外时相的图像相对参考图像进行配准;另一种是不同时相的遥感图像都经过几何纠正纳入到统一的空间框架下,如同一地面坐标系统,从而实现几何配准的目的。需要强调指出的是,几何配准的误差会对变化检测的结果带来两种类型的伪变化:一类是新增的假变化,另一类是消失的真实变化。

(2) 对于辐射校正,因为不同时相的遥感影像进行变化检测的前提假设是遥感影像上的灰度值经过校正后和实际的地面情况存在一一对应的关系,相同的地物具有相同的灰度值。然而,实际获取的影像常常由于传感器状态不同、季节不同、大气条件不同、太阳角度不同等,造成不同时相的遥感影像上相同地物的灰度值不同。由于这些因素的影响,需要对遥感影像的灰度进行辐射校正处理,使得在同一研究中,相同地物的灰度值相同,相同的灰度有相同的意义,消除或最小化非地面地物实际变化而产生的图像灰度变化。图像辐射绝对校正及相对校正的方法很多,其中最简单的灰度归一化方法就是直方图匹配。

3. 检测对象时态特征提取

对不同时相的相同目标进行检测是为了发现其变化情况,因此变化检测前首先要提取目标特征并对其进行描述。当T1和T2时相观测都是遥感图像时,图像灰度就是检测对象特征的描述,而对于基于特征或者T1时相参考数据是GIS数据的变化检测应用,则要应用分类或其他模式识别方法提取检测目标,并对其进行特征描述来反映时相变化。

4. 变化检测

变化检测就是要根据应用情况选择合适的方法,提取变化信息,并对变化类型加以分析,最后以变化分布图或数据表格的形式给出检测结果。变化检测是整个过程的核心。

5. 精度评估

变化检测是一个涉及多个处理步骤的复杂过程,检测结果的精度受许多因素的影响,主要包括:

(1) 图像几何配准精度。
(2) 辐射校正或归一化精度。
(3) 对地面情况的了解程度。
(4) 研究区域背景环境的复杂程度。
(5) 变化检测方法。
(6) 分类和变化检测方案。
(7) 分析技能和经验。
(8) 时间和经费的限制等。

其中,图像几何配准精度、辐射校正精度以及变化检测方法对结果的影响最大。

研究表明,对于基于不同时相的遥感影像变化检测而言,不存在一般意义上的最优方法。由于时空尺度、检测方法和精度要求与所采用的影像空间、光谱、时域以及被检测的专题密切相关,采用的方法不同,结果将会有很大的差别。

9.7.3 基于遥感影像和 GIS 数据的变化检测

GIS 数据是地表特征地物和地貌的符号表达,是实地测量和图像解译的结果。GIS 数据中不仅包含了几何位置信息,而且还包含了丰富的地物类别、属性等语义信息,其信息明确而不模糊。因此,遥感影像与 GIS 数据的集成变化检测分析是遥感影像变化检测研究的发展方向。

目前,遥感影像与 GIS 集成在形式上主要有两种类型:一是直接将遥感影像或者经过信息选取、分类等处理后的特征图像纳入 GIS 中;二是将 GIS 经过格式转换成图像,把 GIS 纳入到图像处理系统中。两种形式的集成其实质都是图层叠置的思想,即在 GIS 分析或图像处理过程中以图像或 GIS 为背景。在软件实现上,只需要分别独立运行现有的 GIS 和遥感图像处理软件就可以实现。

遥感影像与 GIS 集成的变化检测方法按照参加处理的数据源的不同,主要有两种类型:

1. 基于新、旧两个时相的遥感影像与旧的 GIS 数据的变化检测

此方法是通过新、旧两个时相的遥感影像利用基于图像的变化检测方法去除没有变化的背景,生成由可能发生变化的地物像素组成的变化图像。通过栅格矢量转换以矢量的形式表达图像变化检测结果,以 GIS 数据为背景进行叠置,对变化检测结果进一步分析、解译。这类方法结合了基于图像的变化检测方法和 GIS 分析功能,但要求旧时相的遥感影像和 GIS 数据具有相同的时相。这种类型的变化检测方法如图 9-11 所示。

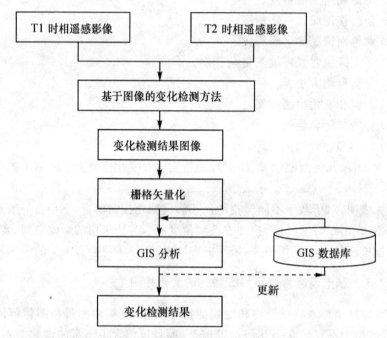

图 9-11　基于新、旧两个时相的遥感影像与旧的 GIS 数据的变化检测

2. 基于新的遥感影像与旧的 GIS 数据的变化检测

因遥感影像用灰度来反映地表的真实情况,而 GIS 数据用制图符号来抽象表示特征地物和地貌,要实现利用现势遥感影像自动检测 GIS 数据中的变化,只能在特征层或决策级进行。为此,先要从遥感影像上提取检测对象,再转换成与 GIS 数据一致的矢量进行变化分析。这种方法的关键在于如何精确、有效、快速地从遥感影像上提取检测对象特征。这种类型的变化检测方法如图 9-12 所示。

需要说明的是,基于遥感影像和 GIS 数据集成的变化检测方法虽然有很多优越性,但也存在一些困难或问题,如:从遥感影像上自动提取被检测对象特征是一件十分困难的工作;不同来源的数据其精度往往不一致,对变化检测结果的精度和可靠性影响较大;遥感影像和 GIS 数据几何配准精度对变化检测结果的影响也较大等。

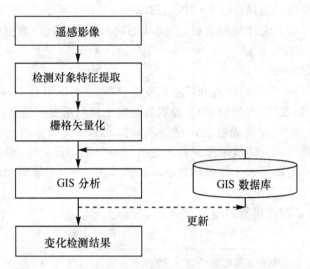

图 9-12　基于新的遥感影像与旧的 GIS 数据的变化检测

9.7.4　规划用地及违章建筑调查案例分析

高分辨率遥感影像在城市规划建设中可以发挥重要的作用。以城市遥感综合的方式获取城市土地利用现状及城市建设现况等方面信息，对城市建设用地的使用情况进行监测，可以摸清违法建设的存在状况，并依法进行查处。下面以宁波市为例，简单介绍高分辨率遥感影像在城市规划用地及违章建筑调查中的应用。

1. 运行环境、数据情况及实验区选取

(1) 所需软硬件环境

硬件环境：PC 机(P4 处理器、内存 1G、120G 硬盘)、A0 幅绘图仪。

软件环境：ERDAS IMAGINE、ARCGIS 等办公软件。

(2) 影像资料。为了提取变化图斑，需利用前后两期影像，以及在规划审批过程中产生的业务数据(例如历年的用地审批红线)等。本案例中影像资料如下：

① 前期影像：2002 年组织拍摄的航空摄影影像，覆盖范围是宁波市规划区；宁波独立坐标系统；1：2000 正射影像，假彩色合成效果图。

② 后期影像：2005 年拍摄的高分辨率 IKONOS 影像，覆盖范围是宁波市 6 区，其中鄞州、北仑、镇海区没有完全覆盖，共 8 景 IKONOS 影像；WGS 84 坐标系统；全色波段及 4 个多光谱波段的原始影像。

(3) 现有数据基础。现有数据基础包括：CAD 格式的基础地形图，中心城区比例尺为1∶500,其他地区为1∶1000;MapInfo 格式的用地红线图和规划红线图等;宁波市历年的总体规划编制;2002年的航拍影像(彩色)数据;1987年的航拍影像(黑白)数据。

2. 主要技术路线

充分利用已有的土地详查和历年的变更资料,在 GIS 平台下,将最新的遥感影像与之叠合配准,室内分析、判读提取最新的土地利用变化信息及相关的专题信息;然后,利用 GPS 等先进的定位手段对提取的变化信息进行外业核实;最后,将外业复核与调查的成果拿回室内进行进一步的修改,统计分析,并更新用地数据库。其中更新调查工作包括数字彩色影像图生产、土地利用现状分析、土地利用数据库建设及成果输出等。

具体的技术路线流程如图 9-13 所示。

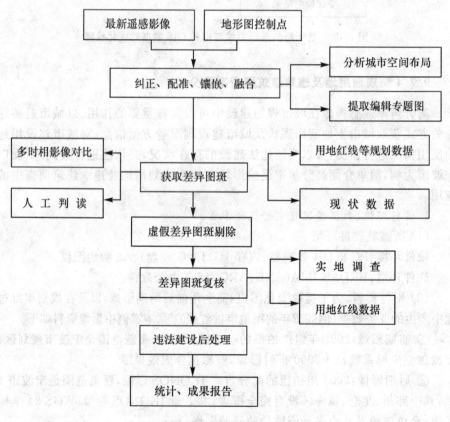

图 9-13 技术路线流程

3. 遥感影像的数据处理

（1）图像预处理。应用多种处理方法，例如各波段影像的特征分析、相关性分析、主成分变换、图像增强和变换等，增强感兴趣地物的信息，突出被检测对象，提高解译能力。

数字图像处理的很多应用通过融合覆盖同一地区的多种数据而得到加强。对于分辨率低的影像，是通过与分辨率高的影像进行融合来提高空间分辨率。本案例中应用 IKONOS 影像 4m 分辨率的 RGB 及 NIR 波段与 1m 分辨率的 PAN 波段进行融合，使融合后影像达到 1m 分辨率，大大丰富了目视效果，增强了解译能力。

（2）图像变化检测。本案例查违中所涉及的变化图斑，主要指的是几何形状发生了变化，例如，变化前是简易居民房，变化后是多层建筑，反映在图像的每个像元上都是水泥的光谱特性（灰度值），在物理属性上没有发生任何改变，这种变化很难通过计算机自动提取变化图斑，只能通过人机交互的方式进行判读。目视解译运用了解译者的综合知识，对遥感对象进行分析、识别。

图 9-14 是对照前后两期影像提取的变化图斑，右侧是 2002 年的航拍影像，图斑内的建筑呈稀疏排列状；左侧是 2005 年拍摄的 IKONOS 影像，变化图斑内的建筑密度增加很多，其中部分房屋是在原地上改建，部分是直接在空地上建起，而且没有审批过的用地红线覆盖，可能是违法建设。

(a) 2005 年拍摄 IKONOS 影像　　(b) 2002 年航拍影像

图 9-14　前后两期影像提取的变化图斑对照

图 9-15 同样是对照前后两期影像提取的变化图斑，左侧是 2005 年新的影像，右侧是 2002 年旧的影像，112 号变化图斑上有与之吻合的用地红线，这可以说明该变化图斑在用地使用上通过了合法的审批。

图斑提取后,将小于 100m² 的小面积图斑进行剔除。

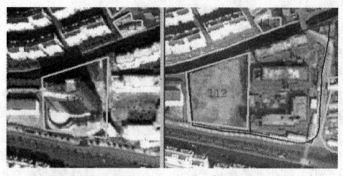

(a) 2005 年新的影像　　　　(b) 2002 年旧的影像

图 9-15　前后两期影像提取的变化图斑对照

4. 在规划管理中的应用

(1) 分析统计变化情况。在宁波市三个区的实验区中,通过人机交互的方式勾绘出的变化图斑分别为江东 32 个、江北 80 个、海曙 22 个。按照图斑上有无红线覆盖的情况统计如表 9-9 所示。由表 9-9 可以看出,多数变化图斑上没有红线覆盖,可以确定为疑似违法建设,极少数有红线覆盖且与红线边界吻合的变化图斑,可以基本确定为合法建设,如图 9-15 中所示的 112 号变化图斑。

表 9-9　　　　　　　图斑上有无红线覆盖的统计表

行政区	变化图斑上有红线覆盖		变化图斑上无红线覆盖	合　计
	与红线边界吻合	与红线边界不完全吻合		
江　东	5	15	14	34
江　北	2	14	64	80
海　曙	0	7	16	23
合　计	7	36	94	137

由于本案例所拥有的用地红线数据不完整,表 9-9 中的无红线覆盖的变化图斑并不能说明一定是违法建设或违法用地;变化图斑上有红线覆盖且边界吻合的可以基本确定为合法建设,但也要实地核查过再确认;变化图斑上有红线覆盖且边界不完全吻合的情况比较复杂,须实地核查确认。

按照变化情况分类,可以基本分为施工地竣工、房屋改建或扩建、原来为空地或耕地上建起了房屋、原来是耕地或房屋现在变成了空地或施工地、其他五大类。提取三个实验区变化图斑的变化情况统计,如表 9-10 所示。

表 9-10　　　　　　　　　　图斑的变化情况分类统计

行政区	施工地竣工	房屋改扩建	空地上建起房屋	空置地施工地	其　他
江　东	5	5	16	7	1
江　北	3	13	52	7	5
海　曙	3	5	9	3	3
合　计	11	23	77	17	9

从表 9-10 中分出的五类变化情况来看,多数是在空地或耕地上建起了房屋,而且这种变化情况大多发生在城乡结合部,以江北最多;房屋改扩建的情况也比较多,变化的结果多数是增加了建设密度,从图上可以看出改扩建的房屋多数是车间厂房、仓库。

(2) 实地核查确认。本案例在 3 个实验区中共计提取了 137 个变化图斑,通过内业人员的图面判断,其中判断为违法的 100 个、合法的 22 个、不确定的 15 个,再由规划分局法规处的业务人员到实地核查确认,对照情况如表 9-11 所示。

表 9-11　　　　　　　　　变化图斑图面判断结果情况

图面判断违法的 100 个地块	核查确认违法	80 个
	核查确认合法	12 个
	核查确认不确定	8 个
图面判断合法的 22 个地块	核查确认合法	18 个
	核查确认不确定	4 个
图面判断不确定的 15 个地块	核查确认违法	6 个
	核查确认合法	5 个
	核查确认不确定	4 个

需要说明的是,核查反馈来的信息中待征用的地块视为不确定,未去实地核查的 12 个地块也视为不确定;已补办手续的视为合法,已拆除的视为合法。

尽量参照审批过程中的其他存档数据,例如方案、竣工资料,以减少那些由于用地红线数据的不完整造成的误判情况,可以使实地核查的工作量减轻。据实地核查后得到的具体变化原因、用地性质等信息,确认是否为违法建设,并决定如何查办,是拆除还是补办手续等。

5. 总结与体会

利用高分辨率遥感影像进行违法建设查处具有客观、快速、现势性强等特点,与传统的方法相比较具有费用低、速度快、精度高、周期短等优势。目前的变化检测技术,从理论上看尚缺少理论基础和合适的评价标准;从方法上看主要还停留在像元级的数据导引的方法上,缺少知识导引的特征级变化检测方法,尚未充分利用新旧影像间的许多关联信息,更缺少自动的变化检测方法。变化检测中几何信息的利用也仅仅通过对少量控制点的配准,未将所有未变化目标的几何信息加以利用,也没有成熟的方法来处理不同时相数据中由于大气条件、传感器噪声和大气辐射的差异性带来的干扰,这些都是变化检测中的关键性问题,有待进一步研究和解决。

遥感影像变化检测是一个复杂的处理过程,从数据条件、数据准备到检测处理方法各技术环节都影响着变化检测的最终结果,复杂的处理过程妨碍了遥感影像变化检测的业务化实施。目前,虽然有些传统遥感影像处理软件如ERDAS、PCI、ENVI等提供了一些变化检测的功能,但其功能和方法还都比较简单独立,还没有专门的变化检测商业化系统推出。

本章思考题

1. 卫星影像制图的目的和意义是什么?有何优缺点?
2. 当代典型的高分辨率遥感卫星系统有哪些方面的特点?
3. CCD 线阵列传感器的成像方式有何特点?
4. CCD 线阵列传感器图像与框幅式中心投影影像的几何处理方法有什么区别?
5. 传感器模型有哪几种类型?基于有理函数的通用传感器模型有何优越性?
6. 什么是有理函数?有理函数有哪些方面的特点?有何应用?
7. 基于高分辨率遥感影像的地物提取存在哪些方面的困难?
8. 基于高分辨率遥感影像变化检测的主要内容是什么?
9. 以城市用地变化检测为例,设计需要给出哪些原始资料和数据以及变化检测的具体方案?简述变化检测的主要步骤。

第10章 空间信息系统集成与城市三维建模可视化

地球空间信息科学(Geo-Spatial Information Science,简称 Geomatics)是以全球定位系统(GPS)、地理信息系统(GIS)、遥感(RS)等空间信息技术为主要内容,并以计算机技术和通信技术为主要技术支撑,用于采集、量测、分析、存储、管理、显示、传播和应用与地球和空间分布有关数据的一门综合和集成的信息科学和技术。它是地球科学的一个前沿领域,是地球信息科学的重要组成部分,是数字地球的基础。本章首先简要介绍有关地球空间信息科学的理论和技术体系,然后介绍多传感器集成空间信息获取的方法与应用,包括"3S"技术的集成与应用、车载移动测图系统的集成与应用等,最后简单介绍有关数字城市三维建模与可视化以及可量测实景影像的概念与应用。

10.1 地球空间信息科学概述

10.1.1 地球空间信息科学的形成

随着社会和经济的迅速发展,人类活动引起的全球变化日益成为人们关注的焦点。随着世界人口的急剧增加,资源大量消耗,生态环境日益恶化成了有目共睹的事实。地球及其环境是一个复杂的巨系统,为了解决上述问题,要求以整体的观点认识地球。随着人类社会步入信息时代,有关地球科学问题的研究需要以信息科学为基础,并以现代信息技术为手段,建立地球信息的科学体系。地球空间信息科学作为地球信息科学的一个重要分支,将为地球科学问题的研究提供数字基础、空间信息框架和信息处理的技术方法。

地球空间信息广义上指各种空载、星载、车载和地面测地遥感技术所获取的地球系统各圈层物质要素存在的空间分布和时序变化及其相互作用信息的总体。地球空间信息科学作为信息科学和地球科学的边缘交叉学科,与区域乃至全球变化研究紧密相连,是现代地球科学为解决社会可持续发展问题的一个基础性环节。

空间定位技术、航空和航天遥感、地理信息系统和互联网等现代信息技术的发展及其相互间的渗透,逐渐形成了地球空间信息的集成化技术系统。近二三十年来,这些现代空间信息技术的综合应用有了飞速发展,使得人们能够快速、及时和连续不断地获得有关地球表层及其环境的大量几何信息与物理信息,形成地球空间数据流和信息流,从而促成了地球空间信息科学的产生。

地球空间信息科学不仅包含现代测绘科学的所有内容,而且体现了多学科的交叉与渗透,并特别强调计算机技术的应用。地球空间信息科学不局限于数据的采集,而是强调对地球空间数据和信息从采集、处理、量测、分析、管理、存储到显示和发布的全过程。这些特点标志着测绘学科从单一学科走向多学科的交叉;从利用地面测量仪器进行局部地面数据的采集到利用各种星载、机载和舰载传感器实现对地球表面及其环境的几何、物理等数据的采集;从单纯提供静态测量数据和资料到实时/准实地提供随时空变化的地球空间信息。将空间数据和其他专业数据进行综合分析,其应用已扩展到与空间分布有关的诸多方面,如环境监测与分析、资源调查与开发、灾害监测与评估、现代化农业、城市发展、智能交通等。

推动地球空间信息科学发展的动力有两个方面:一方面是现代航天、计算机和通信技术的飞速发展为地球空间信息科学的发展提供了强有力的技术支持;另一方面是全球变化和社会可持续发展日益成为人们关注的焦点,而作为其主要支撑技术的地球空间信息科学必然成为优先发展的领域。其具体表现为:地球空间信息科学理论框架逐步完善,技术体系初步建立,应用领域进一步扩大,产业部门逐步形成。

10.1.2 地球空间信息科学的理论体系

地球空间信息科学理论框架的核心是地球空间信息机理。地球空间信息机理作为形成地球空间信息科学的重要理论支撑,通过对地球圈层间信息传输过程与物理机制的研究,提示地球几何形态和空间分布及变化规律。其主要内容包括:地球空间信息的基准、标准、时空变化、认知、不确定性、解译与反演、表达与可视化等基础理论问题。

1. 地球空间信息基准

地球空间信息基准包括几何基准、物理基准和时间基准,是确定一切地球空间信息几何形态和时空分布的基础。一方面,地球参考坐标系轴系是基于地球自转运动定义的,地球动力过程使地球自转矢量以各种周期不断变化;另一方面,作为参考框架的地面基准站又受到全球板块和区域地壳运动的影响。因此,区域定位参考框架与全球参考框架的连接和区域地球动力学效应问题,是地球空间信息科学和地球动力学交叉研究的基本问题。

2. 地球空间信息的标准

地球空间信息具有定位特征、定性特征、关系特征和时间特征,它的获取主要依赖于航空、航天遥感等手段。各种遥感仪器所能感受到的信号,取决于错综复杂的地球表面和大气层对不同波段电磁波的辐射与反射率。地球空间信息产业发展的前提是信息的标准化,它作为一种把地球空间信息的最新成果迅速地、强制性地转化为生产力的重要手段,其标准化程度将决定以地球空间信息为基础的信息产业的经济效益和社会效益。其主要包括:空间数据采集、存储与交换格式标准,空间数据精度和质量标准,空间信息的分类与代码、空间信息的安全、保密及技术服务标准等。

3. 地球空间信息的时空变化

地球及其环境是一个时空变化的巨系统,其特征之一是在时间及空间尺度上演化和变化的不同现象,时空尺度的跨度可能有十几个数量级。地球空间信息的时空变化理论,一方面从地球空间信息机理入手,揭示地球空间信息的时空变化特征和规律,并加以形式化描述,形成规范化的理论基础,使地球科学由空间特征的静态描述有效地转向对过程的多维动态描述和监测分析;另一方面,针对不同的地学问题,进行时间优化与空间尺度的组合,以解决诸如不同尺度下信息的衔接、共享、融合和变化检测等问题。

4. 地球空间信息的认知

地球空间信息以地球空间中各个相互联系、相互制约的元素为载体,在结构上具有圈层性,各元素之间的空间位置、空间形态、空间组织、空间层次、空间排列、空间格局、空间联系以及制约关系等均具有可识别性。通过静态上的形态分析、发生上的成因分析、动态上的过程分析、演化上的力学分析以及时序上的模拟分析来阐释与推演地球形态,以达到对地球空间的客观认知。

5. 地球空间信息的不确定性

由于地球空间信息是在对地理现象的观测、量测基础上的抽象和近似描述,因此存在不确定性,而且它们可能随着时间发生变化,这使得地球空间信息的管理非常复杂和困难。同时,这些差异会对信息的处理及分析结果产生影响。地球空间信息的不确定性包括:类型的不确定性、空间位置的不确定性、空间关系的不确定性、时域的不确定性、逻辑上的不一致性和数据的不完整性。

6. 地球空间信息的解译与反演

通过对地球空间信息的定性解译和定量反演，揭示和展现地球系统现今状态和时空变化的规律。从现象到本质，回答地球科学面临的资源、环境和灾害诸多重大科学问题是地球空间信息科学的最终科学目标。地球空间信息的解译与反演涉及地球科学的许多领域。

7. 地球空间信息的表达与可视化

由于计算机中的地球空间数据和信息均以数字形式存储，为了使人们更好地了解和利用这些信息，需要研究地球空间信息的表达与可视化技术方法。它主要涉及空间数据库的多尺度（多比例尺）表示、数字地图自动综合、图形可视化、动态仿真和虚拟现实等。

10.1.3 地球空间信息学的技术体系

地球空间信息科学的技术体系是指贯穿地球空间信息采集、处理、管理、分析、表达、传播和应用的一系列技术方法所构成的一组完整的技术方法的总和。它是实现地球空间信息从采集到应用的技术保证，并能在自动化、时效性、详细程度、可靠性等方面满足人们的需要。地球空间信息科学技术体系是地球空间信息科学的重要组成部分，它的建立依赖于地球空间信息科学基础理论及其相关科学技术的发展，主要包括以下几个方面：

1. 空间定位(GPS)技术

GPS作为一种全新的现代定位方法，已逐渐在越来越多的领域取代了常规光学和电子仪器。20世纪80年代以来，尤其是20世纪90年代以来，GPS卫星定位和导航技术与现代通信技术相结合，在空间定位技术方面引起了革命性的变化。用GPS同时测定三维坐标的方法将测绘定位技术从陆地和近海扩展到整个海洋和外层空间，从静态扩展到动态，从单点定位扩展到局部与广域差分定位，从事后处理扩展到实时(准实时)定位与导航，绝对和相对精度扩展到米级、厘米级乃至亚毫米级，从而大大拓宽了它的应用范围和在各行各业中的作用。

2. 航空航天遥感(RS)技术

当代遥感的发展主要表现在它的多传感器、高分辨率和多时相特征。国外已有或正研制地面分辨率为1～3m的航天遥感系统，俄罗斯也将原军方保密的分辨率为2m的间谍卫星影像公开出售。在影像处理技术方面，开始尝试智能化专家系统。遥感信息的应用分析已从单一遥感资料向多时相、多数据源的复合分析，从静态分析向动态监测过渡，从对资源与环境的定性调查向计算机辅助的定量自动制图过渡，从对各种现象的表面描述向软件分析和计量探索过渡。近年来,航空遥感由于具有快速机动性和高分辨率的显著特点,现已成为遥感发展的重要方面。

3. 地理信息系统(GIS)技术

随着"数字地球"这一概念的提出和人们对它的认识的不断加深,从二维向多维动态以及网络方向发展成为地理信息系统发展的主要方向,也是地理信息系统理论发展和诸多领域的迫切需要,如资源、环境、城市等。在技术发展方面,一种发展是基于Client/Server结构,即用户可在其终端上调用服务器上的数据和程序;另一种发展是通过互联网络发展Internet GIS或web-GIS,可以实现远程寻找所需要的各种地理空间数据,包括图形和图像,而且可以进行各种地理空间分析。这种发展通过现代通信技术使GIS进一步与信息高速公路接轨。

4. 数据通信技术

数据通信技术是现代信息技术发展的重要基础。地球空间信息技术的发展在很大程度上依赖于数据通信技术的发展,在GPS、GIS和RS技术发展过程中,高速度、大容量、高可靠性的数据通信是必不可少的。目前在世界范围内通信技术正处于飞速发展阶段,特别是宽带通信、多媒体通信、卫星通信等新技术的应用以及迅速增长的需求,为数据通信技术的发展创造了良好的外部环境。

10.2 多传感器集成空间信息获取

多传感器集成与融合技术从20世纪80年代初以军事领域的研究为开端,迅速扩展到军事和非军事的各个应用领域,如:自动目标识别、自主车辆导航、遥感、GIS空间与属性数据采集与更新、战场监控、自动威胁识别系统、生产过程的监控、基于环境的复杂机械维护、机器人以及医疗应用等。

10.2.1 多传感器集成的概念

多传感器集成是指综合利用在不同的时间序列上获得的多种传感器信息,按一定准则加以综合分析来帮助系统完成某项任务,包括对各种传感器给出的有用信息进行采集、传输、分析与合成等处理。多传感器集成的基本出发点就是充分利用多个传感器资源,通过对这些传感器及其观测信息的合理支配和使用,把多个传感器在空间或时间上的冗余或互补信息依据某种准则进行组合,以获得对被测对象的一致性解释或描述。单个传感器在环境描述方面存在着无法克服的缺点:首先,由于单个传感器只能提供关于操作环境的部分信息,并且其观测值总会存在不确定以及偶然不正确的情况,因此,单个传感器无法对事件作出唯一全面的解释,无法处理不确定的情况;其次,不同的传感器可以在不同环境下为不同的任务提供不同类型的信息,而单个传感器无法包括所有可能的情况;最后,由于单个传感器系统缺乏鲁棒性,所以偶然的故障会导致整个系统无法正常工作,甚至会给重要的系统造成灾难性的后果。多个传感器不仅可以得到描述同一环境特征的多个冗余的信息,而且可以描述不同的环境特征。

在空间数据特别是三维空间数据采集与更新方面,传统的测绘手段都存在一定的局限性。航空摄影测量与遥感虽然可以提供目标的空间信息、纹理特征等,但获取的主要是建筑物的顶面信息,漏掉了建筑物立面的大量几何和纹理数据;地面摄影测量只能获取建筑物的立面信息;Lidar 获取的距离图像能较好地提供场景的三维描述,但数据含有较多噪声,目前还难以提取形体信息及拓扑关系。不同的数据获取手段之间往往存在互补性,因此,利用多传感器获取多源数据,采用融合方法来建立 3D 模型,一直是人们关注的焦点。

在这种认识的驱动下,利用多种空间数据采集手段,将各种空间数据采集传感器进行集成的系统随着计算机软硬件技术的发展相继推出。比较有代表性的研究成果有:根据地面摄影测量和航空摄影测量组合获取 3D 空间数据,利用 Auto CAD 建立几何建模,再对模型进行真实像片纹理映射,生成真 3D 模型;利用"地图+激光扫描+地面摄影"的组合方式,从平面图和空中激光扫描的数字表面模型(DSM)中获取三维几何信息,从地面摄影测量中获取纹理信息,利用 CSG 法实现 3D 模型;通过 GIS、GPS、RS 结合的"3S"技术或通过"GPS+CCD+LS"等也可以构成一个集成的地面车载或机载航空数据获取系统,利用专业建模工具,如 Auto CAD、3DS Max 或 OpenGL、VRML 等建立三维模型,把 CCD 获得的纹理信息镶嵌或粘贴到立体模型上,从而产生一幅逼真的数字景观图。

多传感器集成进行空间数据采集有以下优点:

(1) 扩展了系统的时间和空间的覆盖范围,增加了测量空间的维数,避免了工作盲区,获得了单个传感器不能获得的信息。

(2) 提高了系统信息接收与处理的时间分辨率、空间分辨率。

(3) 提高了系统定位、导航、跟踪的精度。通过 GPS/INS 的集成,可以相互改正以提高定位定姿数据的精度。

(4) 由于引入多余观测,多传感器集成空间数据采集提高了系统工作的稳定性、可靠性和容错能力。

(5) 有利于降低系统成本。由于传感器集成系统已在体系结构上充分考虑了多传感器集成的要求,提供了良好的软、硬件及接口等开发因素,因此有利于降低系统成本。

(6) 可以进行大范围快速数据采集,提高空间数据效率。

10.2.2 多传感器集成的关键技术

1. 传感器集成

尽管多传感器系统与单个传感器系统相比有许多优点,但是多个传感器的引入使整个系统处理过程复杂化,同时也因此产生一系列新的问题,如多传感器描述的一致性问题、多传感器协调工作等问题。

传感器的种类很多,不同的传感器性能各异,因此,如何为空间数据的采集选择合适的传感器是多传感器集成的一个重要部分。不同传感器的精度各不相同,但系统集成追求的是统一的精度指标,是所有传感器共同作用的结果。特别是对于三维空间数据的获取,不同传感器的精度要求在同一个数量级,这样才能保证系统不会因为某个传感器性能造成整个系统精度下降。因此,对数据采集传感器性能的综合选择是系统精度得以保证的关键。

另外,如何控制多传感器之间的统一和协调工作也很重要。该技术直接关系到能否对多传感器信息进行有效"注册",即确定来自多个传感器的信息所参照的对象是环境中的同一个特征。这个问题解决的好坏直接影响后面数据融合处理的结果,也就是说,直接影响后面的多传感器数据能否集成融合处理。特别是针对三维空间数据获取的多传感器集成系统,多传感器集成控制直接影响着空间数据融合处理的精度和可靠性。

2. 多传感器集成系统的标定

多传感器集成空间数据采集系统数据融合处理的第一步工作就是进行各种传感器之间的标定,标定的目的是实现各个传感器坐标系之间的快速转换,它是数据融合处理的基础,包括标定每个传感器本身以及求得各个传感器坐标系之间的相互转换关系。

对于多传感器集成的空间数据采集系统的标定主要包括以下几个方面:

(1) 成像传感器如 CCD 相机内标定,如内方位元素、相机畸变等,目前多数的标定方法需要使用较多的特征点,通过最小二乘拟合的方法加以实现。

(2) 定姿传感器自标定。主要是用惯性导航设备的自漂移和地球自转的影响而确定航向。

(3) 传感器之间相互关系标定。关键是将各个传感器所获取的数据纳入到一个统一的系统中加以处理。

3. POS 系统及其数据集成处理技术

POS 系统指多传感器集成空间数据采集系统的定姿系统。POS 系统在多传感器集成空间数据采集系统中占有重要地位。姿态角的精度直接影响到空间数据的测量精度。POS系统可通过三种方式来实现：

（1）直接姿态采集传感器。如惯性导航设备、电子罗盘等。

（2）使用GPS多天线系统。这个方法被使用在对于测量精度不高的航空和船载测量多传感器集成环境中。对于基于地面车载系统，由于两个天线之间的基线受车载平台的限制，使用GPS多天线系统获取的姿态的精度受到限制。

（3）双GPS与中低精度姿态采集传感器。高精度姿态采集传感器价格昂贵，在一些应用场合如车载系统，可用双GPS与中低精度姿态采集传感器配合，通过双GPS提供航向，而中低精度姿态采集传感器提供俯仰和翻滚，一方面可降低系统成本，另一方面又可克服姿态传感器对航向的过多依赖。

4. 直接地理坐标参考

对多传感器集成空间数据采集系统而言，最重要的是直接地理坐标参考。直接地理坐标指不使用地面控制点和摄影测量三角测量的方法来确定测绘传感器的坐标。例如：如果相机传感器被使用，任何获取的图像都能用地理坐标的参数标记，即3个位置参数和3个姿态参数。所以，三维对象的量测能够使用摄影测量的同名像点来获取。

直接地理坐标参考带来的显著优势在于减少地面控制测量的费用，并使无控制的航空和地面摄影测量可行。在这种技术的支持下，可以成功发展新一代多传感器集成的航空移动测绘系统。例如：航空Lidar测绘系统和航空SAR系统。它的目的是独立于任何控制点，最后使摄影测量处理完全自动化。

5. 3S集成技术

3S集成技术指的是全球定位系统（GPS）、遥感（RS）和地理信息系统（GIS）三大技术的集成（简称"3S"），这三大技术有着各自独立、平行的发展成就。随着"3S"研究和应用的不断深入，对"3S"的研究和应用开始向集成化（或综合化）方向发展，而如何进行3S数据集成处理和应用，是发挥多传感、多源数据采集和综合利用优势的关键。

关于GPS、RS与GIS的技术集成与应用将在下一节作进一步的介绍。

10.2.3 多传感器集成系统的分类

三维空间数据采集可以通过多种传感器来实现，不同的传感器组合可以构成不同的多传感器集成空间数据采集系统。下面根据这些系统的传感器搭载平台，将这些系统主要分为地面车载、航空机载和航天星载三大类。

1. 地面车载移动测量系统

(1) GPS、INS、CCD 集成的车载移动测量系统。GPS、INS、CCD 集成的车载移动测量系统的主要传感器是 GPS 接收机、INS 惯性导航系统和立体 CCD 相机。GPS 接收机、INS 惯性导航系统作为绝对定位传感器是对移动平台进行定位，用于确定移动制图系统平台中传感器的绝对位置（如摄像机中心相对于全球坐标系统 WGS-84 的三维坐标）和姿态。2 台 GPS 接收机，1 台安装在车上，另 1 台则作为地面参考站。汽车在正常速度行驶中，传感器的测量数据自动传输至车内的计算机系统中，每小时约采集 2.7GB 的数据。GPS 接收机和 INS 惯性导航系统以及车轮传感器来测定汽车位置的三维坐标。相对定位传感器则提供目标相对于平台局部坐标系的位置信息；属性采集传感器和相对定位传感器都是进行地面目标特征及定位数据的获取，很多传感器既提供定位信息又提供特征信息，如相机、摄像机等。

移动测绘系统是一种高度集成化、自动化的数据获取方式，是建立 3DCM(3D City Model) 最具有发展潜力的一种数据获取手段。它不仅可用于 3DCM 的构建，而且可用于自动车辆导航、建筑物的测绘、道路网的测绘、交通信号管理，监测车辆行驶速度和停车场的违规现象，进行高速公路路面测绘等。此外，由于移动测绘系统能在较短时间内重复测绘各类对象，因而可成为更新 GIS 空间数据库的重要手段。

(2) GPS、INS、LS 集成的车载移动测量系统。该系统集成了激光扫描仪、CCD 相机及数字彩色相机的数据采集和记录系统。三维数据既可以来自地面激光测距仪，又可以来自摄影测量重叠的二维像片；纹理数据直接来自距离传感器、摄影测量像片或全部来自高分辨率数字彩色相机。

2. 机载测图系统

机载多传感器集成的空间数据采集测图系统主要包括下面几种：

(1) GPS+CCD 集成的 GPS 辅助空中三角测量。GPS 辅助空中三角测量是利用装在飞机上的一台 GPS 信号接收机和设在地面上的一个或多个基准站上的 GPS 信号接收机同时而连续地观测 GPS 卫星信号，通过 GPS 载波相位测量差分定位技术的离线数据后处理获取航摄仪曝光时刻摄站的三维坐标，然后将其视为附加观测值引入摄影测量区域网平差中，经采用统一的数学模型和算法以整体确定点位并对其质量进行评定的理论、技术和方法。GPS 辅助空中三角测量的有关内容已在第 4 章作过详细介绍，这里不再赘述。

(2) 无人控制机航空摄影测量系统。20 世纪 90 年代后期，一种新型的飞机平台——无人航空飞行器(UAV)出现，其性能不断提高，可以为环境应用提供例行的飞行任务。这种俗称无人机的飞机,由地面通过无线电通信网络,实现飞机的起飞、到达指定空域、实行遥感飞行操作以及返回机场降落等操作。可用于气象探测和遥感、自然灾害监视、测绘、环境监视、农业和森林管理等多种遥感应用。

无人控制机航空摄影测量系统由无人驾驶飞行器、轻型光学传感器及稳定平台、GPS导航定位系统、遥控/程控飞行与摄影控制系统及地面监控站组成,是低空高分辨率遥感影像及高精度定位数据快速获取的高新技术装备。无人控制机航空摄影测量系统具有机动快速的反应能力,获取图像的空间分辨率达到厘米级,价格是相同性能载人机的三分之一左右,可有效地解决卫星定标问题,可以对车、船无法到达的地带进行环境监测、污染监测、灾情监测及救援指挥,可为小卫星遥感系统的研制提供航空试验平台。

(3) GPS+INS+CCD+LS集成的机载激光扫描测图系统。GPS的发展为快速获取地面控制点提供了技术手段,后来用于辅助全数字摄影测量,效率提高了一些,但还是不能够摆脱地面控制点。地面控制点其实质就是已知坐标的地面标志点,如果能够在获取遥感图像的同时,从空中直接测得地面这些点的三维坐标,那么它们也就是控制点了。这个思想随着无反射镜的激光扫描测距技术、惯性导航系统(INS)和GPS的发展成为可能。

机载激光扫描制图系统由GPS接收机、姿态测量装置、扫描激光测距仪、扫描成像仪4个主要部分构成。GPS测出三维成像仪在空中的精确三维位置,姿态测量装置测出其在空中的姿态参数,扫描激光测距仪可以精确测定成像中心到地面采样点的距离,根据几何原理就可以计算出激光采样点的三维位置。同时,扫描成像仪同步获取地面的遥感图像,它和扫描激光测距仪在硬件上共用一套扫描光学系统,组成扫描激光测距与成像组合传感器,从而保证地面的激光测距点和图像上的像元点严格匹配,即在获取地面点图像的同时,还获取该点到成像仪的激光距离值。在事后处理中,这些激光采样点作为控制点用于生成DEM,也可以纠正同步获取的遥感图像。

(4) 机载成像光谱仪。20世纪80年代后期,根据最新提出的成像光谱学概念,美国喷气推进研究室(JPL)制成机载可见红外成像光谱仪(AVIRIS)。这台采用摇摆扫描成像方式的成像光谱仪,在$0.4\sim2.45\mu m$的波长范围内获取224个连续的光谱波段图像,波段宽10nm。当飞机在20km高空飞行时,图像地面分辨率可达20m。AVIRIS实现了高空间分辨率、高光谱分辨率和高辐射度的准确度,并提高了分辨地面信息特征的能力。

推扫式扫描成像超光谱成像仪是根据推扫式扫描成像和光栅分光原理,采用大型焦平面列阵探测器件制成的。自 20 世纪 80 年代以来，敏感可见光和近红外辐射的硅面列阵 CCD 成像器件已经成为市场产品。因此，许多国家相继制成光谱范围在可见光和近红外($0.4 \sim 1.1 \mu m$)的超光谱成像仪(HSI)。随着红外焦平面探测器件技术的不断进步，可供实用的大型面阵红外焦平面成像探测器件(512 像元×512 像元以上规模)越来越多。在短波红外($1 \sim 3 \mu m$)和中波红外($3 \sim 5 \mu m$)光谱范围，已经制成性能优良的器件。按推扫式扫描成像原理操作的超光谱成像仪，在解决一系列关键技术之后，得到迅速发展。

3. 星载测图系统

星载测图系统的主要代表是各种高分辨率的遥感卫星和小卫星。小卫星技术大量吸收现代先进的实用技术。例如微型计算机和固体化空间有效载荷(转发器、摄像机、存储器以及姿态敏感器等)，它们使卫星的重量和体积大幅下降，同时又使卫星的功能得到增强。单片微波集成电路、CCD 摄像机、红外焦平面列阵器件等固体化元部件，具有体积小、耗电省、重量轻、功能强等特点。抗辐射加固的微处理器，功能密度高，表面积不到 $1cm^2$ 的芯片可达到每秒百万条指令的处理能力。小卫星的发展改变了传统的空间技术卫星大、功能全、周期长和成本高的发展倾向。它借助于搭载或专用小火箭等廉价的运载工具，发射小型、轻量、单一(或少数几个)功能的卫星，通过多颗卫星所组成小卫星网或星座的操作，满足大卫星应用的需求。小卫星已经成为空间技术必不可少的组成部分。特别是小卫星星群或星座的发展，将取代部分现代大型应用卫星的功能，已经引起卫星应用和空间技术发展的重大变革。

10.2.4 多传感器集成技术的发展趋势

随着激光测距技术、成像技术、惯性导航技术、计算机技术和 GPS 技术等的发展以及社会需求的迫切性的增加而发展起来的多传感器集成技术空间数据采集系统，代表了对地观测领域一种新的发展方向。车载测图系统基本上属于一种测量系统，主要用于与道路检测等有关的领域。而机载系统的作业高度均在 1 000m 以下，这样是为了减少姿态测量装置误差、激光点在地面上的扩散范围及其他几种潜在误差的影响。机载激光地形制图系统是以生成 DEM 为主的测量系统，可以用于以快速获取 DEM 为主要目标的各个领域。机载系统中同步生成 DEM 和地学编码影像的系统——"机载激光遥感影像制图系统"是一种遥感系统，其与一般机载遥感系统的应用领域相同。这种遥感系统的前述特点，又使其具有较常规遥感系统不能胜任的应用领域，包括需要快速资源环境动态变化数据、高动态监测的应用领域(政府级用户)，主要解决随着经济迅速发展而出现的资源供需分析、经济发达区的环境变化监测、城市变化监测、土地面积的动态监测、国家基础地形数据库的建设等为政府宏观决策急需的基本数据等;第二类应用领域,或称第二类用户是局部区域的问题,如大型工程进度监测(三峡工程)、城市重点发展区的城市规划用图、移动通信网布设时急需的城市建筑物高度分布图、区域1∶5万地形库的建立、特殊目标的遥感专题识别、荒漠区石油资源及矿产资源的遥感调查、地面工作极度困难地区(滩涂、海岛、礁盘等的)的资源调查、极地考察(南北极地区的冰雪调查、海冰漂移和地形测绘等)和为重大突发性灾害(如地震、洪水、石油泄漏等)的处理及救援提供决策依据等。

多传感器集成技术三维空间数据采集系统的另外一个发展趋势是小卫星SAR技术。星载合成孔径雷达(ASR)已经成为实用化的新型遥感技术手段,按业务操作方式向广大用户提供微波遥感图像数据。作为空间对地观测系统的有效工具,SAR的技术目前还存在高空间分辨率和高重访率两者不能兼顾的严重缺陷。恰恰是一些重要的应用项目,例如战区侦察和自然灾害监测等,强烈要求对地观测系统实现这两者性能的兼顾。可以以较高的重访率获取同一块地面的高分辨率雷达图像(SAR数据)。目前,大家都认识到,解决这一难题的最为合适的方法是采用由多颗装载SAR遥感仪的小卫星构成SAR星座。利用高性能小型SAR来获取高分辨率图像,利用小卫星星座提高摄取地面图像的重访率。

10.3 GPS、RS与GIS的集成与应用

10.3.1 "3S"技术集成的概念

空间定位系统(目前主要指GPS全球定位系统)、遥感(RS)和地理信息系统(GIS)是目前对地观测系统中空间信息获取、存储管理、更新、分析和应用的三大支撑技术(以下简称"3S"),是现代社会持续发展、资源合理规划利用、城乡规划与管理、自然灾害动态监测与防治等的重要技术手段,也是地学研究走向定量化的科学方法之一。

这三大技术有着各自独立、平行的发展成就:

GPS是以卫星为基础的无线电测时定位、导航系统,可为航空、航天、陆地、海洋等方面的用户提供不同精度的在线或离线的空间定位数据。

RS在过去的20年中已在大面积资源调查、环境监测等方面发挥了重要的作用。在未来5年之中还会在空间分辨率、光谱分辨率和时间分辨率3个方面,全面出现新的突破。

GIS 技术则被各行各业用于建立各种不同尺度的空间数据库和决策支持系统,向用户提供多种形式的空间查询、空间分析和辅助规划决策的功能。

随着"3S"研究和应用的不断深入,科学家们和应用部门逐渐认识到,单独地运用其中的一种技术往往不能满足一些应用工程的需要。事实上,许多应用工程或应用项目需要综合地利用这三大技术的特长,方可形成和提供所需的对地观测、信息处理、分析、模拟的能力。例如海湾战争中"3S"技术的集成代表了现代战争的高技术特点,而且"3S"技术的集成应用于工业、农业、渔业、交通运输、导航、公安、消防、保险、旅游等不同行业,将产生越来越大的市场价值。广义地讲,由于三者为众,"3S"集成也可以理解为多种高新技术的集成,例如上述三种技术与通信技术、数字摄影测量技术、专家系统等的集成。

近几年来,国际上"3S"的研究和应用开始向集成化(或综合化)方向发展。在这种集成应用中:

GPS 主要被用于实时、快速地提供目标,包括各类传感器和运载平台(车、船、飞机、卫星等)的空间位置。

RS 用于实时地或准实时地提供目标及其环境的语义或非语义信息,发现地球表面上的各种变化,及时地对 GIS 进行数据更新。

GIS 则是对多种来源的时空数据进行综合处理、集成管理、动态存取,作为新的集成系统的基础平台,并为智能化数据采集提供地学知识。

"集成"是英语"integration"的中文译文,它指的是一种有机的结合、在线的连接、实时的处理和系统的整体性。目前,由于对集成的含义理解不清,似有"集成"泛滥化之势头。譬如说,对于已得到的航空航天遥感影像,到实地用 GPS 接收机测定其空间位置(X,Y,Z),然后通过遥感图像处理,将结果经数字化输入地理信息系统中,这同样使用了"3S"技术,但它不符合上述的集成概念,不是一种集成。一个较好的"3S"技术集成系统的例子是美国俄亥俄州立大学、加拿大卡尔加里大学分别在政府基金会和工业部门资助下进行的集 CCD 摄像机、GPS、GIS 和惯性导航系统(INS)于一体的移动式测绘系统(mobile mapping system)。该系统将这些技术设备在线地装在汽车上,随着汽车的行驶,所有系统均在同一个时间脉冲控制下进行实时工作。由空间定位、导航系统自动测定 CCD 摄像瞬间的相片外方位元素。据此和已摄的数字影像,可实时/准实时地求出线路上目标(如两旁建筑物、道路标志等)的空间坐标,并随时送入 GIS 中,而 GIS 中已经存储的道路网及数字地图信息,则可用来修正 GPS 和 CCD 成像中的系统偏差,并作为参照系统,以实时地发现公路上各种设施是否处于正常状态。

显然,这样的集成还应当有现代通信技术和专家系统技术相配合,只是

"3S"的提法已经广为流传开了。从以上讨论不难看出,空间定位技术、遥感技术和地理信息技术的集成是一项技术难度极高的高科技。

10.3.2 "3S"技术的实用集成模式

在此简要地对实际应用中可能用到的"3S"技术集成模式加以讨论。

1. GIS 与 GPS 的集成

利用 GIS 中的电子地图和 GPS 接收机的实时差分定位技术,可以组成 GPS+GIS 的各种电子导航系统,用于交通、公安侦破、车船自动驾驶,也可以直接用 GPS 方法来对 GIS 进行实时更新,这是最为实用、简便、低廉的集成方法,称为基于位置的服务(location based service,简称 LBS)和移动定位服务(mobile location service,简称 MLS)的集成。

这时存在几种复杂程度不同、成本也不同的集成模式:

(1)GPS 单机定位+栅格式电子地图。该集成系统可以实时地显示移动物体(如车、船、飞机)所在的位置,从而进行辅助导航。其优点是价格便宜,不需要实时通信;其缺点是精度和自动化程度均不高。

(2)GPS 单机定位+矢量电子地图。该系统可根据目标位置(工作时输入)和车船现在的位置(由 GPS 测定)自动计算和显示最佳路径,引导驾驶员最快地到达目的地,并可用多媒体方式向驾驶员提示。其缺点是矢量地图(交通图)数据库的成本较高,对 GPS 的测定误差要设法加以补偿和改正。

(3)GPS 差分定位+矢量/栅格电子地图。该系统通过固定站与移动车船之间两台 GPS 伪距差分技术,可使定位精度达到$\pm(1\sim3)$m,此时需要通信联系,可以是单向的,也可以是双向的,即 GIS 系统可以放在固定站上,构成车、船现状监视系统,也可以放在车上、船上,构成自动导航系统。双方均有 GIS 加通信,则可构成交通指挥、导航、监测网络。上述 GPS+GIS 集成系统可用于农作物耕作经营中。

LBS 和 MLS 目前具有极大的应用前景,例如将 GPS 与手机和掌上宝(PDA)集成在一起。由于移动通信已进入第三代和第四代,将可能达到与 IP 网相同的传输速率。

图 10-1 是武汉大学 LBS 的设计方案,图 10-2 是武汉大学已形成的 LBS 在手机和 PDA 上的产品。

2. GIS 和 RS 的集成

遥感是 GIS 重要的数据源和数据更新的手段,而 GIS 则是遥感中数据处理的辅助信息,用于语义和非语义信息的自动提取。图 10-3 表示了 GIS 和 RS 各种

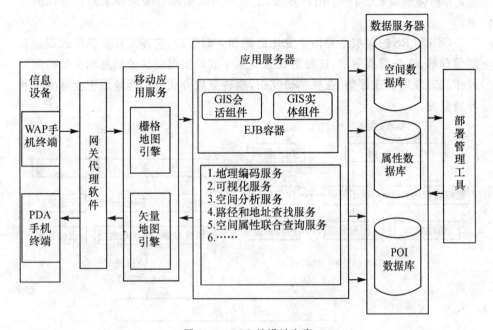

图 10-1　LBS 的设计方案

图 10-2　LBS 在手机和 PDA 上的产品

可能的结合方式,包括:分开但是平行的结合(不同的用户界面、不同的工具库和不同的数据库),表面无缝的结合(同一用户界面,不同的工具库和不同的数据库)和整体的集成(同一个用户界面、工具库和数据库)。未来要求的是整体的集成。

GIS 和 RS 的集成主要用于变化监测和实时更新,它涉及计算机模式识别和图像理解。在海湾战争中,这种集成方式用于战场实况的快速勘测和变化检测以及作战效果的快速评估。在科学研究中,这种集成方式被广泛地用于全球变化和环境监测。

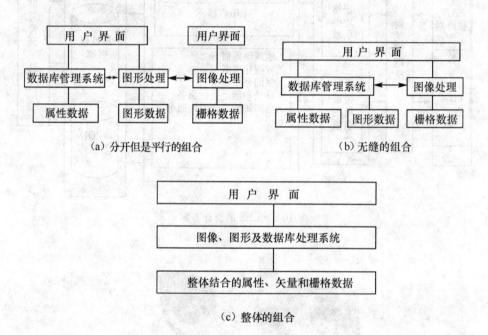

图 10-3　GIS 和 RS 结合的 3 种方式(李德仁,2004)

3. GPS/INS 与 RS 的集成

遥感中的目标定位一直依赖于地面控制点,如果要实时地实现无地面控制的遥感目标定位,则需要将遥感影像获取瞬间的空间位置(X,Y,Z)和传感器姿态(φ,ω,κ)用 GPS/INS 方法同步记录下来。中低精度定位不用伪距法;高精度定位,则要用相位差分法。

目前 GPS 动态相位差分法已用于航空/航天摄影测量,进行无地面空中三角测量,并称为 GPS 摄影测量。它虽不是实时的,但经事后处理可达到厘米至米级精度,已用于生产。该方法可提高作业效率,缩短作业周期一年以上,节省外业工作量 90%、成本 70% 左右。

4. "3S"的整体集成

空间定位技术、遥感技术和地理信息技术的整体集成无疑是人们所追求的目标。这种系统不仅具有自动、实时地采集、处理和更新数据的功能,而且能够智能地分析和运用数据,为各种应用提供科学的决策咨询,并回答用户可能提出的各种复杂问题。

"3S"整体集成的典型代表就是车载"3S"集成系统。车上安装的若干个CCD相机代表遥感成像系统,GPS与INS(IMU)联合使用,可互为补偿运动中GPS可能的失锁和INS的系统漂移误差。GIS系统通常安装在车内。GPS/INS可为CCD相机提供外方位元素,影像处理后可求出点、线、面地面目标的实时参数,通过与GIS中数据比较,可实时地监测变化、数据更新和自动导航。有关车载移动测量系统还将在下一节作详细介绍。

机载/星载"3S"集成系统在美国、加拿大和德国已研制成功。通过装在飞机上的GPS/INS系统和OTF技术可实时地求出遥感传感器的全部外方位元素,然后利用CCD扫描成像和激光断面扫描仪可同时求出地面目标的空间位置和灰度(光谱测量)值(X,Y,Z,G)。

10.4 车载移动测图系统及其应用

测绘成图作业方式有两种:第一种方式是传统的人工内外业结合的点状空间地理信息的采集与更新,该方式耗时费工,效率低下,受人为因素影响较大,已明显不能适应快速成图和空间地理信息采集与更新的需要;第二种方式是卫星遥感与航空摄影测量的面状空间地理信息采集方式,适用于大面积测绘作业,但其成本较高,并且无法采集与摄影方向相垂直地物的属性。落后的数据采集方式一直是制约我国地理信息建设的瓶颈。另一方面,由于道路等基础建设的日新月异,城市交通网和高等级公路网的建设周期减短,使得测绘成果必须快速更新,方可具备实时、全面、准确等实用特征。而这些恰恰是上述两种测图方式所难以胜任的。测绘科技工作者必须寻求高效廉价和更新速度快的空间数据获取技术和方式。在这种要求下,移动测图系统(mobile mapping system,简称MMS)应运而生,成为制图新技术的典型代表。本节首先简单介绍移动测图的概念,重点介绍有关车载移动测图的系统组成、工作原理及其主要应用范围等方面的内容。

10.4.1 移动测图系统概述

从技术角度讲,MMS也称MMT(mobile mapping technology,移动测图技术),它是指在移动载体平台上集成多种传感器,通过多种传感器自动采集各种三维连续地理空间数据,并使用一定的数据处理方法,对所采集的数据进行处理和加工,最终生成各种空间信息应用系统所需要的图形、数据等信息的科学和技术。

MMS 的基本部件包括:
(1) 系统控制模块。
(2) 定位定姿模块。
(3) 影像获取模块。
(4) 数据处理模块。

其中,定位定姿模块也被称为直接平台定向(direct platform orientation, DPO) 或直接地理参考(direct georeferencing, DG),通常是通过全球定位系统(GPS)不同模式下与惯性导航系统集成来为影像传感器提供高精度的位置和姿态信息来实现的。陆地 MMS 通常以汽车为平台并以正常的速度行驶在高速公路、城市道路和国道上,GPS/INS 模块为影像获取工作提供空间位置和姿态信息,实时或者事后处理这些数据来提供在具体制图坐标系统中具有直接地理参考的立体影像对。定向后的影像随后用于立体摄影测量处理来解析特征数据连同它的位置信息。这种方法获取的空间特征和相关属性可以直接转送到 GIS 数据库中或者转换到数字地图中。这样一来,通过 MMS 技术,GIS 数据采集就完全基于具备直接地理参考的多个数字影像传感器的自动工作,野外数据采集的时间大幅减少,工作强度降低,和传统使用的地形图的精度相比,显著提高了位置信息的质量,为 GIS 数据库建立或更新的瓶颈问题提供了良好的解决方案。

第一个具有现代意义的 MMS 为 20 世纪 90 年代初美国俄亥俄州立大学制图中心(CFM)开发的 GPSVan,它是一个可以自动和快速采集数字影像的陆地测量系统,DPO 部分使用差分 GPS/DR 集成,影像传感器采用 CCD 相机和摄像机。由于 GPS 采用载波平滑的码差分,所以系统最终绝对定位精度较低,为 1~3m,其后 GPSVan 又进行了升级,DPO 达到了厘米级的位置精度。稍后加拿大卡尔加里大学和 GEOFIT 公司为高速公路测量而设计开发了 VISAT 系统,DPO 部分使用载波差分 GPS 和环形激光陀螺导航级 IMU 集成,系统最终精度达到分米级。德国慕尼黑国防军事大学也研制了基于车载的动态测量系统(kinematic surveying system,KISS),用于交通道路和设施的测量,并可为 GIS 提供数据。武汉大学测绘遥感信息工程国家重点实验室(LIESMARS)在李德仁院士的主持下研制了 WUMMS 系统,系统集成了 GPS/电子罗盘/里程计作为位置姿态参考,影像系统包括 2 个 CCD 相机和一个激光测距仪,系统达到了厘米级的相对精度和米级的绝对精度。从 20 世纪 90 年代中后期至本世纪初,很多基于相似概念的商业系统也在开发之中，例如 GPSVision™、GI-EYE™、LD2000™、ON-SIGHT™、POS/LV™，等等。到 2003 年底，已有的主要陆地移动测图系统见表 10-1。

表 10-1　　　　　　　已有的主要陆地移动测图系统

名称	开发单位	平台	定位定姿传感器	影像传感器
GPSVan™	俄亥俄州立大学	汽车火车	GPS,2 个陀螺,2 个里程计;GPS,IMU(第 2 代)	2 个单色 CCD,2 个彩色摄像机（仅做归档用）
VISAT™	卡尔加里大学	汽车	双频 GPS,导航级 IMU,ABS	8 个单色 CCD,1 个彩色摄像机（仅做归档用）
GIM™	NAVSYS 公司	卡车	GPS,低成本 IMU	8 个 CCD,1 个摄像机
KISS™	慕尼黑联邦军事大学	汽车	GPS,IMU,倾斜计,里程计,压强计	1 个 VHS,2 单色 CCD,录音设备
TruckMAP™	John E. Chance 和 Associates 公司	汽车	广域差分双天线 GPS,数字姿态传感器	视频,无反射激光测距仪
GI-EYE™	NAVSYS 公司	任何陆地车辆	GPS,低成本 IMU	1 个 CCD
LD2000™	立得公司	汽车	GPS,战术级 IMU	2 个 CCD,视频
GPSVision™	Lambda 公司	汽车	GPS,导航级 IMU	2 个彩色 CCD
ON-SIGHT™	Transmap 公司	汽车	GPS,导航级 IMU	最多 5 个 CCD
Laser Scanner MMS	武汉大学	汽车	GPS	激光扫描仪
ROMDAS	新西兰高速公路和交通咨询公司	汽车	GPS	数字视频相机
DDTI	美国数字数据技术公司	汽车	GPS	触摸屏,录音设备
POS/LV™	Applanix 公司	汽车	双天线 GPS,INS,距离测量仪(DMI)	CCD,视频
Backpack MMS	Calgary 大学	人工	GPS,数字罗盘,倾斜计	彩色用户相机

MMS 产生之初主要为陆地应用,但随着 GPS/INS 技术的发展,DPO 空中系统的开发也逐渐展开,由于基于 GPS/INS 集成的空中和陆地 DPO 系统都基于相似的硬件和软件设计,所以从陆地到空中的转变非常迅速。俄亥俄州立大学制图中心(CFM)在开发了陆地测量系统 GPSVan 之后,又研制了航空组合测图系统(airborne integrated mapping system,AIMS),在事后处理中,DPO 可得到厘米级位置精度和优于 10s 的姿态精度。整体系统可用于大比例尺测图。加拿大 Applanix 公司 2000 年推出的 POS AV 航空组合测图系统,DPO 使用双频 GPS 和 0.1°/h 精度级别的 IMU 集成,达到了位置误差小于 20cm、姿态误差小于 30s 的精度水平。德国 IGI 公司 2000 年左右也推出了类似的航空组合测图系统 AEROofficc 软件包,精度水平和 POS AV 相当。有关的内容已经在 4.11 节中有所叙及,在此不再赘述。

10.4.2 车载移动测图系统的功能及关键技术

移动测图系统的平台可以是陆地行驶的汽车、火车,水上行驶的舰、船和低空飞行的直升机、飞艇等。其中,车载移动测图系统主要是指以汽车作为平台,又称移动道路测图系统(land-based mobile mapping system,简称 L-MMS),它在车上装备 GPS 接收机、CCD(相机、视频系统)、INS(惯性导航系统)等传感器和设备,在车辆的高速行驶过程中,快速采集道路及道路两旁地物的空间位置数据和属性数据,如道路中心线和边线位置坐标、目标地物的位置坐标、路宽、桥(隧道)高、交通标志及道路设施状况等。所采集的数据同步存储在车载计算机系统中,经事后编辑处理,形成各种有用的专题数据成果,如导航电子地图,等等。图 10-4 为武汉大学研制开发的 Leader 2000 型车载移动测图系统的外貌。

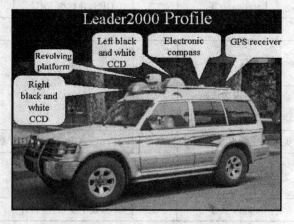

图 10-4 Leader 2000 型车载移动测图系统

L-MMS既是汽车导航、调度监控以及各种基于道路的GIS应用的基本数据采集支撑平台，又是高精度的车载监控工具。它在军事、勘测、电信、交通管理、道路管理、城市规划、电力设施管理、海事等各个方面都有着广泛的应用。

1. L-MMS系统功能

L-MMS系统功能主要包括如下方面：

（1）位置与角度测量。通过GPS/CCD/INS的集成，即可从CCD立体影像对中提取目标点精确的绝对位置坐标，又可进行目标点间相对位置关系的解算。这一功能可完成的测量任务有：道路中心线和边线坐标的测量；电线杆、交通标志、报警点、下水道出口等点状地物的坐标量测；房屋角点、街道边界、铺装路面的测量；道路宽度、桥梁涵洞宽度高度的测量，等等。同时，还可测量道路坡度、转弯半径等。

（2）属性记录。通过CCD相机、视频系统，连续地全过程地记录道路及道路两旁地物属性，形成闭环的属性记录及检验系统，保证了地物属性记录的完整性和品质。作业员还可通过手写／语音输入装置及键盘进行补充属性录入。针对交通标志的记录，还设计了专门的属性记录器，将上百种道路交通标记设置成直观醒目的按钮，作业时只需轻轻一按，即可将矢量化的属性录入车载电脑。

（3）3D图像获取。在作业过程中拍摄的图像均为连续可量算的三维图像，能用于道路可视化建设、数字城市、商业选址等。

（4）数据融合与利用。在最大限度地采集了各种道路综合信息之后，通过数据处理软件，可方便地将各种位置数据、属性数据以及图像进行后处理，最后存储在开放式的数据库中，并可输出形成各种适应于不同需要的数字地图成果（如导航电子地图等）。另外，用移动测量采集的数据也可与传统人工测量所得数据以及航片、卫片资料相结合，从而形成更为全面的地理信息系统。

（5）精准导航功能。由L-MMS测制的电子地图，也可用于实现精准车载导航。这使得用户不但可以获取目标地物的空间地理数据，而且可对目标地物进行动态监控和管理。例如：公路管理部门在对公路设施进行测量和建库后，可用L-MMS对设施进行流动监控。

2. L-MMS地理信息采集的优越性

L-MMS的技术特点在于，它将GPS、INS、GIS、CCD视频遥感技术、计算机技术以及自动控制技术有效地结合在一起，使之协调一致地工作，从而能够安全、高质、高效地完成长期以来只能依靠人工来完成的道路数据采集工作，大大提高了内业数据处理的效率。其优越性主要体现在：

（1）独立的测成图系统。作为独立的测成图系统，无需借助底图和传统测成图方式即可完成道路电子地图的测制。

(2) 成果全面准确。运用 L-MMS 采集到的数据成果包括：空间坐标、矢量数据以及连续的三维图像，数据链全面完整，精度能满足国家规范要求。

(3) 有效融合其他来源数据。移动测量获得的数据可以通过后台处理软件，与航片、卫片以及传统地形图进行有效融合，从而生成信息更为全面的地理信息系统。

(4) 高效率。能以 60km/h 的速度完成外业测图工作，通过数据处理软件可方便地对所采集的数据及时编辑处理。相比传统导航图测图方式，可将整个测成图效率提高 10 倍乃至数十倍以上，完全可以满足道路电子地图的快速测制与更新需要。

(5) 低成本。只需 4 人即可完成测成图工作，大大降低了人工成本和作业成本，从而留给用户较大的增值空间。

(6) 安全舒适。车载方式下的作业，较传统的外业工作，显得更为安全舒适。

表 10-2 是 L-MMS 与传统测成图方式的比较情况。

表 10-2　　　　　　　L-MMS 与传统测成图方式比较

比较内容＼测成图方式	航空摄影测量与遥感	人工测量和调绘	移动道路测量
适用范围	大面积测量	各种测量	带状专题测量
点位测量精度	分米级	厘米级	分米级
地物属性采集	需判读，不能采集与摄影方向相平行的地物之属性，难以采集细小地物属性	带有人工主观性，在道路上作业较不安全	采用音频、视频、属性面板等多种方式完成全面的属性记录
图像采集	连续垂直摄影图像	无(连续)图像	连续平行摄影图像
作业效率	高	很低	高
作业成本	高	高	低
快速更新(修测)	快，但不完全适合	慢，难以满足	快捷、准确、全面

3. L-MMS 系统的关键技术

(1) 多源数据采集。多源数据采集包括空间定位数据、数字影像、数字视频及其他属性数据，如：语音、手写记录、符号记录数据等。空间定位数据包括

GPS、INS 或航位推算系统原始数据采集及其他用于空间定位的数据。数字影像数据由车载相机进行连续拍摄并存储在车载计算机系统中。为保证车辆在高速行进过程中可进行连续的影像采集，相机的采集存储频率有相应的要求，一般来说，L-MSS 的影像采集由多台 CCD 数字相机同步进行，属性数据采集由多台设备同步完成。

(2) 集成定位技术。MSS 基础的空间定位由 GPS 等卫星或无线电定位系统完成，由于不可避免地会出现 GPS 卫星信号的失锁及信号传输的多路径效应，单独使用 GPS 提供位置信息是不可靠的。要保证车辆行进过程中定位信息的完整性和精度，必须有其他的定位方式进行补充。惯性定位系统、航位推算系统等也被广泛地应用到 MSS 系统中，如 INS 或者 IMU、陀螺仪、电子罗盘、加速度器、里程计等。

(3) 系统检校。系统检校包括相机检校、相机间相对关系检校以及系统绝对检校等。提供相机的内方位元素，包括主点、主距、像素大小、纵向比例因子及相机镜头畸变差改正系数和系统中相机间的位置姿态关系以及相机与集成定位定向系统之间的位置姿态关系。

(4) 直接地理参考。由集成定位定向提供的载体车辆的位置姿态以及检校过程得到的相机的内方位元素和相机与载体车辆的位置姿态参数，计算任意时刻任意相机的全套成像参数，由此参数可利用数字影像直接进行影像量测。

(5) 数据融合。融合 MSS 系统获得的空间定位数据、影像数据及属性数据，同时提供 MSS 数据与传统 4D 数据的融合，以及 MSS 数据的输入输出。

10.4.3 车载移动测图系统的主要应用

1. 道路电子地图的测制与更新

智能交通等产业的发展离不开导航电子地图，而电子地图必须及时更新，方可发挥其导航效能。L-MSS 作为快捷的测成图工具，能有效保证电子地图的准确性、全面性和现势性。

2. 电子地图的修测

为方便用户进行地图修测，在相应的软件中提供了多种实用的影像快速浏览功能。可以进行"位置查询"，即点击原图上的符号注记（或直接输入位置坐标）便可搜索到与之对应的最近地面影像；可以进行"属性查询"，可输入属性名的序号来找到离它最近的影像；还可以进行"自动搜索"，可提供全部道路影像的自动搜索功能。使用这些功能，可以快速查找影像，发现变化并进行修测处理。

3. 公路部门 T-GIS 的建设及公路三维可视化

T-GIS(transportation GIS) 是专门用于道路及道路设施管理的地理信息系统，它详尽记录了每一段道路的基本情况（如：地理位置、铺装材料、车道数、路面情况、维修记录等）以及每一个配套设施（如监视器、电线杆、护栏、收费站、里程碑等）的相应状况。T-GIS 是交通管理部门、道路管理部门必备的资源。运用 L-MSS 可以方便地对道路中心线、电线杆、交通标志等海量地物实施快速测量，事后通过专门的数据处理软件进行计算和编辑，直接将地物的位置数据、矢量属性数据以及 3D 图像录入 T-GIS，并可输出成图。在 T-GIS 的基础之上，可使用三维制作软件制作公路三维仿真系统，从而实现公路的全可视化管理。

4. 铁路部门

铁路、铁路设施（铁轨变形、路面变形、损毁状态、信号标志、车道灯等）以及相关地物（附属建筑、交叉路口、桥梁涵洞等）的状态亦需进行科学的统计和有效的监控管理。由于铁路上不允许人工作业，使得 RGIS（铁路地理信息系统）的数据采集不能依靠人工方式完成，这样 L-MSS 在铁路部门也有了用武之地。可以将 L-MSS 置于机车的平板车之上或在 L-MSS 的车体上加装可以在轨道上行驶的轮子，L-MSS 便可如同在公路上那样开展工作。

5. 军事部门

针对部队本身的特定要求，将本产品稍作改装，即可向部队提供战区测量用的测绘侦察车。在战前，测绘侦察车可以与卫星及飞机遥感资料相结合，建立更为详尽、准确的战区数据库及战区电子地图。电子地图拥有的无级缩放、动态浏览、3D 电子沙盘、战术标图等功能，十分有助于日常训练、战前谋划以及战时指挥。在战时，亦可对损毁的道路、桥梁等快速施测，为部队提供修测保障。

此外，L-MSS 系统在供电部门和电信部门的设施管理、数字城市建设、城市规划、城市林产调查、道路交通事故勘测、环境监测等方面都有很大的应用潜力。

10.5 数字城市三维建模与可视化

10.5.1 数字城市三维模型概述

城市三维模型包括的对象和数据十分广泛和多样化，而地理信息数据是整个数字城市模型的基础和空间定位的载体，其中不但包括人造的几何对象，如建筑物、道路、桥梁等物体，还包括一些自然的对象，如水系、山脉、树木等。由于航天技术和多传感器数据获取技术的发展，高分辨率的影像也成为数字城市模型的主要数据。当然,地形模型是其中不可缺少的一部分,它是上述几何对象的空间载体,如图 10-5 所示。

图 10-5　三维数字城市模型中的几何对象

在数字城市三维模型的空间内,存在地形、建筑物、道路、水系、数字影像等几类主要的对象。其中,除了数字影像外,其他几类对象都具有明显的几何特征,而且这些几何对象中的部分对象具有层次特征。例如建筑物,不同的表达精度对建筑物模型的表达形式是明显不同的。在二维 GIS 中,使用一个简单的多边形区域就可以清楚地描述一个建筑物对象,但是在三维 GIS 中,不同的应用需求对于建筑物模型的表达精度和细节程度的要求是不一样的,如房地产部门对建筑物模型的要求可能细到每个单元,甚至到达房间的内部。对于道路模型的表达亦是如此。有的应用可能只需要一些简单的面片就足够了,有的应用可能需要细致到路面两边的人行道。由此可见,不同的应用需求对于需要描述的几何对象的分辨率有不同要求,从而对于数据采集的要求和采集数据的精度也有相应的要求。在有些情况下,单纯依靠几何数据去构造模型已经不能满足一些应用的需求。如对于一栋建筑物的模型描述细致到门、窗、屋檐、房间、走廊的三维细节描述,由于目前的数据采集技术、软件技术、硬件设备、三维模型立体重建技术等方面的种种条件限制,对上述表达精度要求的建筑物模型进行三维可视化和交互操作变得十分困难。

在数字城市模型的空间内不但存在着上述的一些空间对象,而且存在着大量非空间对象。非空间对象与空间对象最大的区别是其不具备空间分布的特性。在 GIS 中,一些任务的处理是同时建立在空间数据和非空间数据基础上进行的。例如,城市规划中的建筑物选址问题,在考虑建筑物的具体位置时需要对一些相应的非空间数据进行一定的分析和处理,从而为确定具体的位置提供一定的参考。可见,数字城市三维模型中的几何对象不仅仅具有空间上的分布特性,而且还具有非空间数据的基本特性。因此,对于一个面向数字城市应用的三维GIS而言,其不但要有能力去管理这些几何数据,而且应具备管理非空间数据的能力。

数字城市三维模型中的几何对象的另外一个重要的特性是对空间关系的表达,尽管目前对三维空间关系的需求还缺少一个系统的研究,但是在考虑几何对象数据模型的研究中还是尽可能地考虑模型对空间关系表达方面的能力。三维空间关系需求研究及其研究意义的重要程度是一件十分困难的事情,目前绝大多数的用户能够接收二维或者2.5D的空间关系的运用,对于在三维空间内进行三维的空间关系的分析还有一定的难度。

对于上述几类几何对象,除了具有上述讨论的基本的特性外,可视化的真实程度和显示方式也是几何对象必备的属性之一。几何对象三维表达的真实性是一个十分广泛的范畴,其表达的真实程度除了与几何对象描述的分辨率的高低具备一定的关系外,还与几何对象表面的属性特征(如纹理图像)具有一定关系。其次,几何对象应具备不同的可视化方式的能力,如线框显示、阴影(灰度)显示、纹理贴图显示等,从而满足不同的应用需求。

10.5.2 数字城市三维建模的数据源

为了实现数字城市三维模型中所涉及的几类几何对象的基本特性,三维数据是必不可少的条件之一,也是确定合理数据模型的一个至关重要的因素之一。由于三维数据采集的费用十分昂贵,在目前的实际情况下,以下几类数据源是建立数字城市中几何对象三维模型的主要数据来源,也是比较经济的一种方式。

1. 电子地图

电子地图,尤其是大比例尺的电子地图基本上描述了一个城市内的所有的地物特性,如街道、建筑物等地物特征,可以为基本的地物类对象提供空间定位的依据。对基本的定位数据加上一些高程上的假设,就可以构造一些基本的三维表面模型。

2. 属性数据库(非空间数据库)

非空间数据中的一些关于单体的几何对象的特征描述在三维GIS中对丰富一个三维对象的描述具有重要的意义。例如建筑物的建筑年代、层数、建筑面积等。

3. 航空或卫星影像

航空或高分辨率的卫星影像对于构造大范围区域内的数字地面模型

(DEM)具有十分重要的意义,不同比例尺和分辨率的影像可以生成不同精度的DEM模型,使用该数据源生成DEM具有经济、快捷等优点。

4. 机载或地面激光雷达数据

无论是机载Lidar或地面激光雷达,都可以快速地获取大量反映地球表面及其感兴趣目标物体的三维形状的点云数据,特别是对于城市地区,可利用机载Lidar快速地获取所有地面建筑物的高度,以有利于城市地区的快速三维建模。

5. 近景影像

近景影像是指景观扫描的影像或建筑物墙面的影像等数据源。对于激光扫描的近距离影像可以用来构造几何对象的表面模型,对于建筑物墙面的影像由于其分辨率较高,可以用来作为建筑物表面的纹理贴面属性,用于增强三维对象的可视化效果。

10.5.3 城市三维建模的数据模型和体系结构

合理的数据模型的采用是数据库管理和三维系统设计、开发的基础,数据模型的优劣直接影响到系统功能的开发,以及模型能够表达三维对象的能力。

使用目前的这些三维数据源对数字城市中的模型进行三维重建,其初步的重建结果只是一些较低精度的三维目标对象,为了提高这些三维对象的描述精度,需要大量的交互操作过程,如屋顶形状的编辑、建筑物形状的改变、墙面纹理的映射等操作。根据数字城市模型中的几何对象的一些自身的特点,如道路和水系在空间分布上是连续的空间曲面,建筑物是一些空间曲面包围而成的闭合体,在空间分布上不具备连续性。如果使用体模型去描述建筑物模型(如四面体)没有实际的意义,那么在几何上这些对象都可以使用三维的面片模型予以表达。综合考虑重建这些三维对象数据时的几种数据来源以及编辑的工作、对象本身的几何特征,同时兼顾几何数据与非空间数据的连接,在设计数字城市三维几何目标的数据模型时,其主导思想是基于面片结构的数据模型去构造数字城市模型中的三维几何对象。同时,由于三维可视化效果和速度以及数据的存储量也是模型设计时一个重要的考虑因素,因此在数据结构上采用的是基于矢量结构的数据模型。由于数字城市模型中的几何数据是和对象相关的,因而在模型设计的方法上采用基于面向对象的设计方法。

根据前面对于三维GIS中空间数据模型的讨论,有关城市区域内几何对象的三维表达与重建,在数据的存储量、可视化的效果、交互操作的难易程度等方面必须综合考虑。在模型的数据结构上采用基于面片结构的矢量数据模型是首选的方法,在模型的设计方面应以模型的交互操作、三维可视化的效果和速度为主要考虑因素,同时兼顾几何对象的分析功能,而且在模型的数据存储量方面应该尽可能少。

三维数字城市模型建立的首要条件是能够对现实世界中三维信息、对象、属性数据等信息进行建模、管理、分析,从而为进一步的应用需求以及与其他系统的结合打下坚实的基础。与原来的二维 GIS 中处理的二维数据相比,三维数据无论在数据的类型、种类,几何的复杂程度、数据的容量上都比原来的二维数据要复杂,因此对模型的描述、表达也要复杂得多。对现实世界中的信息,三维数据进行管理的前提条件是能够对它们进行模型化的描述。但是在另外一个方面,由于现实世界的客观复杂性,要真实地描述现实世界中的所有模型是不可能的,也是不必要的。因此,为了能够有效地管理现实世界中的这些复杂的对象,必须对现实世界中的数据进行一定的抽象、分类、简化、归纳等处理,从而为系统的开发以及进一步的分析功能的开发奠定基础。在三维模型建立的基础上,可以构建一定的软件平台对三维数字城市模型进行一定的交互操作和查询分析、三维可视化等操作,从而为进一步的决策或应用服务。

根据上述的分析和阐述,建立了如图 10-6 所示的三维模型系统的技术体系结构。

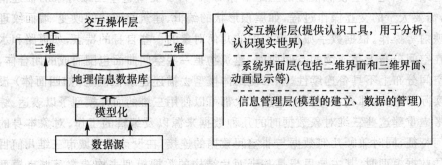

图 10-6 三维数字城市模型可视化系统的层次结构

10.5.4 纹理模型与纹理映射

为了增加模型的逼真性和现实性,可以在三维模型的灰度图上增加纹理使其成为具有纹理属性的三维模型。其中图像是纹理数据的一个重要来源。根据纹理图像的外观可以把纹理分为两类:一类是通过颜色的变化去模拟三维模型的表面,其被称为颜色纹理;另一类纹理是通过不规则的细小凸凹造成,称为凸凹纹理。颜色纹理主要用于表现一些表面光滑的物体表面。凸凹纹理则用于表现外观不平的物体。构造颜色纹理的常用方法是在一个平面区域上预先定义纹理图案,然后根据一定的变化建立物体表面顶点与平面区域上(纹理图案)点之间的映射关系,即纹理映射。构造凸凹纹理的方法是在光照模型计算中使用扰动法向量,直接计算出物体的粗糙表面。在实际的运用中只要能够在较短的时间内构造出比较逼真的效果就可以了。

在通常的情况下,纹理是通过离散的方法进行定义的,即通过一个二维的数组进行定义,通常情况下该数组代表各种图像(如扫描的像片,航空影像等)。

为了阐述纹理映射,定义如下的坐标系统:物体空间为三维物方坐标系,如任意的曲面、多边形等;三维屏幕坐标系是一个描述立体的三维坐标系,是通过像素坐标(x,y)和深度z来表示的一个透视空间。二维屏幕坐标系是三维屏幕坐标系去掉z值后的坐标系,是三维屏幕坐标系的一个子空间。

简单地说,纹理映射是一个平面区域与指定的颜色或图像区域之间的映射$\xi:C \to R$。因此,平面区域上每一个点都有自己的颜色值。由于纹理只是离散的图像表示,它只是记录了一个颜色矩阵,因而为了取得正确的结果,必须建立颜色空间与几何空间的正确的映射关系。普通的纹理映射一般分为以下两个步骤:

(1) 获取纹理数据(其可以由外界的数据获取如扫描的图像,或利用一定的算法生成一定的影像数据)。

(2) 实现二维纹理与三维几何空间的正确映射,即建立(X,Y,Z)与(U,V)之间的关系,从而可以为每一个顶点赋予一个(u,v)。

纹理映射的效果如图 10-7 所示。

图 10-7　纹理映射的效果

一般情况下,可通过仿射变换的方法建立二维的纹理数据(像素空间)与三维的物体空间(三维物方坐标系)之间的映射关系,其一般的公式如下:

$$[xw \quad yw \quad w] = [uq \quad vq \quad q] \cdot \begin{bmatrix} a & d & g \\ b & e & h \\ c & f & i \end{bmatrix} \quad (10\text{-}1)$$

对于三角形或四边形只需要指定三个点之间的(u,v),即可根据上述公式进行求解,从而得出矩阵中的各个系数的数值大小。

为了给物体的表面图像加上凸凹的效果,即凸凹纹理,可以通过对表面法向量进行扰动来产生凸凹不平的视觉效果。可以定义一个纹理函数$F(u,v)$,对理想光滑的物体表面$P(u,v)$做不规则的位移。在物体表面上每一点$P(u,v)$都沿该点处的法向量方向位移$F(u,v)$个单位长。这样,新的表面位置就变为:

$$P'(u,v) = P(u,v) + F(u,v) \times N(u,v) \quad (10\text{-}2)$$

式中:$N(u,v)$是表面$P(u,v)$在(u,v)处的法向量。图10-8展示了上述合成曲面的纵剖示意图。

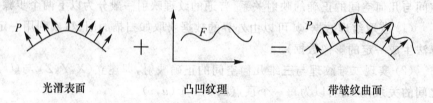

光滑表面　　　　　凸凹纹理　　　　　带皱纹曲面

图10-8　凸凹纹理函数剖面示意图

新表面的法向量可以通过两个偏导数求叉积来获得:

$$N' = P'_u \times P'_v \quad (10\text{-}3)$$

式中:

$$P'_u = \mathrm{d}P'/\mathrm{d}u = \mathrm{d}(P+FN)/\mathrm{d}u = Pu + FuN + FNu$$
$$P'_v = \mathrm{d}P'/\mathrm{d}v = \mathrm{d}(P+FN)/\mathrm{d}v = Pv + FvN + FNv$$

由于粗糙表面的凸凹度相对表面的尺寸一般要小得多,因此F的值相对于式中其他的量很小,可以忽略不计。上述两个偏导数可近似为:

$$P'_u \approx Pu + FuN$$
$$P'_v \approx Pv + FvN \quad (10\text{-}4)$$

因此,新的表面法向量可以近似为:

$$N' = Pu + Pv + Fu(N \times Pv) + Fv(N \times Pu) + Fu \times Fv(N \times N) = N + D \quad (10\text{-}5)$$

式中：N 为原来曲面的法向量；D 为扰动向量。

显然，经过扰动向量处理以后，改变了原来的法向量，从而产生了凸凹不平的纹理。

在实际的使用中，对于离散的二维图像，可以根据图像中颜色的明暗变化指定不同的 F 值，如对于颜色暗的地方指定较小的 F 值，较亮的地方指定较大的 F 值，把各个像素的数值用一个二维的数组予以保存，就构成了一个凸凹纹理图案。在绘制时使用的是 F 的偏导数，可以使用下列公式计算取样点 $P(u,v)$ 处的偏导数值：

$$Fu = (F(u+d,v) - F(u-d,v))/(2\times d)$$
$$Fv = (F(u,v+d) - F(u,v-d))/(2\times d) \tag{10-6}$$

其中，d 是取样点的距离，对于一个 $n\times n$ 数组大小存储的纹理，$d = 1/n$。

10.5.5 三维建模可视化开发工具举例

随着计算机图形学技术的不断发展，三维图形的渲染工具也越来越多，其中比较具有代表性的是 SGI 公司的 OpenGL，微软公司的 DirectX，VRMI 语言，Vega Sun 公司的 Java3D 等工具。下面仅以 OpenGL 为例作简要介绍。

OpenGL 是一个性能卓越的三维图形标准，它是在 SGI 等多家世界闻名的计算机公司的倡导下，以 SGI 的 GL 三维图形库为基础制定的一个通用共享的开放式三维图形标准。目前，包括 Microsoft、SGI、IBM、DEC、SUN、HP 等大公司都采用了 OpenGL 作为三维图形标准，许多软件厂商也纷纷以 OpenGL 为基础开发出自己的产品，其中比较著名的产品包括动画制作软件 SoftImage 和 3D Studio MAX、仿真软件 Open Inventor、VR 软件 World Tool Kit、CAM 软件 ProEngineer、GIS 软件 ARC/INFO，等等。

OpenGL 实际上是一个开放的三维图形软件包，它独立于窗口系统和操作系统，以它为基础开发的应用程序可以十分方便地在各种平台间移植；OpenGL 可以与 Visual C++ 紧密接口，便于实现机械手的有关计算和图形算法，可保证算法的正确性和可靠性；OpenGL 使用简便，效率高。它具有七大功能：

(1) 建模。OpenGL 图形库除了提供基本的点、线、多边形的绘制函数外，还提供了复杂的三维物体（球、锥、多面体、茶壶等）以及复杂曲线和曲面（如 Bezier、Nurbs 等曲线或曲面）绘制函数。

(2) 变换。OpenGL 图形库的变换包括基本变换和投影变换。基本变换有平移、旋转、变比、镜像 4 种变换，投影变换有平行投影（又称正射投影）和透视投影两种变换。

(3) 颜色模式设置。OpenGL 颜色模式有两种,即 RGBA 模式和颜色索引。

(4) 光照和材质设置。OpenGL 光有辐射光、环境光、漫反射光和镜面光。材质用光反射率来表示。场景中物体最终反映到人眼的颜色是光的红绿蓝分量与材质红绿蓝分量的反射率相乘后形成的颜色。

(5) 纹理映射。利用 OpenGL 纹理映射功能可以十分逼真地表达物体表面细节。

(6) 位图显示和图像增强。图像功能除了基本的拷贝和像素读写外,还提供融合、反走样和雾的特殊图像效果处理。以上三条可使被仿真物更具真实感,增强图形显示的效果。

(7) 双缓存动画。双缓存即前台缓存和后台缓存,简而言之,后台缓存计算场景、生成画面,前台缓存显示后台缓存已画好的画面。

此外,利用 OpenGL 还能实现深度暗示、运动模糊等特殊效果,从而实现了消隐算法。OpenGL 的逻辑结构如图 10-9 所示。

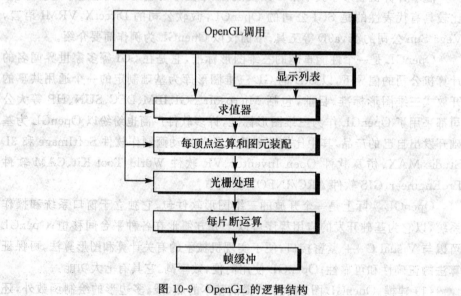

图 10-9 OpenGL 的逻辑结构

10.6 可量测实景影像的概念与应用

数字化测绘是利用 4D 产品(DEM、DOM、DLG 和 DRG)实现了测绘成果的数字化。但4D产品是按规范测绘的基础空间地理框架数据,难以直接为各类不同的用户使用。数字化测绘如何更好地满足信息化社会的需求,这是测绘工作者必须思考的问题。本节在10.5节的基础上,简单介绍如何将移动测量系统所获得的可量测实景影像作为新的数字化测绘产品与4D产品集成,以推进按需测量的空间信息服务。

10.6.1 空间信息服务需求

随着信息技术、网络通信技术、航天遥感和宇航定位技术的发展,地球空间信息学本世纪将形成海陆空天一体化的传感器网络并与全球信息网格集成,从而实现自动化、智能化和实时化地回答何时(When)、何地(Where)、何目标(What Object)、发生了何种变化(What Change),并且把这些时空信息(即4W)随时随地提供给每个人,服务到每件事即所谓的4A(anyone,anything,anytime and anywhere)服务。信息化测绘的本质和目标是为社会提供空间信息服务,回答各类用户提出的与空间位置有关的问题。从这个意义上讲,需要我们做好测绘生产内外业一体化、数据更新实时化、测绘成果数字化和多样化、测绘服务网络化和测绘产品社会化的工作。

长期以来,测绘地形图是测绘的任务和目标,当前测绘成果称为4D产品,即数字高程模型(DEM)、数字正射影像(DOM)、数字线画地图(DLG)和数字栅格地图(DRG)。这些产品是由作业员根据规范的要求从原始航空/航天影像上采集、加工制作的。它们是有限的基础信息,称为基础地理信息,不能满足社会各行各业对空间信息的需求。大量用户需要的与专业应用和个人生活相关的信息,如电力部门的电力设施、市政城管的市政设施、公安部门重点布防设施(消防栓、门牌号码)、交通部门的交通信息、个人位置要求的快餐厅等细小的信息,这些均无法涵盖在传统的4D产品中。如公安地理信息系统中的基本信息来自4D产品的仅占20%,其余80%需要通过实地调查来补充。

数字化测绘实现了测绘成果的数字化,但4D产品是按规范测绘的基础空间地理框架数据,难以直接为各类不同的用户使用。这主要是因为原始的来自客观世界的影像经过测绘人员按规范加工后,只保留了基本要素,而将原始影像中包含的大量信息给删除掉了。若能将原始的可量测影像作为产品(连同量测软件)直接提供给客户,由用户按需求去量测,即将移动测量系统所获得的可量测实景影像(DMI)作为新的数字化测绘产品与4D产品集成,则可推进按需测量的空间信息服务。

10.6.2 可量测实景影像(DMI)的概念

如果将原始的立体影像对(地面、航空或者航天影像),连同它们的外方位元素一起作为数字可量测影像(digital measurable images,简称 DMI)存储和管理起来,并在互联网上提供必要的使用软件,就有可能直接由用户根据其需要去搜索、量测、调绘和标注出他们所需要的空间目标的信息。

第三次 Internet 浪潮下 Web 2.0 理念以及相应技术体系(Grid、Ajax、CSS+XHTML)为空间信息服务带来全新的理念。Web 2.0 要求为用户提供的各种服务具备体验性(experience)、沟通性(communicate)、差异性(variation)、创造性(creativity)和关联性(relation)等特性。对空间信息服务而言,可视是体验性的基础,按需可量测是创造性和差异性的保障,时空可挖掘则为关联性的专业应用提供技术保障。基于空间信息网格的服务平台可有效地融合集成 Web 2.0 技术(如 Ajax),为用户提供互动的沟通服务。Web 2.0 下空间信息服务需求体系如图 10-10 所示。

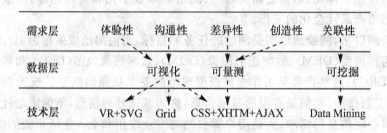

图 10-10 Web 2.0 空间信息服务需求体系

可视可量可挖掘实景影像包含了传统地图所不能表现的空间语义,是代表地球实际的物理状况,带有和人们生活环境相关的社会、经济和人文知识的"地球全息图"。因此,可视可量测可挖掘的实景影像地图所包含的丰富地理、经济和人文信息是聚合用户数据、创造价值、实现空间信息社会化服务的数据源,是完全符合 Web2.0 模式的新型数字化测绘成果。

可量测实景影像是指一体化集成融合管理的时空序列上的具有像片绝对方位元素的航空/航天/地面立体影像(digital measurable image,第 5D 产品)的统称。它不仅直观可视,而且通过相应的应用软件、插件和 API 让用户按照其需要在其专业应用系统进行直接浏览、相对测量(高度、坡度等)、绝对定位解析测量和属性注记信息挖掘能力,而具有时间维度的 DMI 在空间信息网格技术上形成历史搜索探索挖掘,为通视分析、交通能力、商业选址等深度应用提供用户自身可扩展的数据支持。所以,DMI 是满足 Web 2.0 的新型数字化产品,是体现从专业人员按规范量测到广大用户按需要量测的跨越。

时空序列上的航空/航天立体影像可来源于对地观测体系中 4D 产品库。但是,其垂直摄影与人类的视觉习惯差异较大,要实现可视可量测可挖掘需要进行专门训练,而且它不包含垂直于地面的第三维街景信息。而海量的具有地理参考的高分辨率(厘米级)地面实景立体像对符合近地面人类活动的视觉习性,并且包含实地可见到的社会、人文和经济信息,因此地面移动测量系统获取的可量测街景影像应作为可视可量测可挖掘实景影像体系的优选产品。

移动道路测量技术作为一种全新的测绘技术,它是在机动车上装配 GPS(全球定位系统)、CCD(成像系统)、INS/DR(惯性导航系统或航位推算系统)等传感器和设备,在车辆高速行进之中,快速采集道路前方及两旁地物的可量测立体影像序列(DMI)。这些 DMI 具有地理参考,并根据应用需要进行各种要素,特别是城市道路两旁要素的按需测量。

特别要指出的是,移动测量获得的原始影像数据与相应的外方位元素可自动整合建库,而上面的按需测量是由用户在网上自行完成的,所以移动测量获取的数据就不再需要专业测量人员加工,可直接成为上网的测绘成果。进一步地,还可将这样的可量测实景影像(DMI)作为城市空间数据库中 4D 产品的重要补充,构建城市新一代的 5D 数字产品库。

10.6.3　可量测地面实景影像与 4D 集成

现代信息技术、计算机网格技术、虚拟现实技术和数据库技术的发展使得海量的 DMI 数据可以与传统的 4D 产品进行一体化无缝集成、融合、管理和共享,形成更为全面的、现势性强的、可视化并聚焦服务的 5D 国家基础地理信息数据库,如图 10-11 所示。

基于这样的空间数据库,可以将移动测量系统沿地面街道获取的 DMI 数据与由航片/卫片加工的 DOM、DLG 和 DEM 按统一坐标框架有机结合起来,从而构成一个从宏观到微观、完全可视化的地理信息数据库,实现空中飞行鸟瞰和街头漫步徜徉。同时,用户可以在图像上对地物进行任意标注,并将其链接到其他专业数据库(人口数据库、经济数据库、设备数据库、设施数据库等)中,真正实现地理信息、专业台账信息和图片/影像信息的有机结合,更好地发挥空间信息服务的使用功效。该集成模式可用于大范围的空间分析、通视分析、信号覆盖分析等,并可将做好的预案进行多角度、全方位的三维立体浏览,可广泛地应用于

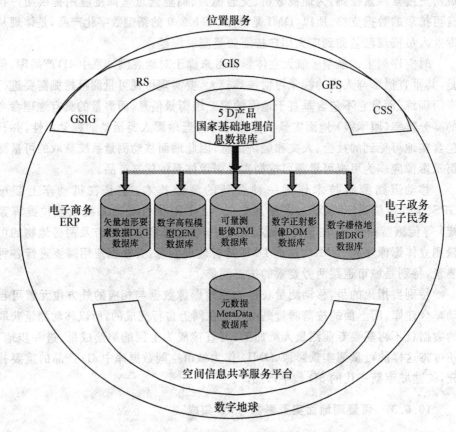

图 10-11　5D 国家基础地理信息数据库（李德仁，2007）

数字战场、应急指挥、抢险救援等。

10.6.4　基于可量测实景影像的空间信息服务体系

基于位置的服务（LBS）被国际 IT 业界认为是继短消息服务（SMS）之后的杀手级应用，具有上百亿美元的市场价值。

目前全球 LBS 主要基于 4D 产品，特别是采用了从粗到精的 DOM、DLG 和 DEM 的集成，其中高分辨率卫星影像可提供米级的分辨率，部分城市还采用了 3D 房屋模型。其主要缺点是所提供的服务是需要判读和理解的二维地形图、影像图，即使三维城市模型也不具备可量测可挖掘功能，不能最有效地反映真实地球表面三维现实，也缺少厘米级的可视可量测实景影像。

采用DMI与4D产品集成的5D产品可构建新一代的空间信息服务系统(简称vLBS)。在这样的系统环境下,用户可以从空中遥感进入地面,在高分辨率三维实景影像上漫游,去搜索兴趣点(POI),进而可查询图形、属性和实景影像。必要时可按需要在实景立体影像上进行立体测量,从而更好地满足各类用户的需求和充实用户的参与感和创造力,同时也可以实现摄影测量的大众化。这样的基于可量测实景影像的空间信息服务,无疑将明显优于目前国际上流行的Google Earth,Virtual Earth等一系列网上空间信息服务系统。

面对海量对地观测数据和各行各业的迫切需求,我们面临着数据又多又少的矛盾局面,一方面数据多到无法处理,另一方面用户需要的数据又找不到,致使无法快速及时地回答用户提出的问题。由移动道路测量技术获取的可视、可量、可挖掘的实景影像DMI可以达到细至厘米级空间分辨率,实现聚焦服务的按需测量,可作为第5D产品充实到国家基础地理信息数据库中。基于可量测实景影像DMI的空间信息服务代表了下一代空间数据服务的新方向,并与空间信息网格服务、空间信息自动化、智能化、实时化服务有机结合,实现空间信息大众化,为全社会、全体公民提供直接服务,从而达到做大信息化测绘的目标。

本章思考题

1. 请谈谈你对地球空间信息科学的形成和发展的认识和体会。
2. 多传感器集成空间信息获取的含义是什么?多传感器集成系统的关键技术主要包括哪些?
3. 请举一个"3S"集成系统的例子,要求说明该集成系统的主要组成部分及各组成部分的功能。该集成系统有哪些方面的应用?
4. 什么是车载移动测图系统(MMS)?车载移动测图系统有哪些方面的应用?
5. 三维数字城市建模的数据源主要包括哪些?三维数字城市建模存在哪些方面的困难?
6. 如何进行三维数字城市模型的纹理映射?
7. 请解释可量测实景影像(DMI)的含义,可量测实景影像具有哪些方面的应用潜力?

主要参考文献

1. 王之卓. 摄影测量原理[M]. 北京:测绘出版社,1979.
2. 王之卓. 摄影测量原理续编[M]. 北京:测绘出版社,1986.
3. 宁津生,陈俊勇,李德仁,等. 测绘学概论[M]. 武汉:武汉大学出版社,2004.
4. 李德仁,王树根,周月琴. 摄影测量与遥感概论(第2版)[M]. 北京:测绘出版社,2008.
5. 张剑清,潘励,王树根. 摄影测量学[M]. 武汉:武汉大学出版社,2003.
6. 李德仁,金为铣,尤兼善,等. 基础摄影测量学[M]. 北京:测绘出版社,1995.
7. 李德仁,郑肇葆. 解析摄影测量学[M]. 北京:测绘出版社,1992.
8. 张祖勋,张剑清. 数字摄影测量学[M]. 武汉:武汉测绘科技大学出版社,1996.
9. 李德仁. 误差处理与可靠性理论[M]. 北京:测绘出版社,1988.
10. 李德仁,李清泉,陈晓玲,等. 信息新视角——悄然崛起的地球空间信息学[M]. 湖北教育出版社.2000.
11. 张永生,巩丹超,等. 高分辨率遥感卫星应用——成像模型、处理算法及应用技术[M]. 北京:科学出版社,2004.
12. 孙家柄. 遥感原理与应用[M]. 武汉:武汉大学出版社,2003.
13. 李清泉,扬必胜,史文中,等. 三维空间数据的实时获取、建模与可视化[M]. 武汉:武汉大学出版社,2003.
14. 冯文灏. 工业测量[M]. 武汉:武汉大学出版社,2004.
15. 袁修孝. GPS辅助空中三角测量原理及应用[M]. 北京:测绘出版社,2001.
16. 赵英时,等. 遥感应用分析原理与方法[M]. 北京:科学出版社,2003.
17. 陈鹰. 遥感影像的数字摄影测量[M]. 上海:同济大学出版社,2003.
18. 张小红. 机载激光雷达测量技术理论与方法[M]. 武汉:武汉大学出版社,2007.
19. John R Jensen. 陈晓玲等译. 遥感数字影像处理导论[M]. 北京:机械工业出版社,2007.

20. Thomas M Lillesand. 彭望琭等译. 遥感与图像解译[M]. 北京:电子工业出版社,2003.
21. Kenneth R Castleman. 朱志刚等译. 数字图像处理[M]. 北京:电子工业出版社,1998.
22. 李德仁,胡庆武. 基于可量测实景影像的空间信息服务[J]. 武汉:武汉大学学报·信息科学版,2007,32(5).
23. 王树根. 正射影像上阴影和遮蔽的成像机理和信息处理机制[D]. 武汉:武汉大学博士学位论文,2003.
24. 张祖勋. 从数字摄影测量工作站(DPW)到数字摄影测量网格(DPGrid)[J]. 武汉大学学报·信息科学版,2007,32(7).
25. 孙红星. 差分 GPS/INS 组合定位定姿及其在 MMS 中的应用[D]. 武汉:武汉大学博士学位论文,2004.
26. 李力劢. 数字航摄仪的测图应用研究[D]. 武汉:武汉大学工程硕士学位论文,2006.
27. 王密,潘俊. 一种数字航空影像的匀光方法[J]. 中国图像图形学报,2004,9(6).
28. 郭大海,吴立新,王建超等. 机载 POS 系统对地定位方法初探[J]. 国土资源遥感. 2004,(2).
29. 巩丹超,邓雪清,张云彬. 新型遥感卫星传感器几何模型—有理函数模型[J]. 海洋测绘,2003,23(1).
30. 武汉大学遥感信息工程学院. 高分辨率遥感影像应用新技术培训教材[G],2006.
31. 武汉大学遥感信息工程学院. 数字工程与当代摄影测量新技术高级研讨班讲义[G],2005.
32. 宁波市规划与地理信息中心. 遥感技术在城市建设用地规划管理中的应用研究报告[R],2006.
33. E. M. Mikhail,J. S. Bethel,J. C. McGlone. Introduction to Modern Photogrammetry. by John Wiley & Sons. Inc. 2001.
34. Michel Kasser and Yves Egels. Digital Photogrammetry. by Taylor & Francis Inc. 2002.
35. Gottfried Conecny. GeoInformation—Remote Sensing, Photogrammetry and Geographic Information Systems. by Taylor & Francis Inc. 2002.

36. Thomas M Lillesand, Ralph W Kiefer. Remote Sensing and Image Interpretation(Second Edition). by John Wiley & Sons. Inc. 1987.
37. Wang Zhizhuo. Drastic Changes in the Development of Photogrammetry & Remote Sensing, Address at the Opening Ceremony of the Symposium of the 58th FIG PC Meeting, Beijing, 1991(5).
38. F. Amhar. The Generation of True Orthophotos Using a 3D Building Model in Conjunction with a Conventional DTM. IAPRS, Vol. 32, Part 4, Stuttgart, 1998.

本书中还参考和引用了国内外有关摄影测量厂家和公司的有关摄影测量类仪器资料,谨致谢意!